高等职业教育生态林业专业群特色教材

林业有害生物防治技术

黄 毅　李艳杰 | 主　编

王　杨　张　影　姜兆博 | 副主编

周　鑫 | 主　审

U0205946

中国轻工业出版社

图书在版编目（CIP）数据

林业有害生物防治技术 / 黄毅, 李艳杰主编.
北京：中国轻工业出版社，2025. 1. -- ISBN 978-7
-5184-5136-4

Ⅰ. S763

中国国家版本馆CIP数据核字第2024E5A675号

责任编辑：赵雅慧　　　　责任终审：腾炎福　　设计制作：梧桐影
策划编辑：陈　萍　赵雅慧　责任校对：晋　洁　　责任监印：张京华

出版发行：中国轻工业出版社（北京鲁谷东街 5 号，邮编：100040）

印　　刷：北京君升印刷有限公司

经　　销：各地新华书店

版　　次：2025年1月第1版第1次印刷

开　　本：787 × 1092　1/16　印张：17.75

字　　数：360千字

书　　号：ISBN 978-7-5184-5136-4　定价：59.00元

邮购电话：010-85119873

发行电话：010-85119832　　010-85119912

网　　址：http://www.chlip.com.cn

Email：club@chlip.com.cn

本书编写人员

主　编　黄　毅（黑龙江林业职业技术学院）
　　　　　李艳杰（辽宁生态工程职业学院）

副主编　王　杨（黑龙江林业职业技术学院）
　　　　　张　影（黑龙江林业职业技术学院）
　　　　　姜兆博（牡丹江市四道林场）

参　编　韩　雪（黑龙江林业职业技术学院）
　　　　　刘海艳（黑龙江林业职业技术学院）
　　　　　鲁展彤（黑龙江林业职业技术学院）
　　　　　杨丽娜（黑龙江林业职业技术学院）

主　审　周　鑫（黑龙江林业职业技术学院）

前言

我国是林业有害生物发生严重的国家之一，有害生物种类多、分布范围广、危害程度高，造成的经济损失大。因此，为适应新形势下对林业有害生物防治工作的需要，从保护森林资源、维护生态安全方面出发，做好林业有害生物防治工作尤为重要。"林业有害生物防治技术"为高等职业教育林业技术专业的核心课程，长期以来承担着为国家和地方培养从事林业有害生物监测与防治高新技能人才的重任，在培育优质苗木、保护森林植物健康成长、维护生态安全方面发挥着重要作用。

近年来，我国科学技术不断发展，信息化水平不断提高，林业有害生物防治技术不断改进，高等职业院校信息化教学应用手段也不断提升。为适应高等职业教育和林业有害生物防治事业发展的新理念、新技术、新要求，进一步加强职业技能培养效果，提高学生的实际操作水平，黑龙江林业职业技术学院组织了本次《林业有害生物防治技术》教材的编写工作。

本教材的编写，在坚持科学原则与解决实际林业工作问题的基础上，引进先进的课程设计理念，打破学科体系。通过本课程的学习，学生能够熟练掌握和运用林业有害生物防治的基本知识和理论，重点掌握各类有害生物的发生原因和发展规律，掌握常见有害生物的识别与诊断方法；运用林业有害生物综合管理、可持续控制、生态调控等防治策略，提出各种林业有害生物控制的方法和途径。

本教材分为十个项目。项目一至项目三总体介绍认识林业有害生物、林业有害生物防治措施、林业有害生物一般性调查与监测预报；项目四至项目七分别介绍食叶害虫、吸汁害虫、地下害虫和蛀干害虫；项目八至项目十分别介绍叶部病害、枝干病害和苗木病害。每一个项目都有项目导入，明确了工作任务、学生基础、学习目标等内容。学生通过学习研究后，能够对相应病虫害任务制订实施计划。此外，每个任务均从实际出发，注重培养学生的职业道德、工匠精神、责任感和担当意识。通过知识拓展，补充了学科的最新研究状况和未来发展等内容，旨在增强学生的专业自信、文化自信及科技强国理念等。

本教材由黑龙江林业职业技术学院黄毅、辽宁生态工程职业学院李艳杰担任主编；黑龙江林业职业技术学院王杨、张影，牡丹江市四道林场姜兆博担任副主编；黑龙江林业职业技术学院韩雪、刘海艳、鲁展彤、杨丽娜参编；黑龙江林业职业技术学院周鑫主审。编写人员分工如下：项目一和项目七由黄毅编写，项目二由王杨编写，项目三和项目四由张影编写，项目五由姜兆博编写，项目六由韩雪编写，项目八由刘海艳编写，项目九中任务一和任务二由李艳杰编写，项目十中任务一由鲁展彤编写，项目九中任务三和项目十中任务二由杨丽娜编写。

本教材除适用于高等职业教育林业技术相关专业外，也可供高等职业教育园林技术等相关专业教学使用，还可作为专业技术人员参考用书。

由于编者水平有限，书中疏漏之处在所难免，敬请广大读者批评指正。

黄毅

2024年7月

目录

项目一 认识林业有害生物

任务一 认识林木病害

工作任务	认识林木病害
实施时间	植物生长季节均可
实施地点	林木病害发生地或苗圃
教学形式	演示、讨论
学生基础	具有一定的自学和资料收集与整理能力
学习目标	熟悉林木病害基本概念、症状类型、病原及侵染循环的基本知识；具备诊断林木病害的基本常识与基本知识
知识点	林木病害相关概念；林木病害的病原；林木病害三要素；林木病害的症状

知 识 准 备

在长期的进化过程中，植物自身进化出了一整套适应环境的生存策略，形成了抵御外界不良因子侵袭的防护系统和自身内部相对于环境变化而进行调节的机制。只有当防护系统被击破以及内部调节机制受到干扰时，病害才可能成为威胁植物生存的问题。林木病害是植物病害的一个组成部分。认识林木病害，一方面，应从理论上理解林木病害发生的原因和发展规律等；另一方面，应在实践上预防、减轻和控制各种不利因素对林木造成的危害，保护林木的正常生长发育。

一、林木病害相关概念

1. 林木病害和病变

在林木生长发育过程中，如果外界条件不适宜或遭受病原有害生物的侵染，就会使林木在生理上、组织上、形态上发生一系列反常的病理变化，导致林产品的产量降低、质量变劣，甚至导致局部或整株死亡，造成经济损失或影响生态平衡，这种现象称为林木病害。例如，杨树烂皮病常引起主干和枝条皮层腐烂，甚至全株死亡；杉木黄化病会

1

引起杉木叶片发黄，生长缓慢，严重时也会造成死亡。

林木病害的发生具有一定的病理变化过程，简称病变。

2. 林木损害（伤害）

林木受到虫咬、机械伤害，以及雹害、风害等造成的伤害，这些都是林木在短时间内受到外界因素袭击突然形成的，受害林木在生理上没有发生病理变化过程，因此不能称为病害，而称为损害（伤害）。

3. 病害和损害的区别

病害和损害是两个不同的概念，不能等同视之。但在实际情况中，二者又经常有紧密的联系。损害可削弱植物的生长活力，降低它们对病害的抗性；同时，伤口还可提供一些微生物入侵的通道，成为病害发生的开端。此外，有的环境因素既能对林木植物造成损害，也能造成病害。例如，高浓度有毒气体的集中排放，往往造成植物叶片的急性损害；而低浓度有毒气体的缓慢释放，对植物的影响则是慢性的，往往引起病害。值得注意的是，并不能从浓度、时间等方面明确区分两者。病害和损害虽然是两个不同的概念，但在具体实践中，有时还需要根据具体的情况来区别和判断。因此，在研究和治理林木病害的同时，同样不能忽视林木损害。

4. 病变的不同形式

林木的病变首先表现在生理功能上，如呼吸和蒸腾作用加强、同化作用降低、酶活性改变，以及水分、养分吸收与运输失常等，称为生理病变；其次是内部组织的变化，如叶绿体减少或增加、细胞体积和数目增减或细胞坏死、细胞壁加厚等，称为组织病变；最后是导致外形的变化，如叶斑、枯梢、根腐、畸形等，称为形态病变。

生理病变是组织病变和形态病变的基础，组织病变和形态病变则进一步扰乱了林木正常的生理过程。三者互相影响，导致病变逐渐加深。

二、林木病害的病原

病原是导致林木植物发生病变的原因之一，也可称为病原体。病原一般有两大来源，即生物性病原（侵染性病原）和非生物性病原（非侵染性病原）。

1. 生物性病原及所致病害

生物性病原是指引起林木病害的病原生物，主要有真菌、细菌、病毒、植原体、类病毒、线虫、螨类和寄生性种子植物等。其中，病原物属菌类的称为病原菌。这类由生物因子引起的病害，能够相互侵染，并有侵染过程，称为侵染性病害或传染性病害，也称寄生性病害。

2. 非生物性病原及所致病害

非生物性病原是指不适宜林木植物生长发病的环境条件。如温度过高引起灼伤；低温引起冻害；土壤水分不足引起枯萎；排水不良、积水造成根系腐烂，直至植株枯死；营养元素不足引起缺素症；空气和土壤中的有害化学物质及农药使用不当等。这类由非生物因子引起的病害，不能相互侵染，没有侵染过程，称为非侵染性病害或非传染性病害，也称生理性病害。

三、林木病害三要素

林木病害的发生必须具备三要素，即病原物、寄主、环境条件。

1. 病原物和寄主

病原物是指能引起林木病害的病原生物；寄主是指受病原物侵染的林木。病原物与寄主双方既具有亲和力，又具有对抗性，病原物要夺取寄主养料进行生活，寄主常产生自卫反应，抑制病原物的扩展，两者构成一个有机的寄主—病原物体系。

2. 环境条件

林木病害的进展快慢不仅取决于病原物和寄主，还受环境条件的影响。当环境条件有利于林木生长而对病原物不利，病害就难以发生或发展；相反，若环境条件对病原物有利而不利于林木生长，则林木病害易于发生，林木受害也重。因此，林木病害是病原物、寄主、环境条件共同作用的结果。在生产上，选育抗病品种、研究营林措施等对预防林木病害有着同等重要的意义。

四、林木病害的症状

林木感病后发病的顺序：首先是生理病变（如呼吸作用和蒸腾作用加强、同化作用降低、酶活性改变，以及水分、养分的吸收和运转异常等）；继而是组织变化（如叶绿体或其他色素增加或减少、细胞体积和数目增减、维管束堵塞、细胞壁加厚，以及细胞和组织坏死等）；最后是形态变化（如根、茎、叶、花、果的坏死、腐烂、畸形等）。

发病林木经过一定的病理程序，最后表现出的病态特征，称为病害的症状。对于某些生物性病原引起的病害来说，病害症状包括寄主植物的病变特征和病原物在寄主植物发病部位上产生的营养体和繁殖体的特征。发病林木在外部形态上发生的病变特征，称为病状。病原物在寄主植物发病部位上产生的繁殖体和营养体等结构，称为病征。所有的林木病害都有病状，但并非都有病征。由于病害的病原不同，对林木的影响也各不相同，因此，林木病害的症状也千差万别，有的是病征显著，有的是病状显著。

（一）病状

病状是指寄主植物感病后，寄主植物本身所表现出的种种不正常状态，大致归纳为变色、坏死、腐烂、枯萎、畸形、流胶或流脂等类型。

1. 变色

变色是指林木病部细胞内叶绿素的形成受到抑制或被破坏、其他色素形成过多，从而表现出不正常的颜色。常见的有褪绿、黄化、花叶及红叶等。叶片因叶绿素均匀减少而变为淡绿或黄绿，称为褪绿；叶绿素形成受抑制或被破坏，使整叶均匀发黄，称为黄化，植物营养贫乏或失调也可以引起黄化；叶片局部细胞的叶绿素减少，使叶片绿色浓淡不均，呈现黄绿相间或浓绿与浅绿相间的斑驳（有时还使叶片凹凸不平），称为花叶，它是林木病毒病的重要病状；叶绿素消失后，花青素形成过盛，叶片变紫或变红，称为红叶。杨树花叶病毒病、栀子黄化病等均会发生变色。

2. 坏死

林木病部细胞和组织死亡但不解体的，称为坏死，常表现为斑点、叶枯、溃疡、枯梢、疮痂、立枯和猝倒等。其中，斑点是最常见的病状，主要发生在茎、叶、果实等器官上。根据颜色的不同，斑点一般分为褐斑、黑斑、灰斑、白斑、黄斑、紫斑、红斑和锈斑等；根据形状的不同，可分为圆斑、角斑、条斑、环斑、轮纹斑和不规则斑等。杨树褐斑病、杨树灰斑病、柿树角斑病、苹果轮纹病等均会发生坏死。

3. 腐烂

病组织的细胞坏死并解体，原生质被破坏以致组织溃烂，称为腐烂。根据腐烂部位的不同，可分为根腐、茎腐、果腐、块腐和块根腐等；根据病组织的质地不同，又可分为湿腐（软腐）和干腐。松烂皮病、杨溃疡病、桃树腐烂病、银杏茎腐病等均会发生腐烂。

4. 枯萎

根部和茎部的腐烂都能引起枯萎。其中，典型的枯萎是指植物茎部或根部的微管束组织受害后，大量菌体或病菌分泌的毒素堵塞或破坏导管，使水分运输受阻而引起植物凋萎枯死的现象。榆树枯萎病、松材线虫枯萎病等均会发生枯萎。

5. 畸形

林木受病原物侵染后，引起植株局部器官的细胞数目增多，生长过度或受抑制而引起畸形。常见的畸形包括徒长、矮缩、丛枝和肿瘤等。病株生长比健株细长，称为徒长；植株节间缩短，分蘖增多，病株比健株矮小，称为矮缩；植株节短枝多，叶片变小，称为丛枝；根茎或叶片形成突出的增生组织，称为肿瘤。杨树根癌病、泡桐丛枝病、桃缩叶病、松瘤锈病等均会发生畸形。

6. 流胶或流脂

感病植物细胞分解为树胶或树脂自树皮流出，常称为流胶病或流脂病。这类病病原复杂，有生理性因素，又有侵染性因素，或是两类因素综合作用的结果。桃树流胶病、针叶树流脂病等均会发生流胶或流脂。

图1-1所示为几种常见的病状类型。

（二）病征

病征是指病原物在植物病部表面的特征，它是鉴定病原和诊断病害的重要依据之一。值得注意的是，病征往往在病害发展过程中的某一阶段才出现。此外，有些病害不表现病征，如非侵染性病害。病征主要有霉状物、絮状物、粉状物、锈状物、膜状物、点状或粒状物、菌伞、脓胶状物等类型。

（a）皱缩　　（b）青枯　　（c）干腐

（d）根癌　　（e）溃疡　　（f）叶斑

图1-1　常见病状类型

1. 霉状物

病原真菌感染植物后，其营养体和繁殖体在病部产生各种颜色的霉层，如霜霉、青霉、黑霉、赤霉、绿霉等。

2. 絮状物

病部产生大量疏松的棉絮状或蛛网状物，如紫纹羽病等。

3. 粉状物

病部产生各种颜色的粉状物，如黄栌白粉病等。

4. 锈状物

病部表面形成多个疱状物，破裂后散出白色或铁锈色粉状物，如苹果—桧柏锈病等。

5. 膜状物

病部产生紫褐色、灰色的膏药状物，如梅花膏药病等。

6. 点状或粒状物

病部产生黑色点状或粒状物，半埋或埋藏在组织表皮下，不易与组织分离；也有全部暴露在病部表面的，易从病组织上脱落，如柑橘炭疽病等。

7. 菌伞

病部产生体形较大、颜色各异的肉质或革质伞状物、扇状物，如杜鹃根朽病等。

8. 脓胶状物

病部溢出含细菌的脓状黏液，称为菌脓，干后为黄褐色胶粒或菌膜，如桃细菌性穿孔病等。

图1-2所示为几种常见的病征类型。

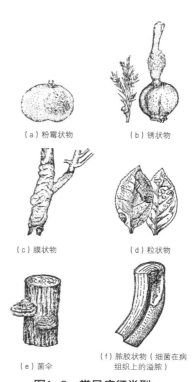

（a）粉霉状物　　　　（b）锈状物

（c）膜状物　　　　（d）粒状物

（e）菌伞　　（f）脓胶状物（细菌在病组织上的溢脓）

图1-2　常见病征类型

五、各类病原及所致病害

（一）非生物性病原及所致病害

1. 营养失调

营养失调包括营养缺乏和营养过剩。

营养缺乏包括缺氮、磷、钾、钙、镁、硫、铁、锰、锌等。表现为老叶叶脉发黄、早衰，幼叶黄化、顶枯，叶色褪绿或变色，生长迟缓，植株矮小，叶片出现斑点或皱缩、簇生，根系不发达等。

营养过剩会导致对林木的毒害。如钠、镁过量导致的碱伤害，使植株吸水困难；硼和锌过量导致植株褪绿、矮化、叶枯等。

2. 气候不适

气候不适包括温度、水分、光照、风等不适宜的环境。

高温容易造成灼伤，如树皮的溃疡和皮焦、叶片上产生白斑和灼环等。林木的日灼常发生在树干的南面或西南面，日灼造成的伤口为蛀干害虫和枝干病害病原的侵入提供了便利。低温的影响主要是冷害和冻害。低于10℃的冷害常造成变色、坏死和表面斑点，进而出现芽枯、顶枯现象；0℃以下的低温所造成的冻害，能够使幼芽或嫩叶出现水渍状暗褐斑，之后组织逐渐死亡。霜冻、冻拔是常见的低温伤害。

土壤水分过多，植物根部窒息，导致根变色或腐烂，地上部叶片变黄、落叶、落花；水分过少，引起植物旱害，植物叶片萎蔫下垂，叶间、叶缘、叶脉间或嫩梢发黄枯死，造成早期落叶、落花、落果，严重时植株凋萎，甚至枯死。

光照不足，导致植株徒长，植株黄化，结构脆弱，易倒伏；光照过强，一般伴随高温、干旱，引起日灼、叶烧和焦枯。

高温季节的强风能够加大蒸腾作用，导致植株水分失调，严重时导致萎蔫，甚至枯死。

3. 环境污染

环境污染主要是指空气污染，也包括水源污染、土壤污染等。空气污染的主要来源是化工废气，如硫化物、氟化物、氯化物等。环境污染能够引起植物斑驳、褪绿、矮化、枯黄、"银叶"、叶色红褐或黄褐、叶缘焦枯、小叶扭曲、早衰、提早落叶等。

4. 林木药害

林木药害是指化学农药或激素的不当使用对林木引起的伤害。表现为穿孔、斑点、焦灼、枯萎、黄化、畸形、落叶、落花、落果、基部肥大、生长迟缓等症状。

（二）生物性病原及所致病害

1. 真菌

真菌在自然界分布极为广泛，是一个庞大的生物类群。目前，世界上已被描述的真菌有1万多属12万余种。大多数真菌是腐生的，少数真菌可以寄生在人类、动物或植物体上引起病害。

（1）真菌的一般性状

真菌在空气、水、土壤中都有存在。有些真菌对人类是有益的，有些则是有害的。在林业领域，80%以上的林木病害是由真菌引起的。

真菌没有根、茎、叶的分化，不含叶绿素，不能进行光合作用，也没有维管束组织。它有细胞壁和真正的细胞核，其细胞壁由几丁质和半纤维素构成。真菌所需的营养物质完全依赖其他生物有机体供给，营异养生活，其典型的繁殖方式是产生各种类型的孢子。

真菌的个体发育分为营养阶段和繁殖阶段。先经过一定时期的营养生长，然后形成各种复杂的繁殖结构，产生孢子。

（2）真菌营养体

真菌进行营养生长的菌体，称为营养体。典型的营养体为纤细多枝的丝状体。单根细丝称为菌丝，菌丝可不断生长分枝，许多菌丝集聚在一起，称为菌丝体。菌丝通常呈管状，直径$5 \sim 6\mu m$，管壁无色透明。部分真菌的细胞质中含有各种色素，使得菌丝体表现不同的颜色，尤其在老龄菌丝体上更为显著。

图1-3所示为真菌的营养菌丝。其中，高等真菌的菌丝有隔膜，称为有隔菌丝。这些隔膜将菌丝分成多个细胞。其上有微孔，细胞间的原生质和养分能够流通。每个菌丝细胞有一至两个或几个细胞核。低等真菌的菌丝一般无隔膜，称为无隔菌丝，其菌体是一个多核的大细胞，但当它形成繁殖器官、受到损伤或营养不足时，也可产

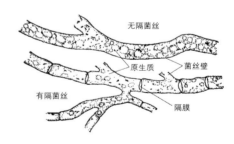

图1-3 真菌的营养菌丝

生隔膜，这种隔膜上没有微孔。此外，还有部分真菌的营养体为卵圆形的单细胞，如酵母菌。

真菌的孢子萌发产生芽管，再由芽管继续生长形成菌丝。菌丝的顶端部分向前生长，且其每一部分都具有生长能力。菌丝的正常功能是摄取养分，并不断生长发育。寄生在林木上的真菌，由菌丝从林木组织的细胞间或细胞内吸收营养物质。多数专性寄生菌如白粉菌、锈菌、霜霉菌等，则以菌丝体上形成的特殊吸收器官——吸器，伸入寄主

细胞内吸收养分。吸器形态如图1-4所示，其形状有瘤状、分枝状、掌状等。

此外，有些真菌可以形成根状分枝，称为假根。假根能够使真菌的营养体固着在基物上，并有效吸取营养。有些真菌的菌丝在一定条件下会发生变态，交织成各种形状的特殊结构，如菌核、菌索、菌膜和子座等。这些结构对于真菌的繁殖、传播，以及增强对环境的抵抗力具有很大作用。

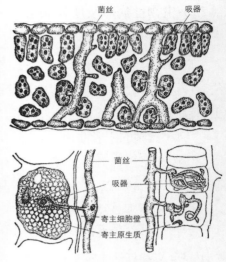

图1-4 吸器形态

（3）真菌繁殖体

真菌在生长发育过程中，经过营养生长阶段后，即进入繁殖阶段，形成各种繁殖体。真菌繁殖的基本单位是孢子，其功能相当于高等植物的种子。真菌的繁殖方式分为无性和有性两种，无性繁殖产生无性孢子，有性繁殖产生有性孢子。任何产生孢子的组织或结构统称为子实体，其功能相当于高等植物的果实。子实体和孢子形式多样，其形态是真菌分类的重要依据之一。

真菌的无性繁殖是指不经过两性配合过程而直接由菌丝分化形成孢子的繁殖方式。无性繁殖所产生的孢子类型有游动孢子、孢囊孢子、分生孢子、芽孢子、厚垣孢子。无性孢子在一个生长季节中，可以重复产生、重复侵染，为再侵染来源，但其对不良环境的抵抗力较弱。

真菌的有性繁殖是指通过两性细胞或两性器官的结合而产生孢子的繁殖方式。其中，性细胞称为配子，产生配子的母细胞称为配子囊。真菌的有性繁殖即配子或配子囊相结合。有性孢子形成的过程分为质配、核配和减数分裂三个阶段，所产生的孢子类型有接合子、卵孢子、接合孢子、子囊孢子、担孢子。低等真菌质配后随即进行核配，因此双核阶段很短；高等真菌质配后经过较长时间才进行核配，双核阶段较长。真菌的有性孢子一般在生长季节末期形成，往往一个生长季节只产生一次，具有较强的抗逆性，可度过不良环境，成为次年的初侵染来源。

真菌从孢子萌发开始，经过一定的营养生长和繁殖阶段，最后又产生同一种孢子的过程，称为真菌的生活史或发育循环。典型的真菌生活史包括无性阶段和有性阶段，如图1-5所示。

真菌的有性孢子在适宜的条件下萌芽，产生芽管，伸

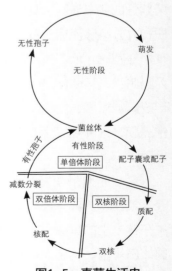

图1-5 真菌生活史

长后，发育成菌丝体；菌丝体在寄主细胞间或细胞内吸取养分，生长蔓延，经过一定的营养生长后，产生无性繁殖器官，并生成无性孢子飞散传播；无性孢子再萌发，又形成新的菌丝体，并扩展繁殖，这就是无性阶段。当环境条件不适宜或真菌生长进行到后期时，则进行有性繁殖。此时，从菌丝体上产生配子囊或配子，经质配进入双核阶段，再经核配形成双倍体的细胞核，然后经过减数分裂形成含有单倍体细胞核的有性孢子，这就是有性阶段。有性孢子一年只发生一次，且数量较少，常是休眠孢子，经过越冬或越夏后，次年再行萌发，成为初次侵染的来源。此外，部分真菌能以菌核、厚垣孢子的形态越冬。

一种真菌的生活史只在一种寄主上完成的，称为单主寄生，植物成为寄主；同一种真菌须在两种及以上的寄主上才能完成生活史的，称为转主寄主，植物成为转主寄主。

有的真菌的生活史只有无性阶段，或极少进行有性繁殖，如泡桐炭疽病菌；有的以有性繁殖为主，如落叶松癌肿病菌；有的以菌丝体为主，不产生或很少产生孢子，如丝核菌；还有的真菌能产生几种不同类型的孢子，如锈菌。

综上所述，真菌的生活史是真菌的个体发育和系统发育的过程。研究真菌的生活史，在林木病害防治中具有重要的意义。

（4）真菌的主要类群及致病特点

①真菌的分类。真菌的分类单位包括界（Kingdom）、门（Phylum）、纲（Class）、目（Order）、科（Family）、属（Genus）、种（Species），必要时在两个分类单位之间还可以再加一级，如亚门（Subphylum）、亚种（Subspecies）等。界以下属以上的分类单位都有固定的词尾，如门（-mycota）、纲（-mycetes）、目（-ales）、科（-aceae）。

以禾柄锈菌为例，说明其分类地位：

真菌界（Fungi）

　担子菌门（Basidiomycota）

　　孢菌纲（Teliomycetes）

　　　锈菌目（Uredinales）

　　　　柄锈菌科（Pucciniaceae）

　　　　　柄锈菌属（*Puccinia*）

　　　　　　禾柄锈菌（*Puccinia graminis* Pers.）

真菌分类一般根据真菌的形态学、细胞学特性及个体发育和系统发育的资料，采取自然系统分类法，其中，有性繁殖和有性孢子的形态特征是重要的分类依据。随着科学技术的发展，特别是近年来分子生物学技术（核酸杂交、氨基酸序列测定等）的应用，曾经分归为菌物的有机体现在已被划分在三个不同的类群中，包括真菌界、假菌界和原生生物界。与森林植物病害相关的病原真菌就归属在这三个不同的类群中，其分类地位如下：

假菌界（Chromista）

卵菌门（Oomycota）

丝壶菌门（Hyphochytriomycota）

网黏菌门（Labyrinthulomycota）

原生生物界（Protoctists）

根肿菌门（Plasmodiophoromycota）

网柱黏菌门（Dictyosteliomycota）

集胞黏菌门（Acrasiomycota）

黏菌门（Myxomycota）

真菌界（Fungi）

壶菌门（Chytridiomycota）

接合菌门（Zygomycota）

子囊菌门（Ascomycota）

担子菌门（Basidiomycota）

半知菌门（Deuteromycota）

真菌的分类阶元与高等植物相同，种是真菌最基本的分类单位。

②真菌的命名。真菌的命名采用国际通用的双名法，前一个名称是属名（第一个字母大写），后一个名称是种名，种名之后加命名者的姓氏（可以缩写），如有更改学名者，最初的定名人应加括号表示。

国际命名原则中规定一种真菌只能有一个名称，如果一种真菌的生活史中包括有性阶段和无性阶段，应该按有性阶段命名。而半知菌中的真菌，只知其无性阶段，因而命名都是根据无性阶段的特征而定的。如果发现其有性阶段，正规的名称应该是有性阶段的名称。不常出现有性阶段的真菌，应按其无性阶段的特征命名。

③森林植物病害密切相关的病原真菌类群。与森林植物病害密切相关的病原真菌类群主要包括卵菌门、接合菌门、子囊菌门、担子菌门、半知菌门等。

a.卵菌门。假菌界卵菌门中的霜霉菌目与森林植物病害密切相关，这类真菌多数生于水中，少数为两栖和陆生，潮湿环境有利于其生长发育。

卵菌门的营养体多为无隔的菌丝体，少数为原质团或具细胞壁的单细胞。无性繁殖产生的游动孢子在孢子囊内称为孢囊孢子。孢子囊是由菌丝顶端或孢囊梗顶端膨大形成的囊状物，孢子囊内的液泡呈网状扩展，将原生质分割成许多小块，每一小块就形成一个内生的游动孢子。游动孢子没有细胞壁，有一至两根鞭毛，能在水中游动，靠水传播。其有性繁殖主要是由两个游动配子结合产生接合子，或由两个大小不同的配子囊结合产生卵孢子。后者是在菌丝上长出两个形状和大小都不同的配子囊，大型的为藏卵器，小型的为雄器，二者相配时，雄器产生受精管伸入藏卵器内。随后雄器中的细胞质和细胞核通过受精管进入藏卵器，经过质配和核配，最后卵球发育成厚壁的卵孢子。卵菌门孢子类型如图1-6所示。其中，与林木病害关系密切的主要有腐霉属、疫霉属和霜霉属等。

b.接合菌门。接合菌门真菌近600种，绝大多数为腐生菌，少数为弱寄生菌。其中，与林木病害关系密切的主要有根霉菌等，能够引起林木种实霉烂等。

接合菌门的营养体多为无隔的发达菌丝体。无性繁殖大多产生孢子囊，产生不能游动的具细胞壁的孢囊孢子。其有性繁殖是由两个形状相似、性别不同的配子囊相结合，融合成一个厚壁的大细胞，经过质配和核配，形成接合孢子。接合菌门孢子类型如图1-7所示。

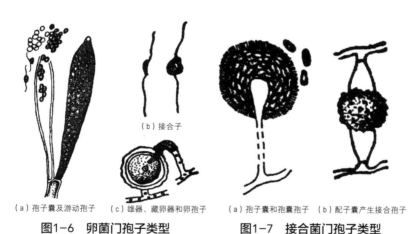

（a）孢子囊及游动孢子　（c）雄器、藏卵器和卵孢子　　　（a）孢子囊和孢囊孢子　（b）配子囊产生接合孢子

图1-6　卵菌门孢子类型　　　　　　　图1-7　接合菌门孢子类型

c.子囊菌门。已知的子囊菌门真菌有15000多种，是较高等的真菌。这类真菌大多数为陆生，有寄生在植物和动物上的，也有腐生在各种基物上的。其中，与林木病害关系密切的主要有白粉菌、核菌、腔菌和盘菌等，能够引起林木白粉病、煤污病、炭疽病、枯梢病、烂皮病及落叶病等。

子囊菌门真菌的营养体为有隔的分枝菌丝体。菌丝体时常交织在一起，成为疏丝组织或拟薄壁组织，从而形成菌核、子座等变态类型。其中，菌核是指菌丝体纵横交织成鼠粪形、圆形、角形或不规则形且外部坚硬、内部松软的变形物。菌核对高温、低温和干燥的抵抗力较强，是度过不良环境的休眠体。当环境适宜时，菌核可以萌发产生菌丝体或直接生成繁殖器官。子座是由菌丝体或菌丝体与部分寄主组织结合而成的一种垫状物，其上或内部形成产生孢子的器官。子座是真菌从营养阶段到繁殖阶段的中间过渡形式，同时也具有度过不良环境的作用。

子囊菌门真菌的无性繁殖，是指在特化菌丝形成的分生孢子梗上产生各种各样的分生孢子，分生孢子梗分枝或不分枝，散生或丛生，着生形式多样（详见半知菌门）。分生孢子着生在分生孢子梗顶端、侧面或串珠状地形成；形态多样，有单胞、双胞或多胞；形状有圆形、卵形、棍棒形、圆柱形、线形、镰刀形或腊肠形；颜色为无色或有色。其有性繁殖是指产生子囊和子囊孢子。子囊是由两个形状不同的配子囊（雄器和产囊体）相结合，在产囊体上长出许多产囊丝，在产囊丝顶端形成的。子囊内通常形成八个内生孢子，称为子囊孢子。

子囊为棍棒形、椭圆形、圆筒形、圆形等，有的裸生于菌丝体上或寄主植物表面，有的着生在由菌丝形成的固定形状的子实体（子囊果）中。子囊果分为闭囊壳、子囊壳、子囊腔（假囊壳）、子囊盘四种类型。闭囊壳的子囊果为球形，无孔口，完全封闭；子囊壳的子囊果为烧瓶形，有明显的壳壁组织，有侧丝，子囊为单壁，顶端有孔口；子囊腔的子囊着生在由子座形成的空腔内，可有假侧丝，子囊为双层壁，子囊果发育后期形成孔口；子囊盘开口呈盘状、杯状或碗状。

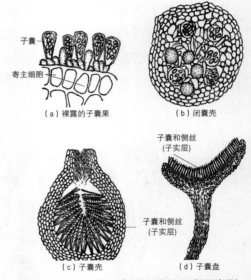

图1-8所示为裸露的子囊果及常见子囊果类型。

图1-8　裸露的子囊果及常见子囊果类型

d.担子菌门。担子菌门真菌是最高级的一类真菌，已知的有12000多种。这类真菌全部为陆生菌，分为寄生和腐生，包括可供人类食用和药用的真菌。其中，与林木病害关系密切的有锈菌、黑粉菌和层菌等，能够引起林木锈病、竹类黑粉病、根腐及木材腐朽等。

担子菌门真菌的营养体多为有隔双核的发达菌丝体。它可以在基物里吸收养分并大量增长，构成白色、暗光、锈色和橙色的菌丝体，有的形成菌膜、菌核、菌索等变态结构。其中，菌膜是由菌丝体交织而成的丝片状物，常见于腐朽木的木质部；菌索是菌丝体平行排列或互相缠绕集结成的绳索状物，与树根相似，粗细不一，长短不同，可抵抗不良环境条件。条件适宜时，菌索顶端恢复生长，从而恢复对寄主的侵染力。

除少数种类外，担子菌门真菌一般没有无性繁殖。除锈菌外，担子菌门真菌的有性繁殖通常不形成特殊分化的性器官，而由双核菌丝体在顶端直接形成棒状的担子，经过核配和减数分裂在担子上产生四个小梗，每个小梗上产生一个担孢子。高等担子菌的担子散生或聚生在担子果上。担子果形状多种多样，包括蘑菇状、木耳状、云芝状等。担孢子为单胞、单核、单倍体，形状有椭圆形、圆形、狭长形、香蕉形、多角形等，颜色为有色或无色。图1-9所示为担子菌门菌丝组织体及担子果。

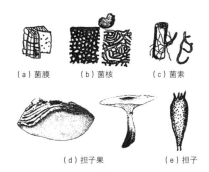

图1-9　担子菌门菌丝组织体及担子果

担子菌门中锈菌目真菌与林木植株关系密切，该目真菌属专性寄生菌，菌丝发达有隔，孢子具有多型现象，典型的锈菌可顺序产生五种孢子，分别为性孢子、锈孢子、夏孢子、冬孢子、担孢子。有些锈菌必须在分类上并不完全相同的植物上完成其生活史，即转主寄生；而有些锈菌在一株植物上即可完成其生活史，即同主寄生或单主寄生。所有锈菌所致病害统称为锈病，常见的林木锈病有红松疱锈病、松针锈病、青杨叶锈病、梨—桧柏锈病等。

e.半知菌门。已知的半知菌门真菌有15000多种。其在个体发育中，不进入有性阶段或很难发现有性阶段，只发现其无性阶段，所以称为半知菌。有些长期未发现有性阶段的半知菌，一旦发现有性孢子后，多数属于子囊菌，少数属于担子菌。半知菌全部为陆生，分为腐生或寄生。林木病原真菌中，约有一半属于半知菌。这类真菌能够引起种实霉烂、苗木枯死、叶斑、炭疽、疮痂、树木枝条枯死及主干溃疡等病害。

半知菌门的真菌是有隔且分枝的发达菌丝体。其无性繁殖从菌丝体上形成分化程度不同的分生孢子梗，梗上产生分生孢子。分生孢子梗散生或聚生，聚生时可形成分生孢子梗束和分生孢子座。分生孢子梗束是一束排列较紧密的直立的分生孢子梗，顶端或侧面产生分生孢子。分子孢子座由许多聚集成垫状的短梗形成，顶端产生分生孢子。

有的半知菌形成盘状或球状的孢子果（外观为小黑点），称为分生孢子盘或分生孢子器，如图1-10所示。分生孢子盘由菌丝体组成，上面有成排的短分生孢子梗，顶端产生分生孢子。分生孢子器是有

图1-10　半知菌门孢子果

孔口和拟薄壁组织的器壁，其内壁形成分生孢子梗，顶端着生分生孢子，分生孢子器生在基质的表面或埋于基质及子座内。孢子果内的分生孢子常具胶质物，潮湿条件下常结成卷曲的长条，称为分生孢子角。分生孢子以风、雨水和昆虫为主要传播媒介。

常见的不着生于孢子果内的分生孢子有分生孢子、节孢子、芽孢子、厚垣孢子四种类型，如图1-11所示。分生孢子是指在由菌丝特化而成的分生孢子梗上的某一部位以断裂等方式形成的孢子。节孢子是指由一丛短菌丝在细胞分隔处收缩断裂而形成的短柱状孢子。芽孢子是指从一个细胞生芽而形成，当芽长到正常大小时，脱离母细胞，或与母细胞相连接，继续发生芽体，形成假菌丝。厚垣孢子是指由菌丝或分生孢子中的个别细

胞原生质浓缩，细胞壁变厚，形成的休眠细胞，能适应不良环境和越冬。

（5）真菌的生理生态特性

真菌都是异养生物，必须从外界吸收糖类作为能量来源。碳是构成真菌细胞成分的主要元素，氮是构成活细胞的基本物质。此外，真菌还需要一些无机盐类及微量元素，如钾、磷、硫、镁、锌、锰、硼和铁等，但它不需要钙。真菌菌丝能够分泌各种水解酶，将寄主细胞中不溶性的

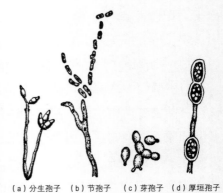

（a）分生孢子 （b）节孢子 （c）芽孢子 （d）厚垣孢子

图1-11 半知菌门分生孢子类型

脂肪、蛋白质、糖类等高分子有机物分解为可溶性物质，然后靠菌丝管壁的透性、弹性和细胞的高渗透压吸收利用。

真菌的生长发育还与温度、湿度、光和酸碱度（pH）等外界环境条件有关。

①真菌对温度的要求，有最低、最高和适宜的范围。一旦超出此范围，真菌将无法正常生长和繁殖。植物病原真菌多为喜温菌，适宜温度为20～25℃，最低为2℃，最高为40℃。某些木材腐朽菌可在50℃条件下生长。多数真菌对高温比较敏感，而对低温忍受能力较强，很多真菌能在－40℃以下的低温条件下存活。但真菌孢子萌发的适宜温度为10～30℃。温度对真菌繁殖的影响很大，通常在生长季节进行无性繁殖，在温度较低时进行有性繁殖。有些真菌的有性繁殖需要冰冻的刺激，其有性孢子往往在越冬以后才产生。

②真菌是喜湿生物，整个生活史几乎离不开水。大多数真菌的孢子萌发时空气中的相对湿度在90%以上，有的孢子必须在水滴或水膜中才能够萌发。多数真菌的菌丝体在相对湿度为75%时生长最好，湿度太高会使氧的供应受到限制。

③大多数真菌菌丝体在散光下和黑暗中均能良好生长，只是在产生子实体时，有些真菌需要光照的刺激。紫外光的短时间照射常常可以促进人工培养下的真菌产生子实体。多数真菌孢子的萌发与光照关系不大。

④真菌适宜在微酸性的基质中生长，有些真菌对酸度的适应能力很强。在自然条件下，酸碱度不是影响孢子萌发的决定因素。

2. 细菌

（1）细菌的一般性状

林业有害细菌都是原核生物界的薄壁菌门和厚壁菌门的特定类群。它们一般没有荚膜，也不形成芽孢。植物病原细菌全部为杆状菌，大小为（1～3）μm×（0.5～0.8）μm。绝大多数植物病原细菌从细胞膜长出细长的鞭毛，伸出细胞壁外，成为细菌运动的工具。鞭毛通常为三至七根，最少为一根。着生在菌体一端或两端的，称为极毛；着生在

菌体周围的，称为周毛。细菌形态及鞭毛如图1-12所示，鞭毛的有无、数目和着生位置是细菌分类的重要依据之一。

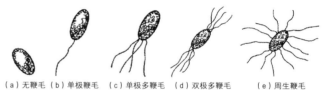

（a）无鞭毛（b）单极鞭毛（c）单极多鞭毛（d）双极多鞭毛（e）周生鞭毛

图1-12　细菌形态及鞭毛

细菌的繁殖方式较简单，一般为裂殖，即细菌的细胞生长到一定限度时，在菌体中部产生隔膜，随后分裂成两个大小相似的新个体。其繁殖速度很快，在适宜条件下，1h分裂一次至数次；有的只要20min就能分裂一次。细菌都能在人工培养基上生长繁殖。在固体培养基上可形成各种形状和颜色的菌落，通常以白色和黄色菌落为多，也有褐色菌落，菌落的颜色与细菌产生的色素有关。细菌生长繁殖的适宜温度一般为26~30℃，耐低温，对高温较敏感，通常在50℃左右条件下处理10min即可导致多数细菌死亡。大多数植物病原菌为好气性，在中性或微碱性（pH=7.2）的基物上生长良好。

不同细菌对染料的反应不同。染色反应中，最重要的是革兰氏染色反应。将细菌用结晶紫染色和碘液处理后，再用乙醇或丙酮冲洗，不褪色的为阳性反应，褪色的为阴性反应。植物病原细菌中，绝大多数为革兰氏阴性反应，只有棒杆菌属为阳性反应。

（2）细菌病害的症状特点

林木细菌病害的病状不如真菌病害明显，通常只有在潮湿的情况下，病部才有黏稠状的菌脓溢出。其中，细菌性叶斑病病斑受叶脉限制多呈多角形，初期呈水渍状，然后变为褐色至黑色，病斑周围出现半透明的黄色晕圈，空气潮湿时有菌脓溢出；腐烂型病害常有恶臭味；枯萎型病害在茎的断面可看到维管束组织变为褐色，并有菌脓从中溢出。为了初步诊断植物细菌病害，可切取一小块病组织制成水压片并在显微镜下检查，若有大量细菌从病组织中涌出，则为细菌病害。若要进一步鉴定细菌的种类，除应观察形态和纯培养性状外，还应研究染色反应及各种生理生化反应，以及细菌的致病性和寄主范围等特性。

细菌所致林木病害的症状主要分为以下四类：

①斑点。斑点主要发生在叶片、果实和嫩枝上。由于细菌侵染，引起植物局部组织坏死而形成斑点或叶枯。如杉木细菌性叶枯病、核桃黑斑病等。有的叶斑病后期时病斑中部坏死组织会脱落而形成穿孔，如桃树细菌性穿孔病。此外，还有寄生在树干韧皮部引起溃疡斑的杨树细菌性溃疡病等。

②腐烂。植物幼嫩、多汁的组织被细菌侵染后，通常表现腐烂症状。常见的有花卉的鳞茎、球根和块根的软腐病，如鸢尾细菌性软腐病。这类症状表现为组织解体，流出带有臭味的液汁。

③枯萎。有些细菌侵入寄主植物的维管束组织，在导管内扩展破坏了输导系统，引

起植株萎蔫。如杨树细菌性枯萎病。

④畸形。有些细菌侵入植物后，引起根或枝干局部组织过度生长形成肿瘤，或使新枝、须根丛生，或引起枝条带化等多种畸形症状。如冠瘿病。

3. 病毒

（1）病毒的一般性状

植物病毒是一种不具细胞结构和形态的寄生物，体积极小，只有在电子显微镜下才能观察到。病毒粒子结构简单，其形状主要有杆状、丝状、弹状和球状；大小以 nm（$1nm=10^{-9}m$）计算。病毒粒子由蛋白质和核酸两部分组成。蛋白质在外形成衣壳，核酸在内形成心轴，没有包膜。病毒是活氧生物，只存在于活体细胞中，迄今还没有发现能培养病毒的合成培养基。它具有很高的增殖能力，其增殖方式显然不同于细胞的繁殖，而是采取核酸样板复制的方式。首先，病毒本身的核糖核酸（RNA）与蛋白质衣壳分离，在寄主细胞内可分别复制出与它本身在结构上相对应的蛋白质和核酸；然后，核酸进入蛋白质衣壳中，形成新的病毒粒子。病毒在增殖的同时，也破坏了寄主正常的生理活动，从而使植物表现症状。

（2）病毒病害的症状特点

植物病毒病害大部分属于系统侵染的病害，植物感染病毒后，往往全株表现症状。植物病毒病害的症状大致分为以下三类：

①变色。变色可发生在叶片、花瓣、茎及果实和种子上。花叶是较常见的变色类型，变色区与不变色区界限分明；变色部分呈近圆形且界限不很分明的，称为斑驳。花叶和斑驳症状发生在花瓣上的，称为碎锦病。有的病叶叶脉明亮，多属于花叶症的前期症状。

②坏死与变质。较常见的坏死症状是枯斑，主要是寄主对病毒侵染的过敏性坏死反应引起的，有的表现为条斑坏死、同心坏死或坏死环、叶脉网纹样环及顶端坏死等。果实或木本植物表皮木栓化后，中央呈星状开裂或纵裂即为变质。

③畸形生长。畸形生长是指植物感染病后，表现的各种反常的生长现象。一种是生长减缩，表现为矮缩或矮化，矮缩是指病株部分节间缩短，矮化是指全株按比例缩小变矮。另一种是叶、茎（枝干）及根部的畸形生长。叶上常见的畸形生长有卷叶、线叶、皱缩、蕨叶、小叶症状。此外，还有叶脉上长出耳状突起物，称为耳突。

植物病毒病害症状的另一重要特点是只有明显的病状，而始终不出现病征。这一特性在诊断时有助于区分病毒和其他病原物引起的病害。然而，植物病毒病害的病状往往容易同非侵染性病害，特别是缺素症、药害、空气污染等相混淆，因为它们同样不表现病征，且部分病状表现较为相似。尽管如此，二者在自然条件下有不同的分布规律。感染病毒病害的植株在田间的分布多是分散的，病株四周还会有健康的植株，即便通过改善环境条件、增施营养元素或排除污染等措施，也难以使某些病株逐步恢复健康。

4. 植原体

（1）植原体的一般性状

植原体（类菌原体）是指原核生物界、软壁菌门、柔膜菌纲、植原体属的一类生物。软壁菌门中与植物病害有关的统称为植原体，包括植原体属和螺原体属。螺原体属基本形态为螺旋形，只有三个种，寄生于双子叶植物。植原体属与林业关系密切，常见的泡桐丛枝病、枣疯病等均为本属所致。

植原体外层无细胞壁，只有由三层结构的单位膜组成的原生质膜包围，厚度为7～8nm。菌体大小为200～1000nm，其形态在寄主细胞内为球形或椭圆形，繁殖期可以是丝状或哑铃状，但在穿过细胞壁上的胞间连丝或寄主植物筛板孔时，可以变成丝状、杆状或哑铃状等变形体状。在实验室内，植原体能透过细菌滤器，没有革兰氏染色反应。由于植原体外层没有细胞壁，也不会合成肽聚糖和胞壁酸等，因而对青霉素等抗菌素不敏感，但其对四环素类药物相当敏感。细胞内只有原核结构，包括颗粒状的核糖体和丝状的脱氧核糖核酸（DNA）。植原体大量存在于韧皮部疏导组织筛管中，通过筛板孔移动，从而侵染整个植株。它在人工培养基上不能培养，以裂殖、出芽繁殖或缢缩断裂法繁殖。植原体模式图如图1-13所示。

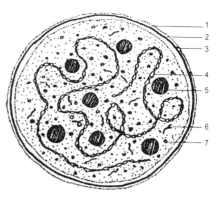

1，2，3—单位膜；4—核酸链；
5—核糖体；6—蛋白质；7—细胞质。

图1-13　植原体模式图

（2）植原体的致病特点

植原体造成的植物病害都是系统侵染的病害。它们侵入植物后，主要寄生在植物韧皮部的筛管和伴胞细胞中，有时也在韧皮部的薄壁细胞中发现。植原体病害的症状是全株性的，危害林木的主要症状类型是丛枝（包括丛芽、花变叶），其次是黄化以及带化、瘿瘤、僵果等。

植原体的传播和病毒相似，可以通过带病的无性繁殖材料、嫁接或菟丝子传播和传染。但在自然条件下，植原体则主要由介体昆虫传播。介体昆虫中最主要的是叶蝉，它能传播大多数植原体病害；少数是木虱、蚧象、飞虱等，如茶翅蝽能传播泡桐丛枝病等。

5. 林业有害线虫

（1）林业有害线虫的形态特征及习性

线虫属于线形动物门、线虫纲，在自然界分布广泛，种类繁多。其中，部分线虫可寄生在植物上引起植物线虫病害。同时，线虫还能传播其他病原物，如真菌、病毒、细菌等，从而进一步加剧病害的严重程度。此外，还可以利用线虫捕食真菌和细菌。

线虫体呈圆筒状，体形细长，两端稍尖，形如线状，多为乳白色或无色透明。植物寄生性线虫大多虫体细小，需要用显微镜观察。线虫体长一般为 $0.5 \sim 2\,mm$，宽为 $0.03 \sim 0.05mm$。雌雄同型线虫的雌成虫和雄成虫都是线形的，雌雄异型线虫的雌成虫为柠檬形或梨形，但它们在幼虫阶段都是线状的。线虫通常有卵、幼虫和成虫三个虫态。卵通常为椭圆形，半透明，产在植物体内、土壤中或留在卵囊内；幼虫有四个龄期，一龄幼虫在卵内发育并完成第一次蜕皮后从卵内孵出，再经三次蜕皮发育为成虫。植物线虫一般为两性生殖，也有孤雌生殖。多数线虫完成一代只要3～4周，在一个生长季中可完成若干代。

植物寄生线虫大多生活在15cm以内的耕作层内，特别是根围。其在土壤中的活动性不强，每年迁移的距离不超过2m；被动传播是其主要传播方式，包括水、昆虫和人为传播。适宜线虫发育的温度为20～30℃，适宜的土壤温度为10～17℃，多数线虫在沙壤土中容易繁殖和侵染植物。

植物病原线虫多以幼虫或卵在土壤、病株、残体、带病种子（虫瘿）和无性繁殖材料等场所越冬，在寒冷和干燥条件下还可以休眠或滞育的方式长期存活。低温干燥条件下，多数线虫的存活期会更长。

（2）林业有害线虫的致病特点

由于大多数种类的线虫在土壤中生活，因而线虫病害多数发生在植物的根和地下茎上。线虫病害常见的症状是根系上着生许多大小不等的肿瘤，即根结，若将根结剖开，可见到白色的线虫；或者根系因生长点被破坏而使生长受到抑制；或者根系和地下茎腐烂坏死。当根系和地下茎受害后，反映到全株上，则使植株生长衰弱、矮小、发育缓慢、叶色变淡，甚至萎黄，类似缺肥造成的营养不良现象。

有的线虫可危害植物的地上部分，如茎、叶、芽、花、穗部等，造成茎叶卷曲或组织坏死（如枯斑）、幼芽坏死、形成叶瘿或穗瘿（种瘿）等。有的线虫可危害树木的木质部，破坏疏导组织，使全株萎蔫直至枯死。它们的病理过程与细菌和个别真菌引起的枯萎病基本相似，如松材线虫病。其中，危害林木的重要有害线虫有根结线虫、松材线虫等。

6. 林业有害螨类

螨类属于节肢动物门、蛛形纲、蜱螨目。与昆虫不同，螨类的体分节不明显，无头、胸、腹三段之分；无触角；无复眼；无翅；仅有一至两对单眼；有四对足（少数只有两对）；一生经过卵、幼螨、若螨和成螨四个发育阶段。

螨类体长小于1mm，常为圆形或椭圆形，一般分为前体段和后体段。前体段分为颚体段和前肢体段；后体段分为后肢体段和末体段。颚体段（相当于昆虫的头部）与前肢体段相连，着生有口器，口器由于食性不同可分为咀嚼式和刺吸式；肢体段（相当于昆虫的胸部）一般着生四对足，着生前两对足的为前肢体段，着生后两对足的为后肢体段；末体段（相当于昆虫的腹部）与后肢体段紧密联系，很少有明显分界，肛门和生殖孔一般开口于该体段的腹面。螨类体躯分段如图1-14所示。

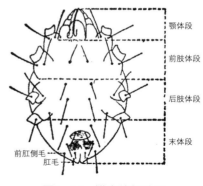

图1-14　螨类体躯分段

螨类一般为卵生，多为两性生殖，也有行孤雌生殖的。发育阶段雌雄有别，雌虫经过卵期、幼虫期、第一若虫期、第二若虫期及成虫期；雄虫没有第二若虫期。幼虫期有三对足，而若虫期以后则有四对足。螨类繁殖较快，一年至少2~3代，有的多达20~30代。危害林木的螨类主要包括叶螨和瘿螨。

（1）叶螨科

叶螨科体微小，长1mm以下，呈圆形或椭圆形（雄螨腹部尖削），通常为红色或暗红色，其口器为刺吸式。背刚毛24根或26根横排分布。叶螨科为植食性，只危害叶片，常群聚于叶背吸取汁液。

（2）瘿螨科

瘿螨科体极微小，长约0.1mm，呈蠕虫形，较狭长，其口器为刺吸式。成螨、若螨只有两对足，位于体躯前部。前肢体段背板呈盾状；后肢体段延长，具有许多环纹。瘿螨科为植食性，多在叶、芽或果实上吸取汁液，常引起畸形或形成虫瘿，部分危害部位还会隆起似一层毛毡（俗称毛毡病）。

7. 寄生性种子植物

根据对寄主的依赖程度不同，寄生性种子植物可分为半寄生种子植物和全寄生种子植物。半寄生种子植物有叶绿素，能进行正常的光合作用，但根多退化，导管直接与寄主植物相连，从寄主植物内吸收水分和无机盐，如槲寄生；全寄生种子植物没有叶片或叶片退化为鳞片状，因而没有足够的叶绿素，不能进行正常的光合作用，导管和筛管与寄主植物相连，从寄主植物内吸收全部或大部分水分和养分，如菟丝子。

（1）槲寄生

①分布与危害。槲寄生为桑寄主科的寄生性绿色灌木或亚灌木。在我国，常见的有槲寄生、枫香寄生等，除新疆外，国内各地均有分布。在用材林、经济林、防护林、果园、四旁树上均有发生，尤以南方林木受害较重。其寄主范围较广，涉及壳斗、蔷薇、杨柳、桦木、胡桃、槭、松、柏等多科植物。

②鉴别特征。槲寄生为半寄生常绿小灌木，茎具有明显的节，呈圆柱状或扁平状；

叶对生，具有基出脉，或退化为鳞片状，雌雄异株或同株；花单生或丛生于叶腋内或枝节上，花药阔，无柄，柱头无柄或近无柄，呈垫状；果肉质，果枝有黏胶质，呈球形或椭圆形。

③生物学特性。槲寄生是指寄生在其他植物上的植物，可以从寄主植物上吸取水分和无机物，进行光合作用制造养分。它四季常青，可开出黄色花朵，入冬后可结出各色的浆果。槲寄生主要通过种子繁殖，每年秋冬季节，槲寄生的枝条上便会结满橘红色的小果，吸引以槲寄生果为食的鸟类食用。由于槲寄生果的果肉富有黏液，常使鸟类嘴上沾满黏液，进而在树枝上蹭嘴，使果核粘在树枝上；有的果核被鸟类吞进肚子里，会随粪便排出来，粘在树枝上。这些种子一般经过3～5年会长出新的小枝，对树木造成危害。

（2）菟丝子

①分布与危害。菟丝子是菟丝子科、菟丝子属植物的通称，又称黄鳝藤、无根草、金线草，是攀缘寄生的草本植物，有植物"吸血鬼"之称。菟丝子在全世界广泛分布，我国各地均有发生。我国已发现的菟丝子约有11种，常见的有日本菟丝子和中国菟丝子，在木本植物上以日本菟丝子发生危害较为普遍。其寄主范围较广，主要寄生于豆科、菊科、蓼科、杨柳科、蔷薇科、茄科、百合科、伞形科等木本和草本植物上，危害多种林木。被害植株为黄色，有细藤缠绕，枝叶紊乱不伸展，枝条常有缢痕。幼苗被害严重时，可全株枯死。菟丝子除本身对植物有害外，还能传播植原体和病毒，引起多种植物病害。

②鉴别特征。菟丝子为藤本植物，无根和叶，或叶退化成鳞片，不具有叶绿体；茎似线形，细长分枝，缠绕于其他物体上，为黄色、黄白色或红褐色；其花较小，为白色、黄色或粉红色，无梗或具有短梗，为穗状、总状或簇生成头状花序；蒴果呈球形或卵形，周裂或不规则破裂；种子为2～4粒，胚乳肉质，种胚弯曲呈线状或螺旋形，无子叶或稀具细小的鳞片状缢痕。

③生物学特性。菟丝子以成熟种子脱落在土壤中休眠越冬，在南方也有以藤茎在被害寄主上过冬。以藤茎过冬的，次年春温湿度适宜时即可继续生长攀缠危害；经越冬后的种子，次年春末夏初，当温湿度适宜时种子在土中萌发，长出淡黄色细丝状幼苗；随后不断生长，藤茎上端部分旋转并向四周伸出，当碰到寄主时，便紧贴其上缠绕，很快在其与寄主的接触处形成吸盘，并伸入寄主体内吸取水分和养分。这一时期茎基部逐渐腐烂或干枯，藤茎上部分与土壤脱离，靠吸盘从寄主体内获得水分和养分，不断分枝生长，开花结果，不断繁殖蔓延危害。

夏秋季是菟丝子生长高峰期，11月开花结果。菟丝子的繁殖方法包括种子繁殖和藤茎繁殖。每株菟丝子可产生2500～3000粒种子，种子繁殖靠鸟类传播种子，或成熟种子脱落于土壤，再经人为耕作进一步扩散；藤茎繁殖是指借寄主树冠之间的接触由藤茎缠绕蔓延到邻近的寄主上，或人为将藤茎扯断后抛落在寄主的树冠上。

六、林木病害的发生过程

（一）接触期

接触期是指从病原物被动或主动地传播到植物的感病部位到侵入寄主为止的时期，它是病害发生的条件之一。

接触的概率受寄主植物和生态环境的影响。如病原物所在地与寄主的距离同传播体的降落量成反比；林分的迎风面比背风面接触风传孢子的概率大；纯林比混交林接触病原物的概率大。

接触期的长短因病害种类而异。病毒、植原体以及从伤口侵入的细菌，其接触和侵入是同时实现的，没有接触期。大多数真菌的孢子在具备萌芽条件时，几小时便完成侵入，最多不超过24h。而桃缩叶病菌的孢子在芽鳞间越冬，至次年春新叶初发才萌芽侵入，接触期长达几个月。

寄主体表环境影响病原物的生存和活动。许多真菌孢子要求较高的湿度，由于植物的蒸腾作用，叶面温度常比大气温度低，湿度比大气高，这对孢子的萌芽和芽管的生长是有利的。植物体表的外渗物质，有的可作为孢子萌芽的辅助营养，有的则对孢子萌芽有抑制作用。植物体表微生物群落对病原物的颉颃作用更有不可忽视的影响。

（二）侵入期

侵入期是指从病原物侵入寄主到建立寄生关系为止的时期。林木病害的发生都是从侵入开始的。

1. 侵入途径

（1）直接穿透侵入

有些真菌（以侵入丝穿透角质层溶解表皮细胞侵入寄主）、寄生性种子植物（吸根穿透力强）、线虫（口针穿刺）可直接穿透侵入寄主。

（2）自然孔口侵入

有些林木病原细菌和真菌可通过自然孔口侵入寄主。植物体表有气孔、水孔、皮孔和蜜腺等自然孔口，其中气孔侵入较为普遍。由于自然孔口含有较多的营养物质和水分，所以病原菌侵入自然孔口，一般认为是趋化性和趋水性的作用。

（3）伤口侵入

植物表面的伤口有自然伤口、病虫伤口和人为伤口等，有些植物病毒、细菌、真菌和线虫可从伤口侵入。从伤口侵入的病毒，伤口只是作为它们侵入细胞的途径。而有的细菌和真菌除将伤口作为侵入途径外，还可利用伤口的营养物质营腐生生活，而后进一步侵入健全组织。伤口侵入对枝干溃疡病菌和立木腐朽病菌尤为重要。由于树木较大枝干没有自然孔口，皮层较厚也较难直接穿透侵入，此时伤口侵入便成为这些病菌的主要侵入途径。

一般直接穿透侵入的病原物也可从自然孔口和伤口侵入，而从伤口侵入的多不能直接穿透或从自然孔口侵入。

2. 影响侵入的环境条件

真菌孢子萌发和侵入对外界条件有一定要求，其中影响最大的是湿度和温度。湿度决定孢子能否萌芽和侵入，温度则影响孢子萌芽和侵入的速度。

大多数真菌孢子，尤其是气流传播的孢子，只有在水滴中才能很好地萌芽，即使在饱和湿度下萌芽率也极低。细菌在水滴中最适宜侵染。而白粉菌的分生孢子，因其细胞质稠，吸水性强，孢子萌芽时不膨大，需水量少，并且萌芽时需要氧气，故能在很低的相对湿度下萌芽。对于土传真菌，孢子在土壤中萌芽，若土壤湿度过高，造成土壤缺氧，对孢子萌芽和侵入不利。各种真菌孢子都有最低、最高和适宜的萌芽温度，在适宜温度下，孢子萌芽率高，萌芽快，芽管也较长。

在林木生长期间，尤其在其中某一阶段内，温度变化不大，而湿度变化较大。因此，湿度是影响病原侵入的主要条件，但这也不是绝对的，因为从孢子萌芽到完成侵入，不仅需要一定的温度和湿度，而且还需要一段时间。林分内饱和湿度和叶面结露一般只在降雨或夜间才能遇到。因此，从入夜到次日早晨，若气温低，侵入时间就要延长，如果超过所需保湿时间，则侵入就不能完成。

外界温度、湿度不仅作用于病原菌，而且也影响寄主植物的抗病性，因而间接地对病原菌的侵入发生作用。如苗木猝倒病在幼苗出土后遇到寒潮，使幼苗木质化迟缓，从而容易发病。

在防治侵染性病害上，侵入期是一个关键时期，一些主要防治措施多在于阻止病原物的侵入。

（三）潜育期

从病原物与寄主建立寄生关系开始到表现症状为止的这段时期，称为潜育期。在此期间，除极少数外寄生菌外，病原物都在寄主体内生长发育，消耗寄主体内养分和水分，并分泌多种酶、毒素、生长激素等，影响寄主的生理代谢活动，破坏寄主组织结构，并诱发寄主发生一系列保护反应。因此，潜育期是病原物与寄主矛盾斗争最激烈的时期。

病原物在寄主体内有主动扩展和被动扩展两种形式。主动扩展依赖于病原物的生长和繁殖，如真菌主要依靠菌丝的生长，病毒、植原体、细菌等则依靠繁殖增加数量。被动扩展则是借寄主输导系统流动，寄主细胞分裂和组织生长而扩展。病原物在寄主体内的扩展范围，有的局限在侵入点的附近，形成局部侵染，如多种叶斑病、溃疡病、苗木茎腐病、根腐病、根结线虫病，以及寄生性种子植物所致的病害。但其对寄主的影响不一定是局部性的，如苗木白绢病菌只寄生在根部皮层上，但是由于造成根部皮层腐烂，导致全株枯死。有的则从侵入点向各个部位扩展，甚至扩展到全株，形成系统性侵染，如病毒病、植原体病和枯萎病等。系统性病害的症状，有的在全株表现，如病毒病；有的则在局部表现，如泡桐丛枝病的早期病状。

不同病害潜育期的长短差别较大。叶斑病通常为几天至十几天，枝干病害有的则为十几天至几十天，松瘤锈病为二至三年，活立木腐朽病则为几年至几十年。抗病树种和生长健壮的植物感病后，潜育期往往延长，发病也较轻。外界温度对潜育期影响较大，在适温下潜育期最短。潜育期缩短会增加再侵染次数，使病害加重。

有些病原有潜伏侵染的现象，即在不适于发病的条件下，暂时不表现症状，如苹果树腐烂病。这一现象在植物检疫和防治上不容忽视。

（四）发病期

潜育期结束后，开始出现症状。从症状出现到病害进一步发展的这段时期，称为发病期。

七、林木病害侵染循环

林木病害的发展过程包括越冬（或越夏）、接触、侵入、潜育、发病、传播和再侵染等环节，而林木病害侵染循环是指侵染性病害从一个生长季节开始发病到下一个生长季节再度发病的过程，如图1-15所示。林木病害侵染循环一般包括病原物的越冬（或越夏）、病原物的传播、初侵染和再侵染等环节。

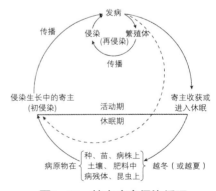

图1-15　林木病害侵染循环

（一）病原物的越冬

病原物的越冬场所是林木下一个生长季节病害的初侵染来源。病原物越冬时呈休眠状态，且有一定的场所，它是病原物的薄弱环节，为防治的关键时期。

1. 病株

病株（包括其他林木、转主寄生）是林木病害最重要的越冬场所。林木为多年生，绝大多数病原物都能在病枝干、病根、病芽、病叶等组织内或组织外越冬，成为下一个生长季节的初侵染来源。枝干和根部病害病部的病原物，往往是这类病害多年的侵染来源。

2. 病残体

绝大多数非专性寄生的真菌、细菌都能在害病的枯立木、倒木、枯枝、落叶、落果、残根等病残体内存活。寄生性强的病原物在病残体分解以后，不久便逐渐死亡，而腐生性强的病原物脱离病残体之后，可以继续营腐生生活。

3. 土壤

病原物随着病残体落到土壤中成为下一个生长季节的初侵染来源，特别是在根部病害中，这一现象尤为显著。

4. 种苗和其他繁殖材料

种子带菌不是引起林木病害的主要途径。苗木、插条、接穗、种根和其他繁殖材料的内部和表面均可能带有病原物，而成为侵染源。此外，随着苗木和繁殖材料的调运，还可能将病害传播到新的地区。

各种病原物的越冬场所不一定相同。有些病原物的越冬场所不止一处，不同越冬场所所提供的初侵染源数量不同。因此，要找到它们的主要越冬场所，以便采用经济有效的方法进行防治。

（二）病原物的传播

各种病原物的传播方式不同。细菌和真菌的游动孢子可在水中游动，真菌菌丝的生长、线虫的爬行、菟丝子茎的生长等均可转移位置。但依靠病原物主动传播的距离非常有限，只起传播开端作用，需要再依靠传媒传到远处。病原物传播的主要途径包括气流传播、雨水传播、动物传播和人为传播。

1. 气流传播

有些真菌孢子产生于寄主体表，易于释放，或者在子实体内形成，借助各种方法将孢子释放到空中进行较长距离的传播。如霜霉菌的孢子囊、接合菌的孢囊孢子、以缝裂或盖裂方式放射的子囊孢子、担子菌的担孢子、锈菌的夏孢子和锈孢子、半知菌丝孢目的分生孢子等。风也能将病原物的休眠体或病组织吹送到较远的地方。

由气流传播的病原物传播距离较远，病害在林间分布均匀，防治比较复杂，除注意消灭当地侵染源外，还要防治外地传入的病原侵染。

2. 雨水传播

林木病原细菌、黑盘孢目和球壳孢目的分生孢子都黏聚在胶质物内，必须利用雨水将胶质溶解，才能从病组织中或子实体中散出，随雨滴的飞溅而传播。游动孢子和以子囊壁溶解的方式放射的子囊孢子，也由雨水传播。土壤中的病原物还能随着灌溉水传播。病残体也能在流水中漂浮至远方。

雨水传播的方式虽多，但因受水量和地形的限制，传播距离一般不会很远。

3. 动物传播

能传播病原物的动物种类很多，有昆虫、螨类、线虫、鸟类、啮齿类等，其中以昆虫最为主要。昆虫传播病菌的方式分体外带菌和体内带菌两种，体外带菌是非专化性的，只是机械地携带，一般是接触传播；体内带菌一般为专化性的，是损伤传播。

传染病毒和植原体的昆虫，绝大多数为刺吸式口器，如蚜虫、叶蝉等。对于传毒昆虫，有的获毒之后即可传染，但其保持传毒时间较短，由蚜虫传染的大都属于此类；有的获毒之后须经过一个时期的循回期方可传毒，其保持传毒时间较长，有的吸毒一次可以终身带毒，甚至可以传递给后代。

鉴于昆虫的食性，它们能将病原物传带到同一种植物甚至同一个器官上，因此虫传的效率较高。

4. 人为传播

人们在育苗、栽培管理及运输的各种活动中，常常无意识地帮助了病原物的传播。特别是调运种苗或其他繁殖材料以及带有病原物的植物产品和包装材料时，都能使病原物不受自然条件和地埋条件的限制而进行远距离的传播，从而造成病区的扩大和新病区的形成。

（三）初侵染和再侵染

越冬后的病原物，在植物生长期引起的首次侵染，称为初侵染。在初侵染的病株上可以产生孢子或其他繁殖体，从而进行再次传播引起的侵染，称为再侵染。在同一个生长季节中，再侵染可能发生多次，即侵染循环。病害的侵染循环，按再侵染的有无可分为多病程病害和单病程病害。

1. 多病程病害

多病程病害在一个生长季节中发生初侵染后，还有多次再侵染。这类病害的病原物一年发生多代，潜育期短，侵染期长。多病程病害种类较多，如多数真菌、全部细菌、病毒、植原体、根结线虫和菟丝子等引起的病害。这类病害防治比较复杂，除注意防治初侵染外，还要解决再侵染问题。

2. 单病程病害

单病程病害在一个生长季节中只有一次侵染过程，没有再侵染。这类病害的成因有多种，有的是因为病原物一年只产生一次传播体；有的是因为侵入期固定，如毛竹枯梢病菌虽可产生子囊孢子和分生孢子，但它们只能在竹子发叶期从嫩枝腋处侵入，因而不可能进行再侵染；有的是由于传播昆虫一年一代。这类病害防治比较容易，只要消灭初侵染来源或防治初侵染，就可以预防该类病害的发生。

八、林木病害的流行

林木病害在一个时期或一个地区大面积发生，造成经济上的严重损失，称为病害流行。

病害的侵染过程反映个体发病规律，病害流行规律则是群体发病规律。个体发病规律是群体发病规律的基础，而群体发病规律是我们需要掌握的整体规律。防治病害的目的在于保护林木群体不因病害大量发生而减产，除检疫对象外，一般只要求防止病害流行，而不要求绝对无病。

（一）林木病害流行的类型

根据病原物的性状和病害侵染循环的不同，林木病害流行大致可分为积年流行病和当年流行病。

1. 积年流行病

积年流行病有的一年只形成一次传播体，有的侵入期是固定的，或传病昆虫一年一代，所以一年只侵染一次，属于单病程病害。它们每年流行的程度主要取决于初侵染的菌量，若菌量逐年积累，病害则逐年加重，如此经过若干年后，病害才能达到流行程度。这类病害防治比较容易，只要消灭初侵染来源或防治初侵染，就可以预防该类病害的发生。

2. 当年流行病

当年流行病的侵染期长，有再侵染，属于多病程病害。它们每年开始发病时是少量且零星的，如果具备发病条件，病害即可迅速扩展蔓延，从而造成当年病害的流行。它们每年流行的程度与初侵染的菌量有关，其发展速度与再侵染次数多少有关。再侵染次数取决于完成一个病程所需要的时间，它受寄主抗性、病原物生长、发育速度及繁殖力、肥水条件、林分内湿度和温度等因素的制约。完成一个病程的时间越短，生长季节中重复侵染的次数越多，病害发展速度就越快。

（二）林木病害的流行条件

林木病害的流行需要大量高度感病的寄主植物、大量致病力强的病原物和有利于不断进行侵染的环境条件。三者缺一不可，必须同时存在。

1. 寄主植物

林木一般是多系的集合种群，同类树种的种群之间存在抗病性差异。因此，感病树种的数量和分布是决定病害能否流行和流行程度的因素。

林木抗病性和感病性在不同的发育期（甚至年龄不同的器官中）表现不同。若寄主植物的易感期和病原物的侵染期相吻合，则易造成病害的流行，反之则病害发生较轻。林木的发育期大致分为苗期、幼龄期、壮龄期和成熟期。如苗木猝倒病和茎腐病是苗期发生的病害；溃疡病主要危害幼树；木腐病则是过熟林特有的病害。

寄主的活力也影响其抗病性。一般在植物活力强时，抗病力也强，反之则弱。对于弱寄生生物所致病害，这种趋势最为明显。如苹果树腐烂病，活力衰弱的植株易于感染，而活力强的植株则有很强的抗病力。

营造大面积同龄纯林易引起病害的流行。由于感病个体大量集中，且都处于同一个生长时期，一旦某种病害流行，就会造成很大的损失。

一些寄生范围较广的病原物，除主要寄主植物以外的其他寄主植物的数量及感病程度，对于菌量的积累也起着重要的作用。

2. 病原物

在病害流行以前，有大量致病性强的病原物存在是病害流行的必备条件。病原物的致病性和寄主的感病性紧密相连，寄主是病原物的居住和取食场所，因而对病原物的致病性变异有重大影响，这在一些寄生性较强的病原物中较为常见。病原物还可以通过杂交或某些环境条件的直接影响而发生致病力的变异，致使一个地区优势树种不断更迭。此外，对于外地传入的新病原物，由于本地栽培的寄主植物对它缺乏抗病力，因而导致病害的流行。

病原物的数量主要是指在病害流行前病原的基数。每处的病原基数不同，对每年病害流行所造成的威胁形势也不同。病原基数的数量，是由病原物的越冬能力和越冬后的条件是否有利于病原物的保存、蓄积和发展所决定的。

病原物的数量与病害流行的关系，因病害种类而异。对于单病程病害，只要树种是感病的，则流行程度主要取决于初侵染菌量。对于多病程病害，在树种抗性相似的前提下，初侵染菌量决定中心病株的数量，而再侵染的发展速度，则受潜育期、病原物繁殖能力的侵染率，以及寄主抗性和环境条件的影响。

病原物的传播效率取决于寄主寿命、风速、风向、传病昆虫的活动能力等。

3. 环境条件

在病害流行之前，寄主的抗性、面积、分布，病原物的致病性、数量、质量等因素均已基本确定，病害能否流行，要看是否具备适宜的发病条件，以及适宜条件保持时期的长短。

病害流行的气象因素有其严格的时间性，多集中于病害流行发展初期阶段。在这一时期内，若气象条件满足病害发展的要求，便为病害流行奠定了基础。过了此时期，即使以后出现有利于发病的环境条件，因病害流行时期推迟，其危害可能也不会很严重。

（三）林木病害流行的决定因素

林木各种流行性病害，由于病原寄生性、专化性及繁殖特性、寄主抗性不同，它们对环境条件的要求和反应也不同，所以不同病害或同一种病害在不同地区、不同时间造成流行的条件不是同等重要的。在一定时间、空间和地点已经具备的条件下，相对稳定的因素为次要因素，最缺乏或变化最大的因素为决定性因素。对于具体病害，应分析其寄主、病原和环境条件各方面的变化，找出决定性因素，为制定防治策略和措施提供依据。

九、林木病害的诊断

（一）诊断方法与步骤

1. 林木病害的田间观察

首先，根据症状特点判断是虫害、伤害还是病害，如果是病害，还要判断是侵染性病害还是非侵染性病害（侵染性病害在田间可看到由点到面逐步扩大蔓延的趋势）。虫害、伤害没有病理变化过程，而林木病害却有病理变化过程。此外，还要注意调查和了解病株在田间的分布，并注意病害的发生与气候、地形、地势、土质、肥水、农药及栽培管理的关系。

2. 林木病害的症状观察

症状观察是林木病害首要的诊断依据，这一过程虽然简单，但须在比较熟悉病害的基础上才能进行。诊断的准确性取决于症状的典型性和诊断者的经验。观察症状时，应注意是点发性症状还是散发性症状，注意病斑的部位、大小、长短、色泽和气味，并注意病部组织的特点。许多病害有明显的病状，出现病征时即可确诊，如白粉病。有些病害虽然外表看不见病征，但只要认识其典型症状同样能够确诊，如病毒病。

3. 林木病害的室内鉴定

许多病害单凭病状是不能确诊的，因为不同的病原可产生相似病状，病害的症状也可因寄主和环境条件的变化而变化。因此，有时需要进行室内病原鉴定才能确诊。一般地，病原室内鉴定须借助放大镜、显微镜、保湿及保温器械设备等，根据不同病原的特性，采取不同手段，进一步观察病原物的形态特征、生理生化特点等。对于新病害，还须请分类专家确定病原。

4. 林木生物性病原的分离培养和接种

有些病害在病部表面不一定能找到病原物，即使检查到微生物，也可能是组织失活后长出的腐生物。因此，病原物的分离培养和接种是林木病害诊断中最科学、最可靠的方法。接种鉴定又称为印证鉴定，通过接种使健康的林木产生相同症状，以明确病原。

这一方法对新病害或疑难病害的确诊尤为重要。

5. 提出诊断结论

根据上述各步骤的观察鉴定结果进行综合分析，提出诊断结论，并根据诊断结论提出防治建议。

（二）诊断要点

1. 非侵染性病害的诊断要点

非侵染性病害，除了植物遗传性疾病之外，主要由不良环境因子引起。若在病植物上看不到任何病征，也分离不到病原物，且往往大面积同时发生同一病害，没有逐步传染扩散的现象，则大体上可考虑为非侵染性病害。非侵染性病害大致可从发病范围、病害特点和病史等方面分析确定病因。以下几点有助于诊断其病因：

①病害突然大面积同时发生。其发病时间短，往往只有几天。这类情况大多是由于大气污染、三废污染或气候因子异常引起的病害，如冻害，干热风、日灼所致病害。

②病害只限于某一品种发生。若多有生长不良或系统性症状一致的表现，则多为遗传性障碍所致。

③有明显的枯斑或灼伤。枯斑或灼伤多集中于植株某一部分的叶或芽上，无既往病史，大多是农药或化肥使用不当所致。

2. 侵染性病害的诊断要点

侵染性病害常分散发生，有时还可观察到发病中心及其向周围传播、扩散的趋势。对于侵染性病害，大多有病征（尤其是真菌、细菌性病害）。某些真菌和细菌病害，以及所有的病毒病害，在植物表面均无病征，但有一些明显的症状特点，可作为诊断的依据。

①真菌病害。许多真菌病害，如锈病、黑穗（粉）病、白粉病、霜霉病、灰霉病以及白锈病等，常在病部产生典型的病征，依照这些特征和病征上的子实体形态，即可进行病害诊断。对于病部不易产生病征的真菌病害，可以用保湿培养镜检法缩短诊断过程。摘取植物的病器官，用清水洗净并置于保湿器皿内，适温（22～28℃）培养1～2昼夜，促使真菌产生子实体，然后进行镜检，对病原做出鉴定。有些病原真菌在病部的植物内产生子实体，从表面不易观察，须用徒手切片法，切下病部组织进行镜检。必要时，则应进行病原的分离、培养及接种实验，才能做出准确的诊断。

②细菌病害。植物受细菌侵染后可产生各种类型的症状，如腐烂、斑点、萎蔫、溃疡和畸形等；有的在病斑上有菌脓外溢。一些产生局部坏死病斑的植物细菌性病害，初期多呈水渍状、半透明病斑。对于腐烂型的细菌病害，其重要特点是腐烂的组织黏滑且有臭味。对于萎蔫型细菌病害，剖开病茎，可见维管束变褐色；或切断病茎，用手挤

压，可出现浑浊的液体。这些特征均有助于细菌病害的诊断。切片镜检有无"喷菌现象"是简单易行且可靠的细菌病害诊断技术。剪取一小块（4mm²）新鲜的病健交界处组织，平放在载玻片上，加一滴蒸馏水，盖上盖玻片后，立即在低倍镜下观察。如果是细菌病害，则在切口处可看到大量细菌涌出，呈云雾状。在田间，用放大镜或肉眼对光观察夹在玻片中的病组织，也能看到云雾状细菌溢出。此外，革兰氏染色、血清学检验和噬菌体反应等也是细菌病害快速诊断和鉴定中常用的方法。

③植原体病害。植原体病害的特点是植株矮缩、丛枝或扁枝、小叶与黄化，少数出现花变叶或花变绿。只有在电子显微镜下才能看到植原体。注射四环素后，初期病害的症状可以隐退消失或减轻，但其对青霉素不敏感。

④病毒病害。病毒病害的特点是有病状，没有病征。病状多呈花叶、黄化、丛枝、矮化等。撕去表皮镜检，有时可见内含体。在电子显微镜下可见到病毒粒体和内含体。感病植株多数为全株性发病，少数为局部性发病。田间病株多分散、零星发生，且无规律性。如果是接触传染或昆虫传播的病毒，则分布较集中。病毒病害的症状有些类似于非侵染性病害，诊断时应仔细观察和调查，必要时还须采用枝叶摩擦接种、嫁接传染或昆虫传毒等接种实验，以证实其传染性，这是诊断病毒病害的常用方法。此外，血清学诊断技术等可对病毒病害快速做出正确的诊断。

⑤线虫病害。线虫病害表现为虫瘿或根结、孢囊、茎（芽、叶）坏死、植株矮化、黄化或类似缺肥的病状。鉴定时，可剖切虫瘿或肿瘤部分，用针挑取线虫制片或用清水浸渍病组织，或做病组织切片镜检。有的植物线虫不产生虫瘿和根结，可通过漏斗分离法或叶片染色法检查。必要时可用虫瘿、病株种子、病田土壤等进行人工接种。

3. 注意事项

林木病害的症状是复杂的，每种病害虽然都有其固定的特征性症状，但也具有易变性。因此，诊断病害时，应慎重注意以下问题：不同的病原可导致相同的症状，如萎蔫性病害可由真菌、细菌、线虫等病原引起；相同的病原在同一寄主植物的不同发育期、不同发病部位表现的症状不同，如炭疽病在苗期表现为猝倒，在成熟期危害茎、叶、果，表现为斑点型；相同的病原在不同的寄主植物中表现不同的症状；环境条件可影响病害的症状，如腐烂病在潮湿时表现为湿腐型，在干燥时表现为干腐型；缺素症、黄化症等非侵染性病害与病毒、支原体引起的病害症状类似；在病部的坏死组织上，可能有腐生菌，容易造成混淆而误诊。

● **任务实施计划制订**

对任务进行实施，并填写任务实施计划表，如表1-1所示。

表1-1 任务实施计划表

班　级		指导教师	
任务名称		日　期	
组　号		组　长	
组　员			
病害地点			
病害描述			
防治方案			

任务二 林木病害症状识别

工作任务	利用肉眼或放大镜观察每种标本的病害症状，仔细观察各种病害标本，区分每种病害的病状和病征
实施时间	植物病害发生期
实施地点	林木病害发生地或苗圃
教学形式	课前布置自主学习任务，学生到野外采摘病叶和病枝，在课堂上对采集到的标本整理分类并加以观察。教师以启发式教学方式归纳出林木病害的相关知识。现场教学与实验观察相结合，学生分组操作，在教师的指导下完成林木病害的识别任务
学生基础	具有一定的自学和资料收集与整理能力
学习目标	认识林木病害症状类型；会利用肉眼或放大镜区分每种病害的病状和病征
知识点	林木病害的症状
工具	配备多媒体设备以及放大镜、镊子、修枝剪等用具

知 识 准 备

林木病害症状识别是林木管理与保护工作的重要环节。这些症状是病害诊断与防治的基础。

一、斑点类

斑点类病害常出现于果实或叶片上，分为灰斑、褐斑、黑斑、漆斑、圆斑、角斑和轮斑等。后期在病斑上会出现霉层、小黑点。斑点即为病状；后期出现的霉层，点（粒）状小黑点即为病征。代表种类有杨树黑斑病、松针褐斑病等。

二、白粉病类

白粉病是植物体上普遍发生的病害，主要危害叶片、叶柄、嫩茎、芽及花瓣等幼嫩部位，被害部位初期产生近圆形或不规则形粉斑，其上布满白粉状物，即病菌的菌丝体、分生孢子梗和分生孢子。后期白粉变为灰白色或浅褐色，病叶上形成黑褐色小点，即病菌的闭囊壳。粉斑即为病状；白色粉状物及后期出现的暗色小点即为病征。代表种类有阔叶树白粉病等。

三、锈病类

锈病可危害植株的芽、叶、叶柄及幼枝等部位。发病初期在叶片正面出现淡黄色斑点，这些斑点即为病状；后期病斑上出现锈黄色或暗褐色粉状物、毛状物或疱状物，这些粉状物、毛状物或疱状物即为病征。代表种类有春杨叶锈病等。

四、煤污病类

煤污病又称煤烟病，在花木上发生普遍。发病初期在叶面、枝梢上形成黑色小霉斑，后扩大连片，使整个叶面、嫩梢上布满黑霉层。霉斑即为病状；黑煤层或煤烟状覆盖物即为病征。代表种类有桑树煤污病等。

五、炭疽类

炭疽类病害叶、果或嫩枝病部多形成轮状而凹陷的病斑，后期病斑上出现小黑点（粒）。病斑即为病状；后期出现的小黑点（粒）即为病征。代表种类有榆树炭疽病等。

六、溃疡病类

溃疡病类病害受病枝干皮层的局部坏死，病部周围常隆起，中央凹陷开裂，后期于发病部位出现小黑点（粒）。溃疡即为病状；后期出现的小黑点（粒）即为病征。代表种类有杨树水泡型溃疡病等。

七、腐烂病类

腐烂病类病害在根、枝、干上，枝干皮部腐烂解体，边缘隆起不明显。后期于发病部位出现霉状物或小黑点（粒）。腐烂即为病状；后期出现的霉层和小黑点（粒）即为病征。代表种类有杨树烂皮病、松树烂皮病、板栗疫病等。

八、腐朽病类

腐朽病类病害根、干或木材腐朽变质，可分为白腐、褐腐、海绵状腐朽和蜂巢状腐朽等，发病后期于发病部位出现伞状、木耳状及马蹄状等大型真菌，称为蕈体。腐朽即为病状；后期出现的蕈体即为病征。代表种类有木材根朽病等。

九、枯萎病类

枯萎病类病害枝条或整个树冠的叶片凋萎、脱落或整株枯死，后期于病部出现霉状物或菌核等。枯萎即为病状；后期出现的霉状物及菌核即为病征。代表种类有苗木（猝倒）立枯病、落叶松枯梢病等。

十、丛枝病类

丛枝病类病害枝叶细弱，丛生。此症状一般由植原体导致，有病状，无病征。代表种类有泡桐丛枝病等。

十一、肿瘤病类

肿瘤病类病害在枝、干或根部形成大小不等的瘤状物，后期于发病部位可发现菌脓或线虫体。肿瘤即为病状；菌脓和线虫体即为病征。代表种类有杨树根癌病等。

十二、变形病类

变形病类病害叶片皱缩、叶片变小、果实变形等，后期于病部出现白色粉状物。变形即为病状；白色粉状物即为病征。代表种类有桃树缩叶病等。

十三、流脂、流胶病类

流脂、流胶病类病害树干上有脂状物或胶状物，病处常出现小黑点（粒）。流脂、流胶即为病状；小黑点（粒）即为病征。代表种类有桃树流胶病等。

● 任务实施计划制订

对任务进行实施，并填写任务实施计划表，如表1-2所示。

表1-2　任务实施计划表

班　级		指导教师	
任务名称		日　期	
组　号		组　长	
组　员			
病害标本分拣			
病害标本病状			
病害标本病征			

（任务三）　林木病害病原识别

工作任务	在学习病原物鉴定之前必须熟练掌握显微镜的使用技术。值得注意的是，显微镜必须轻拿轻放，按规程操作，保存时应置于干燥、无灰尘、无酸碱蒸气的地方，特别应做好防潮、防尘、防霉、防腐蚀的保养工作
实施时间	植物病害发生期

续表

实施地点	校内实训室。配备多媒体、显微镜等设备以及载玻片、盖玻片、滴管、放大镜、镊子、解剖针、解剖刀、修枝剪、蒸馏水、吸水纸、擦镜纸、挑针、刀片、小木板等用具
教学形式	现场讲解、教师示范与实验练习相结合，学生分组操作，在教师的指导下利用显微镜识别真菌营养体和繁殖体，并学会病原物制片技术
学生基础	具有一定的自学和资料收集与整理能力
学习目标	学会使用显微镜观察各种病原；学会病原物的制片技术
知识点	林木病害的病原；林木病原切片制作
工具	配备多媒体设备以及放大镜、镊子、修枝剪等用具

知识准备

在林木病害病原的识别中，显微镜发挥着极为重要的作用。识别真菌营养体、繁殖体、子实体时，应重点掌握病原徒手制片方法及观察方法。

一、显微镜的使用技术

1. 显微镜的基本构造

显微镜的类型有很多，虽有单目显微镜、双目显微镜、自然光源显微镜、电光源显微镜之分，但其基本结构相同。其基本结构均由镜座、镜臂、镜体、目镜、物镜、调焦螺旋、紧固螺钉和载物台等组成。其中，四个物镜镜头分别为4倍、10倍、40倍、100倍（油镜）。常用的有XSP-3CA显微镜。

2. 显微镜的操作步骤

（1）取镜

取镜时，用右手把持镜臂，左手托住镜座，拿取或移动显微镜，勿使之震动。

（2）放置

显微镜应放在身体左前方的平面操作台上。镜座距台边3～4cm，镜身倾斜度不宜过大。

（3）检查

使用前应检查部件是否完整、镜面是否清洁，若有问题应及时调换或整理擦净。

（4）调光

应先用低倍镜调光。若用自然光源，光线强时可用平面反光镜，光线弱时可用凹面反光镜。检查不染色标本时宜用弱光，可将聚光器降低或缩小光圈；检查染色标本时宜用强光，可将聚光器升高或放大光圈。

（5）观察

应将标本片放在载物台上，用弹簧夹固定。先用低倍镜找出适宜视野，然后转换为高倍镜观察。观察时要求姿势端正，两眼同时睁开，一般用左眼观察，右眼便于绘图或记录。

（6）归位

使用完毕后，应提高镜筒，取出标本，并将镜头旋转呈八字形。然后放下镜筒，检查无误后将显微镜放入箱内锁好。

二、真菌营养体、繁殖体、子实体识别

真菌营养体、繁殖体（孢子）及子实体的特征是真菌分类的重要依据，在观察实物标本的基础上，可利用玻片标本进行观察识别。

1. 真菌营养体观察

分别挑取腐霉菌（或黑根霉菌）和炭疽菌菌丝少许制成待检玻片，镜下观察菌丝体，比较无隔菌丝和有隔菌丝的形态特征；观察苗木茎腐病的菌核、伞菌的菌索、腐朽木材上的菌膜和国槐腐烂病或竹赤团子病标本上的子座等营养体变形特征。

2. 真菌繁殖体观察

（1）无性孢子的观察

分别从炭疽菌和黑根霉菌的纯培养菌落中，以及白粉病的菌丝体上挑取少许孢子、菌丝和小球状物，制成待检玻片，依次观察厚垣孢子、孢囊孢子、分生孢子的形态特征。

（2）有性孢子的观察

以腐霉菌（或黑根霉菌）、盘菌、伞菌等玻片标本为观察对象，对照教材识别卵孢子、接合孢子、子囊孢子和担孢子的形态特征。

3. 真菌子实体观察

以白粉病、腐烂病、腐朽病实物标本和玻片标本为观察对象，识别闭囊壳、子囊壳、子囊腔、子囊盘等子实体的形态特征。

三、病原徒手制片方法

应根据病害表现的症状选取不同的制片方法。一般地，病部出现粉层、霉层等病征，可选用挑取或刮取制片法；病部出现点（粒）状物，可选用切取制片法。操作时应注意安全，防止受伤。

1. 挑取或刮取制片法

挑取或刮取制片法步骤如下：

①将采集到的新鲜真菌病害标本放在桌上，选好病原。

②取一载玻片，用纱布擦净并横放在桌上，在载玻片中央滴一滴蒸馏水。

③将解剖针（或解剖刀）尖蘸少许蒸馏水，右手持解剖针（或解剖刀）向一个方向挑取或刮取病原。

④取一干净载玻片，在其上滴一小滴蒸馏水，将挑取的病原移入载玻片的水滴中，将盖玻片从一侧慢慢落下，以防产生气泡。

⑤将临时制片放在显微镜载物台上观察。

2. 切取制片法

切取制片法步骤如下：

①选取病部，切成3mm×5mm的小块，若组织坚硬可先以水浸软化再切。

②将病组织小块置于小木片上，左手食指按紧材料，右手持刀片像切面条那样，把材料切成薄片。

③取一干净载玻片，在其上滴一小滴蒸馏水，将挑取的病原移入载玻片的水滴中，将盖玻片从一侧慢慢落下，以防产生气泡。

④将临时制片放在显微镜载物台上观察。

● 任务实施计划制订

对任务进行实施，并填写任务实施计划表，如表1-3所示。

表1-3　任务实施计划表

班　级		指导教师	
任务名称		日　期	
组　号		组　长	
组　员			
绘制观察的真菌菌丝及孢子形态图			
徒手制两种玻片标本			

任务四 认识森林昆虫

工作任务	认识森林昆虫
实施时间	昆虫出现季节均可
实施地点	昆虫生活地点
教学形式	演示、讨论
学生基础	具有一定的自学和资料收集与整理能力
学习目标	熟知昆虫分类的依据和方法；识别常见昆虫类群，了解其生物学与生态学特点，为更好地保护益虫、防治害虫奠定基础
知识点	昆虫纲特征；昆虫形态、身体器官等

知 识 准 备

昆虫是林业有害生物中极其重要的类群，但并不是所有昆虫都危害森林植物。其中，对植物有害的昆虫称为害虫，直接或间接对植物有益的昆虫称为益虫。在生产实践中，应正确区分害虫和益虫，积极消灭害虫，有效保护益虫。

昆虫在长期的演化过程中，为了适应环境条件的变化，形成了各自不同的形态结构。本任务通过对昆虫的认知，掌握昆虫体躯分段分节特点，熟知昆虫分类的依据和方法，从而能够识别常见昆虫类群，了解它们的生物学与生态学特点，为更好地保护益虫、防治害虫奠定基础。

一、昆虫纲特征

昆虫是动物界中较大的类群，分布广泛、种类繁多。目前已知的昆虫种类有100多万种，约占所有动物种类的80%。昆虫在分类学上的地位属于节肢动物门、昆虫纲。它们具有节肢动物的共同特征：身体由系列体节组成，整个体躯具有几丁质的外骨骼，有些体节具有分节的附肢；其体腔就是血腔，循环系统位于身体背面，神经系统位于身体腹面。除具有节肢动物所共有的特征外，昆虫纲与其他动物最主要的区别如下：成虫体躯分头部、胸部和腹部；胸部具有三对足，通常还有两对翅；在生长发育过程中，需要经过一系列内部结构及外部形态上的变化，即变态；具有外骨骼。以蝗虫为例，观察昆虫纲特征。蝗虫体躯侧面图如图1-16所示。

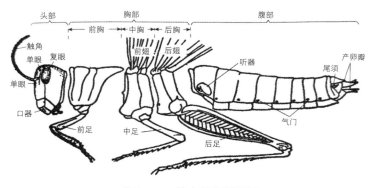

图1-16 蝗虫体躯侧面图

节肢动物门中，与昆虫纲相近的纲有蛛形纲、甲壳纲、唇足纲和重足纲。节肢动物门主要纲的区别如表1-4所示。

表1-4 节肢动物门主要纲的区别

纲名	体躯分段	复眼	单眼	触角	足	翅	生活环境	代表种
昆虫纲	头部、胸部、腹部	1对	0~3个	1对	3对	2对或0~1对	陆生或水生	蝗虫
蛛形纲	头胸部、腹部	无	2~6对	无	2~4对	无	陆生	蜘蛛
甲壳纲	头胸部、腹部	1对	无	2对	至少5对	无	水生、陆生	虾、蟹
唇足纲	头部、胴部	1对	无	1对	每节1对	无	陆生	蜈蚣
重足纲	头部、胴部	1对	无	1对	每节2对	无	陆生	马陆

二、昆虫外部形态识别

（一）头部

昆虫头部位于身体最前端，以膜质的颈与胸部相连，一般呈圆形或椭圆形。在头壳的形成过程中，由于体壁内陷，表面形成一些沟和缝，因此将头壳分成头顶、颊、额、唇基、后头等区域。头部的附器有触角、复眼、单眼和口器，是昆虫的感觉和取食中心。昆虫头部的构造如图1-17所示。

昆虫的头部根据其口器着生的位置不同，可分为以下三种头式：

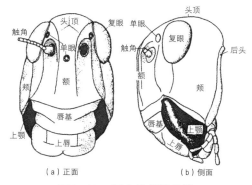

（a）正面　　　　（b）侧面

图1-17 昆虫头部的构造

①下口式。口器向下，头部和体躯纵轴近乎垂直，如蝗虫、蟋蟀、蝶蛾类幼虫等，大多见于植食性昆虫。

②前口式。口器向前，头部和体躯纵轴近乎平行，如步甲虫，大多见于捕食性昆虫。

③后口式。口器向后，头部和体躯纵轴呈锐角，如蝉、蚜虫等，多为刺吸式口器昆虫。

1. 触角

除少数种类外，多数昆虫头部都有一对触角。触角一般着生于额两侧，由许多环节组成。触角的基本构造如图1-18所示，基部第一节称为柄节；第二节称为梗节；梗节以后的各小节统称鞭节。

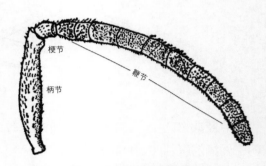

图1-18 触角的基本构造

触角是昆虫重要的感觉器官，其表面有许多感觉器，具有嗅觉和触觉的功能，昆虫可凭借触角觅食和寻找配偶。例如，蚜小蜂用触角敲打蚧虫，以确定该蚧虫是否适宜寄生；地老虎对发酵的糖、醋、酒表现出较强的正趋性；不少昆虫的雌成虫活动能力差，甚至无翅，但却能分泌性引诱物质吸引雄虫前来交配，这些都与触角的作用有关。

昆虫触角的形状因昆虫的种类和雌雄不同而多种多样。常见类型有丝状或线状、念珠状、棒状或球杆状、锯齿状、栉齿状或羽状、膝状或肘状、鳃片状、环毛状、刚毛状、具芒状等。

2. 口器

口器是昆虫的取食器官。各种昆虫因食性和取食方式的不同，其口器构造也有所不同。取食固体食物的为咀嚼式口器；取食液体食物的为吸收式口器；兼食固体和液体两种食物的为嚼吸式口器。吸收式口器按其取食方式又可分为将口器刺入林木或动物组织内取食的刺吸式、锉吸式、刮吸式，以及吸食暴露在物体表面液体物质的虹吸式、舐吸式。下面介绍常见的口器类型。

（1）咀嚼式口器

咀嚼式口器是昆虫最基本、最原始的口器类型，其他口器类型均由咀嚼式口器演化而来。其基本构造包括上唇、上颚、下颚、下唇及舌。蝗虫的咀嚼式口器如图1-19所示。

许多鞘翅目（甲虫）、鳞翅目（蝶蛾

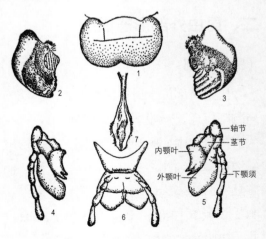

1—上唇；2，3—上颚；4，5—下颚；
6—下唇；7—舌。

图1-19 蝗虫的咀嚼式口器

类）和膜翅目（叶蜂和茎蜂）幼虫的口器也是咀嚼式的，但某些构造因适应其生活和取食方式发生了变化。

具有咀嚼式口器的害虫，其典型的危害症状是构成各种形式的机械损伤。有的能将植物叶片食成缺刻、穿孔，咬食花蕾使其残缺不全，或啃食叶肉仅留叶脉，甚至将叶全部吃光（如金龟子、叶蜂幼虫及蛾蝶类幼虫）；有的钻入叶中潜食叶肉（如潜叶蛾幼虫）；有的吐丝缀叶、卷叶（如卷叶蛾、螟蛾幼虫）；有的在枝干内或果实中钻蛀危害（如天牛、木蠹蛾幼虫）；有的咬断幼苗根部或啃食皮层，使幼苗萎蔫枯死（如蛴螬）；有的咬断幼苗根颈部后将其拖走（如大蟋蟀、地老虎）。

对于具有咀嚼式口器的害虫，在进行化学防治时，可用胃毒杀虫剂喷洒植物被害部位，或将胃毒杀虫剂制成毒饵使用。

（2）刺吸式口器

刺吸式口器是昆虫用以吸食动植物汁液的口器，如蚜虫、蝉、介壳虫、蝽象等的口器，它是由咀嚼式口器演化而成的。这类口器能刺入动物或植物组织内吸取血液及细胞液。与咀嚼式口器相比，刺吸式口器构造有很大的特化。其和咀嚼式口器的不同点在于上唇很短，呈三角形小片，贴于口器基部；下唇延伸成分节的喙，有保护口器的作用；上颚与下颚变成细长的口针，包在喙里面，外面是一对上颚口针，末端有倒刺，是刺破植物的主要部分；内面是一对下颚口针，两下颚口针里面各有两个沟槽，两个口针互相嵌

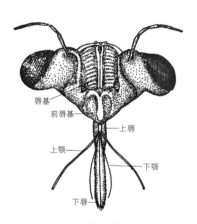

图1-20 蝉的刺吸式口器

合形成食物道和唾液道，取食时借肌肉动作将口针刺入组织内吸取汁液，而喙留在植物体外。取食时，循着唾液道将唾液注入植物组织内，经初步消化，再由食物道吸取植物的营养物质进入体内。蝉的刺吸式口器如图1-20所示。

刺吸式口器昆虫取食时，以喙接触植物表面，其上、下颚口针交替刺入植物组织内，吸取植物的汁液，常使植株呈现褐色的斑点、卷曲、皱缩、枯萎或变为畸形，或因局部组织受刺激使细胞增生，形成局部膨大的虫瘿。多数刺吸式口器昆虫还可以传播病害，如蚜虫、叶蝉、蝽象等。

内吸性杀虫剂对于防治刺吸式口器害虫十分有效，如氧化乐果、吡虫啉等。

（3）锉吸式口器

锉吸式口器为蓟马类昆虫所特有。蓟马的头部向下突出，具有一个短小的喙，由上唇、下唇等组成。喙内藏有舌和上颚、下颚口针，但其右上颚退化或消失，仅左上颚发达，下颚须和下唇须存在但很小。上颚口针较粗大，是主要的穿刺工具；两下颚口针组

成食物道，舌与下唇间组成唾液道。取食时，先以上颚口针锉破寄主表皮，然后以喙密接伤口，靠唧筒的抽吸作用吸取植物汁液。

（4）虹吸式口器

虹吸式口器为鳞翅目昆虫所特有。其上颚退化，下颚的外颚叶特别延长，变成卷曲的喙，内部形成一个细长的食物道，用以吸取液体食料。下唇为小型的薄片，着生发达的下唇须，如蝶、蛾类成虫口器。具有这类口器的昆虫，除一部分夜蛾能危害果实外，一般不造成危害。

深入了解昆虫口器的构造，对于识别与防治害虫均有很大的意义。通过分析口器类型，可以判断不同病害症状，同时也可根据病害症状，确定害虫类别，为选择杀虫农药提供依据。

3. 眼

眼是昆虫的视觉器官，在昆虫的取食、栖息、繁殖、避敌、决定行动方向等活动中起着重要作用。

昆虫的眼有以下两种：

①复眼。复眼有一对，位于头的两侧，由一至多个小眼集合形成，是昆虫的主要视觉器官。复眼仅为成虫和不完全变态的若虫所具有，低等昆虫及穴居和寄生的昆虫复眼常退化或消失。

②单眼。根据数目和着生位置的不同，单眼又可分为背单眼和侧单眼两类。背单眼为成虫和不完全变态的若虫所具有，与复眼同时存在，通常有三个（极少为一个），排列成倒三角形；侧单眼为全变态类幼虫所具有，位于头部的两侧，数目为一至七个。单眼只能分辨光线的强弱和方向，不能分辨物体和颜色。

昆虫对于物体形状的分辨能力，一般只限于近距离的物体。至于对颜色的分辨，很多昆虫表现出一定的趋绿或趋黄反应。如蚜虫在飞翔过程中，往往选择在黄色的物体上降落。基于这一原理，有些地方利用黄色粘虫板诱蚜。

（二）胸部

胸部是昆虫体躯的第二体段，位于头部之后。胸部着生足和翅，是昆虫的运动中心。

1. 胸部的基本构造

胸部由前胸、中胸和后胸三个体节组成。各胸节均具有一对足，分别称为前足、中足和后足。大多数昆虫在中胸、后胸上还具有一对翅，分别称为前翅和后翅。胸节的发达程度与其上着生的翅和足的发达程度有关。每个胸节都由四块骨板构成，背面的称为背板，左右两侧的称为侧板，下面的称为腹板。骨板按其所在胸节部位命名，如前胸背板、中胸背板、后胸背板等，各胸板由若干骨片构成。这些骨片也各有其名称，如盾片，小盾片等。某些骨板和骨片的形状、突起、角刺等常用于昆虫种类的鉴定。

2. 足

足是昆虫胸部的附肢，着生于侧板和腹板之间。如图1-21所示，成虫的胸足一般分为六节，由基部向端部依次称为基节、转节、腿节、胫节、跗节和前跗节。胫节常具有成行的刺，端部多具有能活动的距。前跗节包括一对爪和两爪中间的一个中垫，爪和中垫用于抓取物体。某些昆虫如家蝇，其两爪下方各有一个爪垫，中垫则成为一个刺状的爪间突。昆虫跗节的表面具有许多感觉器，当害虫在喷有触杀剂的植物上爬行时，药剂容易由此进入虫体，使其中毒死亡。

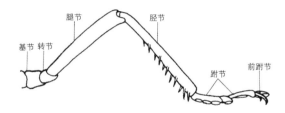

图1-21 成虫胸足的基本构造

昆虫的足大多用于行走，有些昆虫由于生活环境和生活方式不同，因而在构造和功能上发生了相应的变化，形成各种类型的足，如步行足、跳跃足、捕捉足、游泳足、抱握足、携粉足、开掘足等，如图1-22所示。

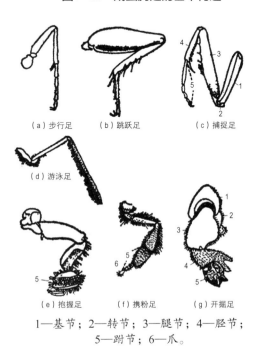

（a）步行足 （b）跳跃足 （c）捕捉足

（d）游泳足

（e）抱握足 （f）携粉足 （g）开掘足

1—基节；2—转节；3—腿节；4—胫节；
5—跗节；6—爪。

图1-22 昆虫足的类型

3. 翅

昆虫是唯一具有翅的无脊椎动物，也是动物界中最早获得飞行能力的动物。昆虫的翅由胸部背板侧缘向外延伸演化而来，为双层的膜质构造，两层间留下软化的气管构成翅脉，翅脉支撑着翅面起骨架作用。同时，还有血液在管道中循环。昆虫的翅大大扩大了其活动范围，有利于其觅食、求偶和避敌等生命活动。

（1）翅的分区

昆虫的翅常呈三角形，有三条边和三个角。翅展开时，靠近前面的一边称为前缘，后面靠近虫体的一边称为内缘或后缘，其余一边称为外缘。前缘基部的角称为肩角，前缘与外缘间的角称为顶角，外缘与后缘间的角称为臀角。此外，翅面还有一些褶线，将翅面划分为三至四个区，如图1-23所示。

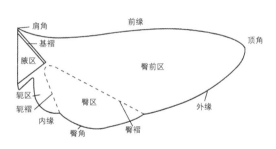

图1-23 昆虫翅的分区

（2）翅脉

昆虫翅面分布着许多的脉纹，称为翅脉。翅脉有纵脉和横脉之分。纵脉是由翅基部伸到边缘的脉；横脉是横列在纵脉间的短脉。标准序脉和纵横脉都有一定的名称和缩写代号。翅脉在翅上的数目和分布形式称为脉相（脉序）。

不同类群的昆虫脉相有一定的差异，而同一类群昆虫的脉相则相对稳定和相似。因此，脉相是研究昆虫分类和系统发育的依据。为了便于比较与研究，人们对现代昆虫和古代化石昆虫的翅脉加以分析和比较，归纳并概括出了假想模式脉相，作为鉴别昆虫脉相的科学标准，如图1-24所示。

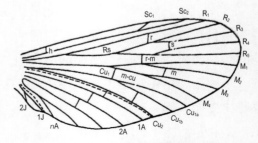

图1-24　昆虫的假想模式脉相

（3）翅的类型

翅的主要功能是飞行，但各种昆虫为适应特殊的生活环境，其翅的功能有所不同，因而在形态上也发生了多种变异。昆虫翅的类型包括覆翅、膜翅、鳞翅、半鞘翅、缨翅、鞘翅、平衡棒等，如图1-25所示。

（a）覆翅　　　　　（b）膜翅　　　　　（c）鳞翅　　　　　（d）半鞘翅　　　　　（e）缨翅　　　　　（f）鞘翅　　　（g）平衡棒

图1-25　昆虫翅的类型

（三）腹部

腹部是昆虫体躯的第三体段，紧连于胸部。腹部除末端几节具有尾须和生殖器外，一般没有附肢，第一至八腹节两侧常各有一对气门。昆虫的消化道和生殖系统等内脏器官及组织都位于腹部中，因此，腹部是昆虫代谢和生殖的中心。

腹部形态多样，常见的为长筒形或椭圆形。然而，在不同类群昆虫中，其形态常有很大差异。成虫的腹部一般由九至十一节组成。腹部除末端有外生殖器和尾须外，一般无附肢。腹节的构造比胸节简单，有发达的背板和腹板，但没有像胸部那样发达的侧板，两侧只有膜质的侧膜。腹节可以互相套叠，后一腹节的前缘常套入前一腹节的后缘内，节与节之间有膜连接，使得昆虫腹部能够伸缩，扭曲自如，并可膨大和缩小，有助于昆虫的呼吸、蜕皮、羽化、交配、产卵等活动。

昆虫外生殖器是用于交配和产卵的器官。雌虫的外生殖器称为产卵器，可将卵产于植物表面，或产入植物体内、土中以及其他昆虫体内。雄虫的外生殖器称为交配器，主要用于与雌虫交配。雌性蝗虫产卵器如图1-26所示，产卵器基本构造如图1-27所示。

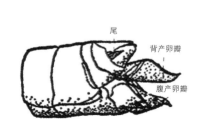

图1-26　雌性蝗虫产卵器

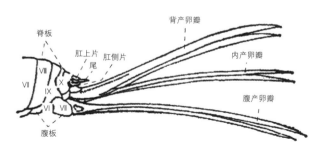

图1-27　雌性蝗虫产卵器基本构造

（四）体壁

昆虫属节肢动物，其骨骼长在身体外面，而肌肉却着生在骨骼里面。因此，昆虫的骨髓系统称为外骨骼，也称为体壁。体壁的功能如下：构成昆虫的躯壳，着生肌肉，保护内脏，阻止水分过量蒸发，作为外物侵入的屏障，是十分重要的保护组织。此外，体壁很少是光滑的，常常向外突出或向内凹陷，形成体壁的外长物，如疣状突起、点刻、脊起、毛、刺、鳞片等，使其与外界环境取得广泛的联系。昆虫的前肠、后肠、气管和某些腺体，也多由体壁内陷而成。

1. 体壁的基本结构

昆虫的体壁可分为三个主要层次，由外向内分别为表皮层、皮细胞层和底膜，其构造如图1-28所示。

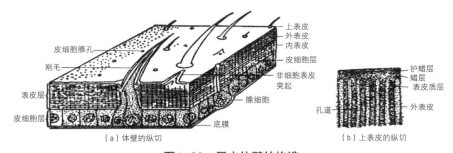

（a）体壁的纵切　　　　　　（b）上表皮的纵切

图1-28　昆虫体壁的构造

（1）底膜

底膜是紧贴在皮细胞层下的一层薄膜，由表皮细胞分泌而成。

（2）皮细胞层

皮细胞层是一个连续的单细胞层，排列整齐，具有再生能力，可形成新的表皮。昆虫体表的刚毛、鳞片、刺、距以及陷入体内的各种腺体都是由皮细胞特化成的。

（3）表皮层

表皮层在皮细胞层的上方，由皮细胞层向外分泌而成。昆虫的表皮由内表皮、外表皮和上表皮组成，其上表皮从内向外分为表皮质层、蜡层和护蜡层。表皮层主要成分为几丁质、蛋白质、脂类及多元酚等物质。

2. 体壁结构性能与防治的关系

昆虫的体壁结构及性能与杀虫剂有着密切的联系。认识昆虫体壁特性，目的在于设法打破其保护性能，提高农药穿透体壁的能力，杀灭害虫。

一般地，体壁坚厚且蜡层特别发达的昆虫，药剂不易在其表面黏附而且难以穿透。例如，许多甲虫具有坚厚的外壳，鞘翅下面有空隙，药剂不能由背面进入虫体。相反，体壁较软的蝶、蛾类幼虫，药剂则易于透过其体壁而中毒致死。就同一种昆虫而言，幼龄幼虫比老龄幼虫体壁薄，更容易中毒致死。根据这一原理，产生了"消灭幼虫于三龄之前"的杀虫策略。此外，同一昆虫体躯的膜质部位也是药剂易进入的部位。由于表皮层的蜡层和护蜡层具有疏水性，因而油乳剂杀虫效果比可湿性粉剂好。农药中加惰性粉能擦破表皮，使昆虫失水而死。近年来，人们根据体壁的构造特性人工合成了一种破坏几丁质的药剂，这种药剂具有抗蜕皮激素的作用，称为灭幼脲类，如灭幼脲I号、灭幼脲II号等。当幼虫吃下这类药剂后，体内几丁质的合成受到阻碍，不能生出新表皮，因而使幼虫蜕皮受阻而死。近期研究发现，调节昆虫表皮和围食膜中几丁质的完整性和含量，是很好的害虫防治策略。鉴于高等动物和林木均不含几丁质，因此，以几丁质为靶标的杀虫剂有着极为广阔的应用前景。

三、昆虫主要内部器官系统及其与防治的关系

1. 消化系统

消化系统包括消化道和唾腺。昆虫的消化道是一条从口到肛门、纵贯体腔中央的管道，分为前肠、中肠和后肠。以蝗虫为例，其消化系统如图1-29所示。

前肠由口开始，经过咽喉、食道、嗉囊，终止于前胃，是食物通过或暂存的管道。中肠在前肠之后，又称为胃，是消化食物和吸收养分的主要部位。后肠前端以马氏管着生处与中肠分界，后端开口于肛门，其主要功能是吸收水分，排除食物残渣。

中肠的消化作用，必须在稳定的酸碱度条件下进行。因此，昆虫中肠液常有较稳定的pH。蛾、蝶类幼虫中肠pH通常为8～10。胃毒杀虫剂的作用效果与昆虫中肠pH密

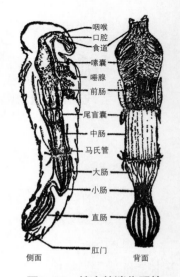

咽喉
口腔
食道
嗉囊
唾腺
前肠
尾盲囊
中肠
马氏管
大肠
小肠
直肠
肛门
侧面　　　背面

图1-29　蝗虫的消化系统

切相关，这是因为药剂在中肠内的溶解与中肠内酸碱度有关。因此，了解中肠液的pH，有助于正确选用胃毒杀虫剂。

2. 呼吸系统

大多数昆虫靠气管系统进行呼吸。气管系统由许多富有弹性且排列方式固定的气管组成，由成对的气门开口于身体两侧。纵贯体内两侧的是两条气管主干，主干间有横走气管相连，最终由气管末端的微气管将氧气直接输送到身体各部分。蝗虫的气管系统如图1-30所示。

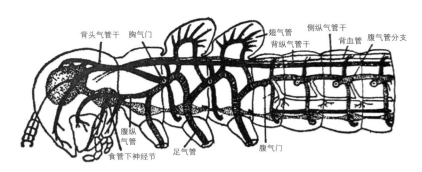

图1-30 蝗虫的气管系统

气门是气管在体壁上的开口，成虫一般在中胸、后胸和腹部第一至八节各有一对气门，共十对；多数幼虫有九对气门，在前胸及腹部第一至八节各有一对。气管是富有弹性的管状物，内壁由几丁质螺旋丝作螺旋状加厚，保持气管扩展并增加弹性，有利于体内气体的流通。

昆虫的呼吸主要靠空气扩散作用使气体由气门进入虫体。当空气中含有有毒气体时，毒气可随空气进入虫体，使其中毒而死，这是熏蒸杀虫剂应用的基本原理。熏蒸杀虫剂的毒杀效果与气门关闭情况密切相关。在一定温度范围内，温度越高，昆虫越活跃，呼吸作用越强，气门开放也越大，此时施药效果好。此外，在空气中二氧化碳增多的情况下，会迫使昆虫呼吸加强，引起气门开放。温度较低时，为了提高熏蒸杀虫剂的熏蒸效果，除了提高温度外，还可采用输送二氧化碳的方法，刺激害虫呼吸，促使气门开张。同时，昆虫的气门一般具有疏水性，水滴本身的表面张力较大，使得水滴不易进入气门。相比之下，油类制剂较容易渗入，油乳剂除能直接穿透体壁外，还能由气门进入虫体，如煤油。此外，有些杀虫剂的辅助剂如肥皂水、面糊水等，能够堵塞气门，使昆虫窒息而死。

3. 神经系统

昆虫的一切生命活动均受神经系统的支配，昆虫的神经系统由中枢神经系统、交感神经系统和周缘神经系统构成。其中，最主要的是担负着感觉、联系和运动协调中心的中枢神经系统，它包括脑和腹神经索等部位；交感神经系统受中枢神经系统支配，控制前肠、背血管、后肠和生殖器官的活动；周缘神经系统位于昆虫体壁下面，是传递外部刺激到中枢神经系统并由中枢神经系统传出"命令"至反应器的传递网络。蝗虫的神经系统如图1-31所示。

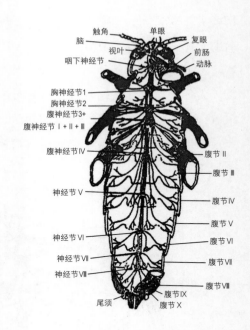

图1-31　蝗虫的神经系统

昆虫对外界环境的刺激，首先由感受器接受，然后经感觉神经纤维将兴奋传导到中枢神经系统，中枢神经系统的冲动再由运动神经纤维传导到反应器（肌肉或腺体）从而做出反应。神经冲动的传导依靠乙酰胆碱的释放与分解实现。目前用于防治害虫的大多数农药，如氨基甲酸酯类和有机磷杀虫剂均为神经毒剂，其抑制胆碱酯酶的作用，使乙酰胆碱不能水解消失，神经长期过度兴奋，导致虫体过度疲劳而死亡。

4. 生殖系统

生殖系统是繁殖后代的器官。昆虫的雌、雄生殖器官，均位于腹部消化道的两侧或背侧面。雌性生殖器官包括一对卵巢以及输卵管、受精囊和附腺等部分。雄性生殖器官包括一对精巢（或称睾丸），以及输精管、贮精囊和附腺等部分。

通常可使用化学不育剂影响昆虫的内生殖器官发育以及精子和卵的活力，使昆虫绝育；还可用辐射线（X射线或γ射线）处理雄虫使其性腺受破坏而绝育；或利用遗传工程，使害虫携带某种不育因子或有害基因，将其释放到林地，使其与正常的防治对象交尾，可造成害虫种群的自然削减。

5. 内分泌系统

内分泌系统主要包括脑神经分泌细胞群、咽下神经节、心侧体、咽侧体、前胸腺以及某些神经节、绛色细胞、睾丸顶端分泌细胞以及脂肪体等。由内分泌系统分泌的具有高度活性的化学物质，称为激素。激素分为两类：一类统称为内激素，经血液分布到作用部位，在不同的生长发育阶段，对昆虫的生长、发育、变态、滞育、交配、生殖和一般生理代谢作用等起调节和控制作用；另一类称为外激素或信息素，是一类昆虫个体间的信息化合物，散布到昆虫体外，作个体间通信用，可调节或诱发同种昆虫间的特殊行为，如雌、雄虫间的性引诱、群体集结、标迹追踪、告警自卫等。

目前已经明确的内激素主要有三种：促前胸腺激素，它主要由昆虫前脑侧区的神经分泌细胞产生，主要作用是激活前胸腺产生蜕皮激素；蜕皮激素，它由昆虫前胸内的前胸腺产生，具有控制昆虫蜕皮与变态的功能；保幼激素，它由咽喉两侧的咽侧体产生，具有维持幼虫特征、阻止变态发生的作用。若在昆虫幼虫期摄入保幼激素，则可引起幼虫期的延长，使其成为长不大的老幼虫，没有生命力而趋向死亡，这在生产实践中有重要意义。

目前已经发现的昆虫信息素主要有性信息素、聚集信息素、示踪信息素、报警信息素等，而研究最多的是性信息素。人工合成昆虫信息素作为特异杀虫剂，已用于虫情调查与测报、大量诱捕或诱杀降低虫口密度、迷向干扰交配、海关检疫外来入侵虫种、驱避害虫等。

四、昆虫生物学特性

昆虫生物学研究昆虫的生长发育、各个虫期的特点及生活习性等，即研究昆虫的个体发育史，包括昆虫的繁殖、发育、变态以及从卵开始到成虫为止的生活史等方面的生物学特性。通过研究昆虫生物学，可以进一步了解昆虫共同的活动规律，对害虫的防治和益虫的利用都有重要意义。

（一）昆虫的生殖方式

大多数昆虫为雌雄异体，进行两性生殖，也有若干种特殊的生殖方式。

1. 两性生殖

昆虫经过雌雄交配后，产下的受精卵直接发育成新个体的生殖方式，称为两性生殖，又称为卵生。两性生殖是绝大多数昆虫所具有的生殖方式，如蝗虫、天牛、蛾、蝶等。

2. 孤雌生殖

雌虫所产的卵不经过受精而发育成新个体的现象，称为孤雌生殖，又称为单性生殖。孤雌生殖大致可分为三种类型：偶发性的孤雌生殖，其在正常情况下行两性生殖，偶尔出现未经受精的卵而发育成新个体的现象，如家蚕；经常性的孤雌生殖，其在正常情况下行孤雌生殖，偶尔发生两性生殖，如膜翅目蜜蜂、蚂蚁等昆虫，受精卵发育成雌虫，未受精卵发育成雄虫；周期性的孤雌生殖，其孤雌生殖和两性生殖随季节变迁而交替进行，如蚜虫从春季到秋季连续若干代都以孤雌生殖繁殖后代，只在冬季即将来临时才产生雄蚜，进行两性生殖，雌雄交配产卵越冬。

3. 多胚生殖

一个成熟的卵可以发育成两个或两个以上个体的生殖方式，称为多胚生殖。多胚生殖常见于膜翅目的小蜂、细蜂等寄生性昆虫。

（二）昆虫的发育

昆虫的个体发育可分为胚胎发育和胚后发育两个阶段。胚胎发育是指从卵受精开始到幼虫破卵壳孵化为止，它是在卵内进行的；胚后发育是指幼虫自卵中孵化出到成虫性成熟为止，这一阶段出现了变态现象。

（三）昆虫的变态

昆虫从小到大在外部形态、内部器官、生活习性和环境等方面会发生一系列变化，这种现象即昆虫变态。昆虫经过长期的演化，随着成虫、幼虫分化程度不同以及对环境长期适应的结果，形成了不同的变态类型，主要包括不完全变态和完全变态。

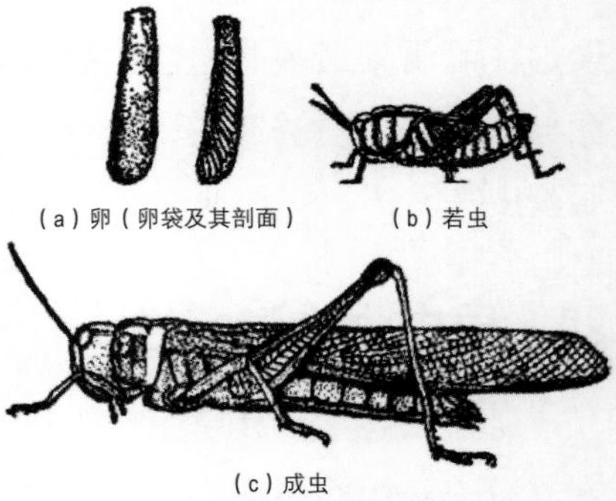

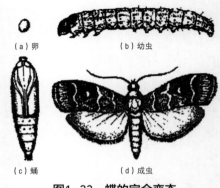

（a）卵（卵袋及其剖面）　（b）若虫

（c）成虫

图1-32　蝗虫的不完全变态

1. 不完全变态

某些昆虫一生经过卵、幼虫、成虫三个虫态，称为不完全变态。蝗虫的不完全变态如图1-32所示。

不完全变态可分为以下三个亚型：

①渐变态。蝗虫、蝽象、蝉等昆虫的幼虫与成虫形态、习性和生活环境相似，仅体小、翅和附肢短，性器官不成熟，其幼虫称为若虫。

②半变态。蜻蜓的成虫陆生，幼虫水生，幼虫在形态和生活习性上与成虫明显不同，其幼虫称为稚虫。

③过渐变态。粉虱和雄性介壳虫的幼虫在转变为成虫前有一个不食不动的类似蛹的时期，它是昆虫从不完全变态向完全变态演化的过渡类型。

2. 完全变态

甲虫、蛾、蝶、蜂、蚁、蝇等昆虫一生经过卵、幼虫、蛹、成虫四个虫态，称为完全变态。完全变态昆虫的幼虫不仅外部形态和内部器官与成虫明显不同，而且生活习性也完全不同。其从幼虫变为成虫的过程中，口器、触角、足等附肢都需要经过重新分化。因此，在幼虫与成虫之间要历经"蛹"来完成剧烈的体型变化。图1-33所示为蝶的完全变态。

（a）卵　　　（b）幼虫

（c）蛹　　　（d）成虫

图1-33　蝶的完全变态

（四）昆虫各虫态特点

1. 卵

卵期是昆虫个体发育的第一个时期，是指卵从母体产下后到孵化出幼虫所经历的时期。由于卵是一个不活动的虫态，所以昆虫对产卵和卵的构造本身都有特殊的保护性适应。昆虫卵是一个大型细胞，卵的外面包被较坚硬的卵壳，卵壳下为一层薄膜，称为卵黄膜，卵黄膜包围着原生质和丰富的卵黄。昆虫卵大小不一，一般为1～2mm，较大的如蝗虫卵长达6～7mm，螽斯卵长达9～10mm；较小的如寄生蜂卵长仅0.02～0.03mm。昆虫卵的形状多种多样，多为圆形或肾形（如蝗虫的卵）；此外，还有球形（如甲虫的卵）、桶形（如蝽象的卵）、半球形（如夜蛾类的卵）、带有丝柄的（如草蛉的卵）、瓶形（如粉蝶的卵）等。卵的表面有的平滑，有的具有华丽的饰纹。昆虫的产卵方式随种类而异，有的散产，如天牛、凤蝶；有的聚产，如螳螂、蝽象；有的裸产，如松毛虫；有的隐产，如蝉、蝗虫等。

2. 幼虫

幼虫期是昆虫个体发育的第二个时期。从卵孵化出来后到出现成虫特征（不完全变态类变成虫或完全变态化蛹）之前的整个发育阶段，称为幼虫期（或若虫期）。幼虫期的明显特点是大量取食，积累营养，迅速增大体积。昆虫幼虫期对林木的危害最严重，因而常常是防治的重点时期。

（1）孵化

昆虫在胚胎发育完成后，幼虫破卵而出，称为孵化。初孵化的幼虫，体壁中的外表皮尚未形成，身体柔软，色淡，抗药能力差，此时是化学防治的有利时期。

（2）幼虫的生长和蜕皮

在幼虫的发育过程中，每隔一定时间常将旧的表皮蜕去，这一过程称为蜕皮，蜕下的旧表皮则称为蜕。昆虫每蜕一次皮，身体显著增大，食量相应增多。不同种类昆虫蜕皮的次数显著不同，但对于同一种昆虫，其蜕皮次数通常较为稳定。

幼虫的生长往往呈阶段性，即取食→生长→蜕皮→取食→生长，循环进行。在正常情况下，幼虫生长到一定程度就要蜕一次皮，因此其大小或生长进程（即所谓虫龄）可以用蜕皮次数作为指标。初孵的幼虫称为一龄幼虫；蜕一次皮后称为二龄幼虫。以此类推，每蜕一次皮就增加一龄，幼虫生长到最后一龄，称为老熟幼虫或末龄幼虫。相邻两次蜕皮之间所经过的时间，称为龄期。虫龄计算公式可按式（1-1）计算。

$$虫龄 = 蜕皮次数 + 1 \tag{1-1}$$

（3）幼虫的类型

完全变态类昆虫的幼虫由于食性、习性和生活环境十分复杂，其在形态上的变化极大，根据幼虫足的数目可分为原足型、多足型、寡足型和无足型，如图1-34所示。

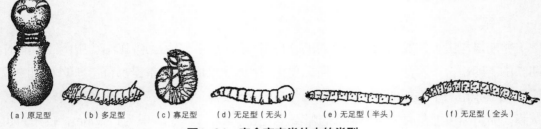

（a）原足型　　（b）多足型　　（c）寡足型　　（d）无足型（无头）　　（e）无足型（半头）　　（f）无足型（全头）

图1-34　完全变态类幼虫的类型

①原足型。原足型像一个发育不完全的胚胎，腹部分节或不分节，胸足和其他附肢只是几个突起。如膜翅目寄生蜂的初龄幼虫。

②多足型。多足型幼虫具有三对胸足，二至八对腹足。

③寡足型。寡足型幼虫只具有三对胸足，没有腹足和其他附肢。

④无足型。无足型幼虫既无胸足，也无腹足。

3. 蛹

自末龄幼虫蜕去表皮至变为成虫所经历的时间，称为蛹期。蛹是完全变态类昆虫由幼虫变为成虫过程中必须经过的虫态。老熟幼虫在化蛹前停止取食，呈安静状态，称为前蛹期。末龄幼虫蜕去最后的皮，称为化蛹。

根据翅、触角和足等附肢是否紧贴于蛹体上以及蛹的形态，通常将蛹分为离蛹、被蛹、围蛹，如图1-35所示。

①离蛹（裸蛹）。离蛹的触角、足等附肢和翅不贴附于蛹体上，可以活动。

②被蛹。被蛹的触角、足、翅等附肢紧贴于蛹体上，不能活动。

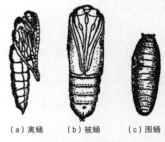

（a）离蛹　（b）被蛹　（c）围蛹

图1-35　蛹的类型

③围蛹。围蛹的蛹体实际上是离蛹，但其蛹体外被末龄幼虫所蜕的皮形成的蛹壳所包围。

蛹是一个不活动的虫期，蛹期不取食，也很少进行主动移动，缺少防御和躲避敌害的能力，而内部则进行着激烈的器官组织的解离和生理活动，要求相对稳定的环境来完成所有的转变过程。因此，不同昆虫的化蛹场所和方式也是多种多样的，有的吐丝作茧，有的在树皮缝中或在地下作土室，有的则在蛀道内或卷叶内等。

4. 成虫

成虫是昆虫个体发育的最后一个时期。成虫期雌性和雄性的区别已显示出来，并出现了复眼，有发达的触角，形态已经固定；对于有翅的种类，其翅也已长成。因此，昆虫的分类以成虫为主要根据。

（1）成虫的羽化

成虫从它的前一虫态蜕皮而出的过程，称为羽化。初羽化的成虫色浅而柔软，待翅和附肢伸展，体壁硬化后，便开始活动。

（2）性成熟与补充营养

有些昆虫在羽化后，性器官已经成熟，不需要取食即可交尾、产卵。这类成虫口器一般都退化，寿命很短。大多数昆虫羽化为成虫时，性器官还未完全成熟，需要继续取食才能达到性成熟，如金龟子和不完全变态类昆虫等。性细胞发育不可缺少的成虫期营养，称为补充营养。

（3）性二型

对于同一种昆虫，雌雄个体除生殖器官等第一性征不同外，其个体的大小、体型、颜色等也有差别，这种现象称为性二型（雌雄二型）。如蓑蛾的雌虫无翅，雄虫有翅；马尾松毛虫雄蛾触角为羽毛状，雌蛾的为栉齿状；雄蚱蝉具有发音器，而雌虫没有发音器。

（4）性多型

同种昆虫同一性别具有两种或两种以上个体的现象，称为性多型现象。如蜜蜂有蜂王、雄蜂和不能生殖的工蜂；白蚁群中除有"蚁后""蚁王"专司生殖外，还有兵蚁和工蚁等类型。白蚁的性多型现象如图1-36所示。

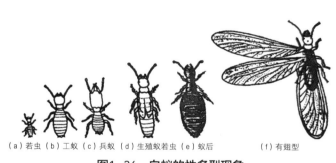

（a）若虫　（b）工蚁　（c）兵蚁　（d）生殖蚁若虫　（e）蚁后　　　　　（f）有翅型

图1-36　白蚁的性多型现象

（五）昆虫生活史

1. 昆虫的世代

昆虫自卵或幼体离开母体到成虫性成熟产生后代为止的个体发育周期，称为一个世代。各种昆虫完成一个世代所需的时间不同，其在一年内完成的世代数也不同。如竹笋夜蛾、红脚绿金龟子、樟蚕一年发生一代；棉卷叶野螟等一年内完成五个世代；桑天牛等需两年才完成一个世代；有的甚至十几年才能完成一个世代，如美洲十七年蝉完成一个世代需17年。昆虫完成一个世代所需的时间和一年内发生的代数，除因昆虫的种类不同外，往往与所在地理位置、环境因子密切相关。

对于一年发生多代的昆虫，其成虫发生期长且产卵期先后不一，同一时期内，在一个地区可同时出现同一种昆虫的不同虫态，造成上下世代间重叠的现象，称为世代重叠。

对于一年发生两代和多代的昆虫，划分世代顺序均以卵期开始，依先后出现的次序称为第一代、第二代等。应注意跨年虫态的世代顺序，通常凡以卵越冬的，越冬卵就是次年的第一代卵。如梧桐木虱1990年秋末产卵越冬，卵至次年4～5月孵化，该越冬卵就是1991年的第一代卵。以其他虫态越冬的，均不是次年的第一代，而是前一年的最后一代，称为越冬代。如马尾松毛虫1990年11月中旬以四龄幼虫越冬，该越冬幼虫称为1990年的越冬代幼虫。

2. 昆虫的休眠与滞育

昆虫在一年的生长发育过程中，常出现暂时停止发育的现象，即通常所谓的越冬和越夏。这种现象从其本身的生物学和生理学特性来看，可分为休眠和滞育两类。

（1）休眠

休眠是指由不良环境条件直接引起，当不良环境条件解除后，即可恢复正常的生命活动。休眠发生在炎热的夏季，称为夏蛰（或越夏）；发生在严寒的冬季，称为冬眠（或越冬）。各种昆虫的休眠虫态不一。如小地老虎在北京以蛹越冬，在长江流域以蛹和老熟幼虫越冬，在广西南宁以成虫越冬。

（2）滞育

滞育是指由温度和光周期等环境条件以及昆虫的遗传特性引起的生长发育暂时停止的现象。在自然情况下，当不利的环境条件远未到来之前，具有滞育特性的昆虫就进入滞育状态，而且其一旦进入滞育，即使给以最适宜的条件，也无法解除。因此，滞育是昆虫长期适应不良环境而形成的种的遗传特性。如樟叶蜂以老熟幼虫在7月上、中旬于土中滞育，至次年2月上、中旬才恢复生长发育。

3. 昆虫的年生活史

昆虫在一年中发生经过的状况称为年生活史。年生活史包括越冬虫态，一年中发生的世代、越冬后开始活动的时期、各代历期、各虫态的历期、生活习性等。了解害虫的生活史，掌握害虫的发生规律，是防治害虫的可靠依据。

昆虫的年生活史除用文字进行叙述外，也可以用图表表示，如表1-5所示。

表1-5　核桃扁叶甲年生活史

代次	1月	2月	3月	4月	5月	6月	7月	8月	9月	10月	11月	12月
	上、中、下旬	上、中、下旬	上、中、下旬	上、中、下旬	上、中、下旬	上、中、下旬	上、中、下旬	上、中、下旬	上、中、下旬	上、中、下旬	上、中、下旬	上、中、下旬
越冬代	⊕⊕⊕	⊕⊕⊕	⊕⊕⊕ +++	++	—	—	—	—	—	—	—	—

续表

代次	1月 上、中、下旬	2月 上、中、下旬	3月 上、中、下旬	4月 上、中、下旬	5月 上、中、下旬	6月 上、中、下旬	7月 上、中、下旬	8月 上、中、下旬	9月 上、中、下旬	10月 上、中、下旬	11月 上、中、下旬	12月 上、中、下旬
第一代	—	—	●	●●● / - - - / +	- / ○○○ / +++	+	—	—	—	—	—	—
第二代	—	—	—	—	●●● / - - - / ○○○ / +	●● / - - - / ○○○○ / +++ / △△	△△△	△△ / +++	+	—	—	—
越冬代	—	—	—	—	—	—	—	—	●●● / - - / ○○ / +	●● / - - / ○○ / +++ / ⊕⊕⊕	—	—

注：●—卵；-—幼虫；○—蛹；+—成虫；⊕—越冬成虫；△—越夏成虫。

（六）昆虫的习性

昆虫的绝大多数活动，如飞翔、取食、交配、卵化、羽化等，均有其昼夜节律。这些都是种的特性，是该种有利于生存、繁育的生活习性。可将在白昼活动的昆虫称为日出性或昼出性昆虫；在夜间活动的昆虫称为夜出性昆虫；只在弱光下如黎明时、黄昏时活动的，则称为弱光性昆虫。许多捕食性昆虫为日出性昆虫，如蜻蜓、虎甲、步行虫等，均与其捕食对象的日出性有关。绝大多数蛾类是夜出性的，其取食、交配、生殖都在夜间。在夜出性蛾类中，也有以凌晨或黄昏为活动盛期的，如舞毒蛾的雄成虫多在傍晚时分围绕树冠翩翩起舞。蚊子是在弱光下活动的。

由于自然界中昼夜长短随季节变化，所以许多昆虫的活动节律也有季节性。一年发生多代的昆虫，各世代对昼夜变化的反应也会不同。

1. 食性

各种昆虫在自然界的长期活动中，逐渐形成了一定的食物范围，即食性。

（1）按取食的对象划分

①植食性昆虫。植食性昆虫是指以活的植物的各个部位为食物的昆虫。这类昆虫大多数是农林业害虫，如马尾松毛虫、刺蛾、叶甲等；少数种类对人类有益，如柞蚕、家蚕等。

②肉食性昆虫。肉食性昆虫是指以其他动物为食物的昆虫。这类昆虫如瓢虫、螳螂、食虫虻、胡蜂等；寄生在害虫体内的寄生蝇、寄生蜂等；对人类有害的蚊、虱等。

③腐食性昆虫。腐食性昆虫是指以动物、植物残体或粪便为食物的昆虫。如粪金龟子等。

④杂食性昆虫。杂食性昆虫是指既以植物或动物为食，又可腐食的昆虫。如蜚蠊等。

（2）按取食的种类划分

①单食性昆虫。单食性昆虫是指只以一种或近缘种植物为食物的昆虫。如三化螟、落叶松鞘蛾等。

②寡食性昆虫。寡食性昆虫是指以一科或几种近缘科的植物为食物的昆虫。如菜粉蝶、马尾松毛虫等。

③多食性昆虫。多食性昆虫是指以多种非近缘科的植物为食物的昆虫，如刺蛾、棉蚜、蓑蛾等。

2. 趋性

趋性是指昆虫对各种刺激物所产生的反应。趋向刺激物的活动，称为正趋性；避开刺激物的活动，称为负趋性。刺激物主要包括光、温度、化学物质等，因此，趋性可分为趋光性、趋化性、趋温性等。

①趋光性。趋光性是指昆虫视觉器官对光线刺激所产生的趋向活动。

②趋化性。趋化性是指昆虫嗅觉器官对化学物质刺激所产生的嗜好活动。

③趋温性。趋温性是指昆虫感觉器官对温度刺激所产生的趋性活动。

利用昆虫的趋光性，可设置黑光灯诱杀有趋光性的昆虫，如马尾松毛虫、夜蛾等；利用昆虫的趋化性，可用糖醋液诱杀地老虎类。此外，也可利用昆虫的趋性进行预测预报，采集标本。

3. 群集性和社会性

（1）群集性

同种昆虫的大量个体高密度聚集在一起的现象，称为群集性。如马尾松毛虫一至二龄幼虫、刺蛾的幼龄幼虫、某些种类金龟子的成虫等都有群集危害的特性；榆蓝叶甲的越夏、瓢虫的越冬、天幕毛虫幼虫在树杈结网栖息等也有群集危害的特性。了解昆虫的群集性可以在害虫群集时进行人工捕杀。

（2）社会性

社会性是指昆虫营群居生活，一个群体中个体有多型现象，且有不同分工。例如，蜜蜂分为蜂王、雄蜂、工蜂；白蚁分为蚁王、蚁后、有翅生殖蚁、兵蚁、工蚁等。

4. 假死性

有的昆虫在取食爬动时，当受到外界突然震动惊扰后，往往立即从树上掉落地面、卷缩肢体不动或在爬行中缩为一团不动，这种行为称为假死性。如象甲、叶甲、金龟子等成虫遇惊即假死下坠；三至六龄的松毛虫幼虫受震落地等。可利用害虫的假死性进行人工扑杀、虫情调查等。

5. 拟态和保护色

一种生物模拟另一种生物，或模拟环境中其他物体，从而获得生存优势的现象，称为拟态。拟态可见于卵、幼虫（若虫）、蛹和成虫各虫态。拟态对昆虫的取食、避敌、求偶有重要的生物学意义。如竹节虫、尺蛾幼虫，其形态与植物枝条极为相似，以此作为伪装，能够有效保护自己免受天敌侵害。

保护色是指某些昆虫具有同其生活环境中的背景相似的颜色。保护色有利于躲避捕食性动物的视线，从而达到保护自己的效果。如蚱蜢、枯叶蝶、尺蠖成虫的体色即为保护色。

五、森林昆虫与环境的关系

昆虫的发生和发展除与本身的生物特性有关外，还与环境条件密切相关。影响昆虫种群数量的环境因素主要有气候因素、土壤因素、生物因素和人为因素等。

（一）气候因素

气候因素与昆虫的生命活动密切相关，包括温度、湿度、光和风等。其中，以温度和湿度对昆虫的影响最大。气候因素并非单独作用，而是相互交织、综合作用。

1. 温度对昆虫的影响

（1）昆虫对温度的一般反应

温度是影响昆虫的重要环境因子，也是昆虫的生存因子。任何一种昆虫的生长发育、繁殖等生命活动，都要求一定的温度范围，这一温度范围称为适温区（有效温区），一般为8～40℃。适温区的下限，即最低有效温度，是昆虫开始生长发育的温度，又称为发育起点温度；适温区的上限，即最高有效温度，是昆虫因温度过高而生长发育开始受到抑制的温度，又称为临界高温；在适温区内，最利于昆虫生长发育和繁殖的温度范围称为最适温区。一般地，昆虫在发育起点温度以下或临界高温以上的一定范围内并不致死，但会因温度过低而呈冷眠状态，或因温度过高而呈热眠状态，当温度恢复到适温区范围时，昆虫仍可恢复活动。因此，在发育起点温度以下，还可划分出一个停育低温区；在临界高温以上，还可划分出一个停育高温区。然而，真正使昆虫致死的温度，还远在发育起点温度以下和临界高温以上，即致死低温区（一般在-40～-10℃）和致死高温区（一般在45～60℃）。昆虫的高温致死，是体内水分过度蒸发和蛋白质凝固所致；昆虫的低温致死，是体内自由水分结冰，使细胞遭受破坏所致。

（2）昆虫生长发育的有效积温法则

昆虫和其他生物一样，在其生长发育过程中，完成一定的发育阶段（一个虫期或一个世代）需要一定的温度积累。其发育所需时间与该时间的温度乘积理论上应为一常数，即积温常数K，可按式（1-2）计算。

$$K = NT \qquad\qquad (1-2)$$

式中　K、N、T——依次为积温常数、发育日数、温度。

由于昆虫必须在发育起点温度以上才能开始发育，因此，式（1-2）中的温度T应减去发育起点温度C，从而得到式（1-3）。

$$K = N(T - C) \text{ 或 } N = \frac{K}{T - C} \qquad\qquad (1-3)$$

昆虫完成某一个发育阶段所需时间的倒数称为发育速率V，即$V = 1/N$，代入式（1-3），从而得到式（1-4）。

$$T = C + KV \qquad\qquad (1-4)$$

式（1-4）为温度与发育速率关系的法则，称为有效积温法则。有效积温法则可用于推算昆虫发育起点温度和有效积温数值；估测某昆虫在某一地区可能发生的世代数；预测害虫发生期；控制天敌昆虫发育期等。有效积温法则对于了解昆虫的发育规律，害虫的预测、预报，利用天敌开展防治工作等具有重要意义。

值得注意的是，有效积温法则具有一定的局限性。首先，有效积温法则只考虑温度条件，忽略了湿度、食料等对昆虫生长发育有较大影响的因素；该法则以温度与发育速率呈现直线关系为前提，而事实上，在整个适温区内，温度与发育速率的关系是呈"S"形的曲线关系，无法显示高温延缓发育的影响；该法则的各项数据一般是在实验室恒温条件下测定的，与外界变温条件下生活的昆虫发育情况具有一定的差距；有的昆虫存在滞育现象，对于这类昆虫，利用该法则计算其发生代数或发生期就难免有误差。

2. 湿度、降水对昆虫的影响

昆虫对湿度的要求依种类、发育阶段和生活方式不同而异。相对湿度的适宜范围一般为70%～90%，湿度过高或过低都会延缓昆虫的发育，甚至造成昆虫死亡。如表1-6所示，松干蚧的卵，在相对湿度89%时孵化率为99.3%；相对湿度36%以下绝大多数卵不能孵化；而相对湿度100%时卵虽能孵化，但若虫均不能钻出卵囊而死亡。昆虫卵的孵化、蜕皮、化蛹、羽化等，一般都要求较高的湿度。但一些刺吸式口器害虫如蚧虫、蚜虫、叶蝉及叶螨等，对大气湿度变化并不敏感，即使大气非常干燥，也不会影响它们对水分的要求。天气干旱时，寄主汁液浓度增大，提高了营养成分，有利于害虫繁殖，因此，这类害虫往往在干旱时危害严重。某些食叶害虫，为了得到足够的水分，常于干旱季节猖獗危害。

表1-6　松干蚧卵的孵化与相对湿度的关系

相对湿度/%	卵的孵化率/%	相对湿度/%	卵的孵化率/%
<36	绝大多数不能孵化	89	99.3
54.6	72.4	100	卵虽能孵化，但若虫均死于卵囊中
70.3	95.7	—	—

降雨不仅影响环境湿度，还直接影响害虫发生的数量，其作用大小常因降雨时间、次数和强度而定。具体而言，春季雨后有助于一些在土壤中以幼虫或蛹越冬的昆虫顺利出土；而暴雨则对一些害虫如蚜虫、初孵蚧虫以及叶螨等有很大的冲杀作用，从而大大降低虫口密度；阴雨连绵不但影响一些食叶害虫的取食活动，且易造成致病微生物的流行。

此外，冬季降雪在北方形成地面覆盖，有利于保持土温，对土中和地表越冬昆虫起着保护作用。

3. 温湿度对昆虫的综合影响

在自然界中，温度和湿度总是同时存在、相互影响、共同作用于昆虫。不同的温湿度组合，对昆虫的孵化、幼虫的存活、成虫羽化、产卵及发育历期均有不同程度的影响。如表1-7所示，大地老虎的卵在高温高湿和高温低湿下死亡率均较大；温度20~30℃、相对湿度50%的条件下，对其生存均不利；而其适宜的温湿度条件为温度25℃、相对湿度70%左右。

表1-7　大地老虎卵在不同温湿度组合下的死亡率

温度/℃	相对湿度/%		
	50	70	90
20	36.67	0	13.5
25	43.36	0	2.5
30	80.00	7.5	97.5

分析害虫消长规律时，不能只根据温度或相对湿度某一项指标，而应注意温湿度的综合作用，通常采用温湿系数和气候图来表示。

（1）温湿系数

相对湿度与平均温度的比值，或降水量与平均温度的比值，称为温湿系数，可按式（1-5）计算。

$$Q = \frac{RH}{T} \ 或 Q = \frac{M}{T} \qquad\qquad （1-5）$$

式中　Q——温湿系数；

　　　RH——相对湿度；

　　　M——降水量；

　　　T——平均温度。

温湿系数可以作为一个指标，用以比较不同地区的气候特点，或用以表示不同年份或不同月份的气候特点，以便分析害虫发生与气候条件的关系。

（2）气候图

气候图是指在坐标纸上以纵轴代表月平均温度，横轴代表月降水量或平均相对湿度，找出各月的温湿度结合点，用线条按月顺序接连起来所形成的图。可根据一年或数年中各月温湿度组合绘制。

比较某种害虫的分布地区和非分布地区的气候图，或猖獗发生年份和非猖獗发生年份的气候图，以及猖獗地区和非猖獗地区的气候图，往往可以找出该种害虫生存的温湿度条件，以及有利于或不利于该种害虫的温湿度条件在一年中出现的时期。在实际应用中，常将气候图分成四个区域，左上方为干热型，右上方为湿热型，左下方为干冷型，右下方为湿冷型。通过分区，可以利用气候图分析昆虫在新区分布的可能性，也可预测不同年份昆虫的发生量。

4. 光对昆虫的影响

昆虫对光的反应主要体现在光的性质、光强度和光周期方面。

昆虫的视觉能感受250～700nm的光，而且更偏向于短波光，许多昆虫对330～400nm的紫外光具有强趋性，因此，在测报和灯光诱杀方面常用黑光灯（波长365nm）。还有一种蚜虫对550～600nm的黄色光有反应，因此，白天蚜虫活动飞翔时，利用"黄色诱盘"可以诱其降落。

光强度对昆虫活动和行为的影响，表现于昆虫的日出性、夜出性、趋光性和背光性等昼夜活动节律的不同。例如，蝶类、蝇类、蚜虫喜欢白昼活动；夜蛾、蚊子、金龟子等喜欢夜间活动；有些蛾类喜欢傍晚活动；有些昆虫则昼夜均活动，如天蛾、大蚕蛾、蚂蚁等。

光周期是指昼夜交替时间在一年中的周期性变化，对昆虫的生活起信息作用。许多昆虫对光周期的年变化反应非常明显，表现于昆虫的季节生活史、滞育特征、世代交替以及蚜虫的季节性多型现象。光照时间及其周期性变化是引起昆虫滞育的重要因素，季节周期性影响昆虫年生活史的循环。昆虫滞育受温度和食料条件的影响，主要是光照时间起信息的作用。已证明近百种昆虫的滞育与光周期变化有关。实验证明，许多昆虫的孵化、化蛹、羽化都有一定的昼夜节奏特性，这些特性与光周期变化密切相关。

5. 风对昆虫的影响

风能影响环境的温湿度，可以降低气温和湿度，从而对昆虫的体温和水分产生影响。但风主要影响昆虫的活动，特别是昆虫的扩散和迁移，风的强度、速度和方向直接影响昆虫扩散和迁移的频率、方向和范围。有资料表明，许多昆虫能借风力传播到很远的地方，如蚜虫可借风力迁移1200～1440km的距离；松干蚧卵囊可被气流带到高空随风而去；在广东危害严重的松突圆蚧，在自然界主要靠风力传播。

（二）土壤因素

土壤是昆虫的一个特殊生态环境，许多昆虫的生活都与土壤密切相关。如蝼蛄、金龟子、地老虎、叩头甲、白蚁等苗圃害虫，有的终生在土壤中生活，有的则大部分虫态在土中度过。许多昆虫一年中的温暖季节在土壤外面活动，而到冬季即以土壤为越冬场所。

土壤的理化性状，如温度、湿度、机械组成、有机质成分及含量以及酸碱度等，直接影响在土中生活的昆虫的生命活动。一些地下害虫往往随土壤温度变化而上下移动，以栖息于适温土层。秋天土温下降时，土内昆虫向下移动；春天土温上升时，则向上移动到适温的表土层；夏季土温较高时，又潜入较深的土层中。昆虫在一昼夜之间也有其特定的活动规律。如蛴螬、小地老虎等夏季多于夜间或清晨上升到土表危害，中午则下降到土壤下层。生活在土中的昆虫，大多对湿度要求较高，当湿度低时会因失水而影响其生命活动。

总之，各种与土壤有关的害虫及其天敌，各有其最适于栖息的土壤环境条件。在掌握了这些昆虫的生活习性之后，可以通过土壤垦复、施肥、灌溉等措施，改变土壤条件，达到控制害虫的目的。

（三）生物因素

1. 食物对昆虫的影响

食物直接影响昆虫的生长、发育、繁殖和寿命等。食物数量足，质量高，昆虫生长发育快，自然死亡率低，生殖力高；相反则生长慢，发育和生殖均受到抑制，甚至因饥饿引起昆虫个体大量死亡。昆虫发育阶段不同，对食物的要求也不同。一般食叶性害虫幼虫在其发育前期需要较幼嫩的、水分多的、含碳水化合物少的食物，但到发育后期，则需要含碳水化合物和蛋白质丰富的食物。因此，在幼虫发育后期，如遇多雨凉爽天气，由于树叶中水分及酸的含量较高，对幼虫发育不利，会引起幼虫消化不良，甚至死亡。相反，在幼虫发育后期，如遇干旱温暖天气，植物体内碳水化合物和蛋白质含量提高，能促进昆虫生长发育，其生殖力也会提高。一些昆虫成虫期有取食补充营养的特点，如果得不到营养补充，则产卵甚少或不产卵，寿命也会缩短。

2. 天敌对昆虫的影响

在自然界中，昆虫染病致死或被其他动物所寄生、捕食的现象相当普遍。每一种昆虫都存在大量的捕食者和寄生物，这些自然界的敌害称为天敌。天敌是影响害虫种群数量的重要因素。天敌种类很多，大致可分为以下四类：

①病原生物。病原生物包括病毒、立克次体、细菌、真菌、线虫等。病原生物常会引起昆虫感病而大量死亡。

②捕食性天敌昆虫。捕食性天敌昆虫种类很多，常见的有螳螂、猎蝽、草蛉、瓢虫、食虫虻、食蚜蝇等。利用捕食性天敌昆虫防治害虫已有诸多成功的案例，例如，引进澳洲瓢虫防治吹绵蚧，七星瓢虫防治棉蚜等。

③寄生性天敌昆虫。寄生性天敌昆虫主要有膜翅目的寄生蜂和双翅目的寄生蝇。例如，用松毛虫赤眼蜂防治马尾松毛虫。

④其他有益动物。在自然界中，有不少蜘蛛、鸟类、青蛙等都可用于防治害虫。

（四）人为因素

人为因素对昆虫的繁殖、活动和分布影响很大。具体表现为以下四个方面：

①改变一个地区的生态系统。人类从事林业生产中的植树、种草、小流域治理、立体经营、引进推广新品种等，可引起当地生态系统的改变及其中昆虫种群的兴衰。

②改变一个地区昆虫种类的组成。人类频繁地调引种苗，扩大了害虫的地理分布范围。如湿地松粉蚧由美国随优良无性系穗条传入我国广东省台山市红岭种子园并迅速蔓延。相反，有目的地引进和利用益虫，又可抑制某种害虫的发生和危害，并能改变一个地区昆虫的组成和数量。如引进澳洲瓢虫，成功控制了吹绵蚧的危害。

③改变害虫及其天敌生长发育和繁殖的环境条件。人类通过中耕除草、灌溉施肥、整枝、修剪等林业措施，可增强植物的生长势，使之不利于害虫而有利于其天敌的发生。

④直接杀灭害虫。采用林业、化学、生物以及物理等综合防治措施，可直接消灭大量害虫，以保障林木的正常生长发育。

六、昆虫种群数量的变动

（一）种群的特征

种群是指在一定空间（或区域）内同种个体的集合群。例如，小蠹虫种群、松毛虫种群等。种群内的个体并非简单的叠加，而是通过种内关系组成一个有机体。种群具有与个体相类比的生物学属性。如在个体水平上的出生、死亡、寿命、性别、年龄、基因型、繁殖、滞育等属性，在种群水平上也包含有群体的统计指标，如出生率、死亡率、平均寿命、性比、年龄组配、繁殖率、滞育率等。此外，种群还具备个体所不具备的特征，如密度和数量变动，以及因种群的扩散或聚集等习性而形成的种群空间分布型、种群密度调控机制等。

自然种群的种群数量具有两个重要的特征：一是波动性，即在每一段时间（年、季节、世代）种群数量都有所不同；二是稳定性，即尽管种群数量有所波动，但大部分种群不会无限制地增长或下降而发生灭绝，因此，种群数量在某种程度上维持在特定的水平，在一定的范围内波动。

种群在一定空间上的数量分布是以种群的特性及其栖息地内生物群落的组成和环境条件间的矛盾为转移的。在自然界中，经常可以看到同一种害虫在其分布区域内不同区间的种群密度差异很大。有的害虫在某一地区常年发生较多，种群密度常维持在较高水平，猖獗危害频率很高。而另一些地区该种害虫密度常年维持在较低水平。介于上述两者之间的为种群密度波动区，即有的年份发生多，有的年份发生很少。这种现象即昆虫种群在不同栖息地的数量分布动态。

昆虫的种群密度也随自然界季节的演替而起伏波动。这种波动在一定的空间内常有相对的稳定性，从而形成种群的季节性消长。一年发生一代的昆虫，其季节性消长比较简单，且较稳定，一年发生多代的昆虫则比较复杂，并且因地理条件和在当地发生代数的不同，种群消长变化较大。主要害虫的季节性消长动态可分为以下三种类型：

①单峰型。单峰型是指一年内昆虫种群数量仅出现一次高峰期，如小地老虎等。

②双峰型。双峰型是指在生长季前、后期（春、秋季）各出现一次高峰期，中期（夏季）常下降，也称为马鞍型，如桃蚜等。

③多峰型。多峰型是指昆虫种群数量逐季递增，在全年出现多次高峰期，又称为波浪型，如棉铃虫等。

（二）种群数量变动的原因

种群数量动态是指种群数量变动的特征和原因。昆虫种群数量变动是种群存活率、生殖率和扩散迁移等因素相互作用的结果，这些因素受种群内遗传特性和外部环境因素的综合影响。因此，种群的数量动态取决于种群的内部因素和外部环境在一定空间与时间内的相互作用。内部因素主要指决定种群繁殖特性（内禀增长率）的因素，外部因素包括影响种群动态的食物、天敌、气候等。

1. 内部因素

内部因素包括出生率、死亡率、迁入率、迁出率、年龄结构和性比等特征，是种群统计学的重要特征，它们影响着种群的动态。但是，每一个单独的特征都不能说明种群整体动态问题。

自然界的环境条件不断变化，不可能对种群始终有利或始终不利，而是在两个极端情况之间变动。当条件有利时，种群的增长能力是正值，种群数量增加；当条件不利时，种群增长能力是负值，种群数量下降。因此，自然界中的种群实际增长率是不断变化的。

内禀增长率是指具有稳定年龄结构的种群，当食物与空间不受限制、同种其他个体的密度维持在最适水平、环境中没有天敌，并在某一特定的温度、湿度、光照和食物性质的环境条件组配下，种群的最大瞬时增长率。种群内禀增长率是种群增殖能力的一个综合指标，它不仅考虑到生物的出生率和死亡率，同时还将年龄结构、发育速率、世代时间等因素也包括在内；它是物种固有的，由遗传性所决定，因而是种群增长固有能力的唯一指标；它可以敏感地反映出环境的细微变化，可以被视为特定种群对环境质量反应的一个优良指标。

2. 外部因素

（1）食物

食物对种群的出生率和死亡率有着直接或间接的影响，主要通过种内竞争的形式体现。在食物短缺时，种群内部必然会发生激烈的竞争，并使种群中的很多个体不能存活或生殖。如果食物的数量和质量都很高，种群的生殖力就会达到最大，出生率就高；但当种群增长达到高密度时，食物的数量和质量就会下降，结果又会导致种群数量下降。

（2）天敌

从理论上讲，天敌的数量和捕食效率如果能够随着猎物种群数量的增减而增减，那么，天敌就能够调节或控制猎物的种群大小。

（3）气候

对种群影响最强烈的外部因素是气候，特别是极端的温度和湿度条件。超出种群忍受范围的环境条件可能会对种群产生灾难性的影响，因为它会影响种群内个体的生长、发育、生殖、迁移和散布，甚至会导致局部种群的毁灭。一般来说，气候对种群的影响是不规律且不可预测的。种群数量的急剧变化常常直接同温度、湿度的变化有关。

七、森林害虫大发生的条件和过程

某种林木害虫种群数量剧增，达到猖獗危害的程度时，常称为森林害虫的大发生，其前提是要有虫源、发生基地（空间条件），并经历一段过程。探讨森林害虫大发生的规律，在防治上具有重要意义。

（一）森林害虫大发生的条件

1. 害虫的来源

害虫的来源一般有以下三个途径：

①当地原有虫种。生物在历史演化过程中，在一定的地域形成一定的昆虫区系，如

果长期大量使用化学农药，虽然某种森林害虫得到了抑制，但其天敌昆虫也随之一扫而光，破坏了生态平衡，会使一些次要害虫转化为主要害虫。例如，山东的杨尺蛾、青海的榆黄蛱蝶等曾造成严重危害。

②从其他寄主转移而来。例如，刺槐荚螟危害豆科植物，当大面积种植刺槐林后，刺槐荚螟就会从其他豆科植物转移到刺槐上来，从而有可能大发生。

③从外地传播而来。随着林业事业的发展，种苗交换频繁，害虫就会随同寄主的运输而传播到本来没有这种害虫的地方。例如，美国白蛾、红脂大小蠹、松突圆蚧、杨干象等都是从国外传进我国的世界性检疫害虫。

2. 害虫发生基地

害虫在其分布区内，是以种群形式存在的。同一种群可能被分成许多亚种群，分别栖息在各自的生活小区（如丘陵、谷地等）内。对于害虫来说，这些生活小区的生活环境条件并非完全相同。某些生活小区有利于害虫的大量繁殖，经常保持相当大的虫口密度，再逢大发生条件（如适宜的温湿度、充足的食物、天敌不多），害虫便首先爆发，成灾后再向周围扩大蔓延。这种具备害虫大量繁殖的环境，称为害虫发生基地（发源地）。例如，赤松毛虫在海拔400m以下、四面环山的谷地或三面环山的马蹄形山谷、十余年生油松密林首先成灾，以后再向外蔓延。若及早掌握害虫发生基地情况，采取根治措施，就会节省很多人力、物力、财力和时间，减少损失。

（二）森林害虫大发生的过程

对于周期性大发生的森林害虫而言，每次大发生都是由少到多、由小到大的种群数量的积累过程，具体可划分为准备阶段、增殖阶段、猖獗阶段和衰退阶段。

1. 准备阶段

准备阶段虫口密度不大，天敌不多，食料充足，幼虫生长正常，出生率和存活率逐渐提高，虫口密度上升。但由于森林尚未受其严重危害，因而常不易引起重视。

2. 增殖阶段

增殖阶段害虫数量显著增加并继续上升，雌虫多于雄虫，森林被害征兆明显，继而害虫开始外迁，受害面积渐大，天敌向害虫发生地集中。

3. 猖獗阶段

猖獗阶段虫口密度极度增加，可以使种群密度迅速增加到十倍至数千倍，几乎充满其栖境。随后食物开始趋向不足，幼虫生长发育受到抑制，出生率和存活率显著下降，雌虫比例减少，天敌数量增多，害虫数量转向衰退。

4. 衰退阶段

衰退阶段由于食物不足，天敌增多，致使害虫数量急剧下降，害虫繁殖力处于极低水平，危害盛期结束，天敌向周围迁移。

八、森林昆虫主要类群

自然界中昆虫的种类繁多，为了有效识别各类昆虫，首先必须逐一加以命名和描述，并按其亲缘关系的远近，归纳成为一个有次序的分类系统。这不仅有助于正确地区分各类昆虫，还能够阐明它们之间的系统关系。同时，昆虫分类在生产实践上也有极其重要的意义。

（一）昆虫分类单元

昆虫的分类单元包括界、门、纲、目、科、属、种，种是分类的基本单位。昆虫分类学家从进化的观点出发，将形态性状，地理分布，生物、生态性状等相近缘的种类集合成属，将近缘属集合成科，将近缘科集合成目，将各目集合成纲，即昆虫纲。在分类等级中，通常还采用某些中间等级。如纲下设亚纲，目下设亚目，科下设亚科等。

以马尾松毛虫为例，表示分类等级的顺序：

动物界（Animalia）

  节肢动物门（Arthropoda）

    昆虫纲（Insecta）

      有翅亚纲（Pterygota）

        鳞翅目（Lepidoptera）

          异角亚目（Heterocera）

            蚕蛾总科（Bombycoidea）

              枯叶蛾科（Lasiocampidae）

            松毛虫属（*Dendrolimus*）

              马尾松毛虫（*Dendrolimus punctatus* Walker）

（二）昆虫命名法

按照国际动物命名法规，昆虫的科学名称采用双名法命名。

不同种或不同类群的生物，在不同国家或不同地区，都有其不同名称的使用。这些名称多局限于一定范围，多为地方性，一般将其称为俗名，俗名无法在国际上通用。为方便国际间科学资料、科学知识的交换，避免混淆与错误，采用拉丁文或拉丁化的文字组成动物名称及其分类单位，这种名称被称为学名。

与真菌的命名相同，每一种昆虫的学名均由属名和种名组成，属名在前，种名在后。同样地，种名之后加命名者的姓氏，如马尾松毛虫（*Dendrolimus punctatus* Walker）。学名中，属名第一个字母大写，种名第一个字母小写，命名者第一个字母大写。若是亚种，则采用"三名法"，将亚种名排在种名之后，第一个字母小写。如天幕毛虫（*Malacosoma neustria testacea* Motschulsky），是由属名、种名、亚种名组成，命名者的姓氏置于亚种名之后。

凡是用现成学名首次记载本国或本地区的种类或类群，并在国家正式刊物上发表得到公认的，均称为国家或地区"新记录"。凡是在世界上首次被记载，并发表在国家正式刊物上得到公认的物种，称为"新种"。"新种"一旦发表，之后他人用其他学名记载此种时，后来的学名一律作为"同物异名"处理，而不被采用。这种以最早名称为有效的规定称为"优先律"。

记载新种所采用的标本，称为"模式标本"。模式标本是确立新种的物质依据，它能够提供鉴定种的参考标准，必须妥善保存，以供长期使用。在一批同种的新种模式标本系列中，应选出其中一个典型的作为正模，另选一个与正模相对性别的标本作为配模。除正模外，记载新种时所依据的其余同种标本，统称为副模。

昆虫纲各目的分类依据主要包括翅的有无及其特征、变态类型、口器的构造、触角形状、足跗节及古昆虫（化石昆虫）的特征等。昆虫分类系统不断发展变化，各个分类学家分目各不相同。本书在34个目的分类系统基础上，将等翅目并入蜚蠊目，同翅目并入半翅目。

林业生产常见的昆虫主要类群包括直翅目、蜚蠊目、半翅目、缨翅目、鳞翅目、鞘翅目、膜翅目和双翅目等。

（三）昆虫检索表

1. 昆虫检索表的类型

检索表是昆虫分类的重要工具，昆虫的鉴定主要根据昆虫的外部形态特征，结合查阅检索表进行。常用的检索表形式包括单项式和两项式。

（1）单项式

单项式检索表能够有效节省篇幅，其不足之处在于相对性状相离很远。检索表的总序号数 = 2 ×（需要检索项目数 − 1）。具体格式如下：

1（8）翅两对

　2（7）前翅膜质

　　3（6）前翅不被鳞片

　　　4（5）雌腹部末端有蜇刺·····································膜翅目

　　　5（4）雌腹部末端无蜇刺·····································脉翅目

　　　6（3）前翅密被鳞片·····································鳞翅目

　　　7（2）前翅角质·····································鞘翅目

8（1）翅一对··双翅目

（2）两项式

两项式检索表是目前最常用的形式。其优点是每对性状互相靠近，便于比较，能够节省篇幅；缺点是各单元的关系有时不明显。检索表的总序号数＝需要检索项目数－1。具体格式如下：

1口器咀嚼式，适宜咬和咀嚼···2

1口器刺吸式，适宜吸收···5

  2前、后翅均为膜质···3

  2前翅革质或角质，后翅质···4

    3第一腹节并入后胸，一、二节间紧缩为柄状；触角丝状或膝状

    ···膜翅目（Hymenoptera）

    3第一腹节不并入后胸，触角线状或念珠状，少数棒状······脉翅目（Neuroptera）

    4前翅为复翅，触角丝状，通常有听器和发音器·············直翅目（Orthoptera）

    4前翅为鞘翅，体躯骨化而坚硬，触角形式多样·············鞘翅目（Coleoptera）

    5有翅一对，后翅特化为平衡棒··························双翅目（Diptera）

    5有翅两对，前翅半鞘翅或质地均一，刺吸式口器由头的前或后方伸出

    ···半翅目（Hemiptera）

2. 昆虫检索表的编制原则

检索表应选用最明显的外部特征，而且应选用绝对性状；检索表中同一序号下所列举的应是严格对称的性状，要一一对应，非此即彼，不能用重叠的性状；检索表中表述昆虫特征要简洁、明了、准确。

3. 昆虫检索表的使用

使用下列昆虫纲成虫分目两项式检索表可检索出供试标本所属目。

1无翅，或具极退化的翅···2

1有翅，或具发育不全的翅···9

  2口器咀嚼式，适宜咬和咀嚼···3

  2口器吸收式，适宜刺螫和吸收···8

    3第一腹节并入后胸，一、二节间紧缩为柄状···········膜翅目（Hymenoptera）

    3第一腹节不并入后胸，也不紧···4

    4后足腿节增大，适宜跳跃·························直翅目（Orthoptera）

    4后足正常，并不特化为跳跃足···5

    5前胸显著伸长，前足适宜捕捉·····················螳螂目（Mantodea）

    5前胸不显著伸长，前足正常···6

6没有尾须，体躯骨化而坚硬，触角通常11节········ 鞘翅目（Coleoptera）

6有尾须···7

  7跗节五节，体躯为棒状或叶状，触角丝状········ 竹节虫目（Phasmida）

  7跗节四节，体躯不为棒状或叶状，触角念珠状······ 蜚蠊目（Blattaria）

    8跗节末端有泡状器，爪不很发达·················· 缨翅目（Thysanoptera）

    8跗节末端没有泡状器，有发达的爪·················· 半翅目（Hemiptera）

      9有翅一对，后翅特化为平衡棒··································10

      9有翅两对··11

        10跗节五节································· 双翅目（Diptera）

        10跗节仅一节（雄介壳虫）········· 半翅目（Hemiptera）

        11前后翅质地不同，前翅加厚，革质或角质，后翅膜质······12

        11前后翅质地相同，都是膜质······························16

          12前翅基部加厚，常不透明，端部膜质；

            口器适宜于穿刺及吸收··················· 半翅目（Hemiptera）

          12前翅质地全部一样····································13

            13前翅坚硬，角质化，没有翅脉，

              有覆盖后翅的保护作用··············· 鞘翅目（Coleoptera）

            13前翅革质或羊皮纸状，有网状脉，

              后翅在前翅下方，折叠成扇状·····································14

              14后足腿节增大，适宜跳跃，或后足正常，

                前足变阔，适宜开掘；静止时翅折叠为屋脊状；

                通常有听器和发音器················ 直翅目（Orthoptera）

              14后足腿节正常；静止时翅平置在体躯上；

                没有发音器···15

                15前胸极度伸长，

                  前足为捕捉足·························· 螳螂目（Mantodea）

                15前胸短，各足形状相同，

                  体躯如棒状或叶状·············· 竹节虫目（Phasmida）

                16翅面全部或部分有鳞片，

                  口器为虹吸式或退化·······鳞翅目（Lepidoptera）

                16翅面无鳞片，口器不为虹吸式··························17

                  17口器刺吸式···18

                  17口器咀嚼式、嚼吸式或退化··························19

18 下唇形成分节的喙，

翅缘无长毛.................半翅目（Hemiptera）

18 无分节的喙，翅极狭长，

翅缘有长毛...........缨翅目（Thysanoptera）

19 前后翅相差大，后翅前缘有一排小的

翅钩列，用以和前翅相连

..........................膜翅目（Hymenoptera）

19 前后翅几乎相同，后翅前缘无翅钩列....20

20 翅基部各有一条横的肩缝，

翅易沿此缝脱；触角念珠状

................................蜚蠊目（Blattaria）

20 翅无肩缝；

触角一般丝状....脉翅目（Neuroptera）

任务实施计划制订

对任务进行实施，并填写任务实施计划表，如表1-8所示。

表1-8　任务实施计划表

班　级		指导教师	
任务名称		日　期	
组　号		组　长	
组　员			
虫害地点			
虫害描述			

任务五 昆虫外部形态识别

工作任务	观察各种昆虫供试标本，对照下列类型特征进行识别：以蝗虫为例，观察昆虫纲特征，对照虾、蟹、蜘蛛、蜈蚣等，比较昆虫纲与其他节肢动物的主要区别；以蝗虫、步行虫和蜻象为例，观察三种昆虫头式特征；用镊子将蜜蜂的触角从基部取下，置于解剖镜下观察柄节、梗节和鞭节的特征。观察各种昆虫供试标本，根据下列特点判别其足的类型：用镊子将口器各部分依次逐步取下，放在白纸上，详细观察各部分形态；用镊子将蝗虫后足从基部取下，置于解剖镜下观察基节、转节、腿节、胫节、跗节和前跗节的特点。观察各种昆虫供试标本，根据下列特点判断翅的类型：取夜蛾前翅，认识翅的三缘、三角、四区；用镊子小心取下夜蛾、粉蝶、蜜蜂的前、后翅，注意观察它们的翅间连锁方式；将夜蛾翅置于培养皿中，滴几滴煤油浸润，用毛笔在解剖镜下将鳞片刷去，观察翅脉
实施时间	植物生长季节均可
实施地点	可供40人操作的实训场所。具备新鲜的蝗虫标本和肢体及附器健全的各种昆虫标本以及双目体视显微镜、放大镜、镊子、培养皿、解剖针、解剖剪、蜡盘、昆虫针、标签等用具
教学形式	以学习小组为单位组织教学。教师通过实物标本、蝗虫仿真模型及多媒体课件演示与讲授相结合，使学生理解昆虫外部形态相关知识。在此基础上，每个学习小组的学生利用为其提供的一套昆虫模式标本，借助实体显微镜、放大镜等工具观察实物并展开讨论，教师给予点评指导
学生基础	具有一定的自学和资料收集与整理能力
学习目标	熟悉林木病害基本概念、症状类型、病原及侵染循环的基本知识；具备诊断林木病害的基本常识与基本知识
知识点	昆虫纲特征；昆虫头特征；昆虫触角特征；昆虫口器特征；昆虫足特征；昆虫翅特征
材料	蝗虫、虾、蜘蛛、步甲、蜻象、蜻蜓、天牛、金龟甲、小蠹虫、蝶、叩头虫、白蚁、芫菁雄虫、大蚕蛾雄虫、蜜蜂、蝇、雄蚊、蝼蛄、螳螂、龙虱、蛾蝶幼虫及昆虫口器、触角、足、翅类型模式标本

知 识 准 备

一、识别昆虫纲特征

通过识别昆虫纲特征，准确区分害虫和益虫，从而采取针对性的防治或保护措施，促进林业的可持续发展。

昆虫纲特征在本项目任务四中已有介绍。根据所学内容，以蝗虫为例，对昆虫纲特征进行识别。蝗虫体躯分为头部、胸部和腹部。头部分节现象消失，为一完整坚硬的头壳，其上生有一对复眼，三个单眼，两复眼内侧还着生有一对触角；胸部分为前胸、中胸、后胸三节，每一胸节有四块骨板，即背板、腹板和两块侧板，各胸节具胸足一对，分别称为前足、中足、后足，在背面有两对翅，前翅着生于中胸，后翅着生于后胸；腹部共十一节，每节仅两块骨板——背板和侧板，节与节之间以膜相连，雌性蝗虫第八至九节的腹板上生有凿状产卵器。

二、识别昆虫头式

以蝗虫、步行虫和蟓象为例，观察三种昆虫头式特征。

1. 下口式

观察蝗虫的头式，可以看到其口器向下着生，头部的纵轴与身体的纵轴大致呈直角，为下口式。

2. 前口式

观察步行虫的头式，可以看到其口器在身体的前端并向前伸，头部纵轴与身体纵轴呈一钝角甚至平行，为前口式。

3. 后口式

观察蟓象的头式，可以看到其口器由前向后伸，几乎贴于体腹面，头部纵轴与身体纵轴呈锐角，为后口式。

三、识别昆虫触角

1. 丝状

丝状触角较细长，基部一、二节稍大，其余各节大小、形状相似，逐渐向端部缩小。

2. 刚毛状

刚毛状触角较短小，基部一、二节较粗，鞭节突然缩小似刚毛。

3. 念珠状

念珠状触角鞭节各节大小相近，形如小珠，触角好像一串珠子。

4. 锯齿状

锯齿状触角鞭节各节向一侧突出呈三角形，形如锯齿。

5. 栉鞭状

栉鞭状触角鞭节各节向一侧突出很长，形如梳子。

6. 鞭状

鞭状触角基部膨大，第二节小，鞭节部分极长，较粗如鞭。

7. 羽毛状

羽毛状触角鞭节各节向两侧突出，形似羽毛。

8. 球杆状

球杆状触角鞭节细长如丝，端部数节逐渐膨大如球状。

9. 锤状

锤状触角鞭节端部数节突然膨大，形状如锤。

10. 鳃片状

鳃片状触角端部三至七节向一侧延展为薄片状叠合在一起，可以开合，状如鱼鳃。

11. 具芒状

具芒状触角一般有三节，短而粗，末端一节特别膨大，其上有一根刚毛状结构，称为触角芒，芒上有时还有细毛。

12. 环毛状

环毛状触角鞭节各节有一圈细毛，近基部的毛较长。

13. 膝状

膝状触角柄节特别长，梗节短小，鞭节由大小相似的节组成，在柄节和鞭节之间呈膝状弯曲。

四、识别昆虫口器

1. 咀嚼式口器

观察蝗虫的口器，可以看到上唇是位于唇基下方的一块膜片；上颚一对，为坚硬的锥状或块状物；下颚一对，具下颚须，下唇左右相互愈合为一片，具有下唇须，舌位于口的正中线中央，为一囊状物。

2. 刺吸式口器

观察蝉的口器，可以看到触角下方的基片为唇基，分为前唇和后唇两部分，后唇基异常发达，易被误认为"额"；在前唇基下方有一个三角形小膜片，即上唇；喙则演化为长管状，内藏有上、下颚所特化成的四根口针。

3. 虹吸式口器

观察粉蝶的口器，可以看到一个卷曲的似钟表发条的构造，它是由左、右下颚的外颚叶延长特化、相互嵌合形成的一中空的喙，为蛾、蝶类昆虫所特有。

五、识别昆虫足

1. 步行足

步行足没有特化，适于行走。

2. 开掘足

开掘足一般由后足特化而成。胫节扁宽，外缘具有坚硬的齿，便于掘土。

3. 跳跃足

跳跃足一般由后足特化而成，腿节发达，胫节细长，适于跳跃。

4. 携粉足

携粉足后足胫节端部扁宽，外侧凹陷，凹陷的边缘密生长毛，可以携带花粉，称为花粉篮。第一节跗节膨大，内侧有横列刚毛，可以梳集黏附体毛上的花粉，称为花粉刷。

5. 游泳足

游泳足一般由中足和后足特化而成。各节扁平，胫节和跗节边缘着生多数长毛，适于游泳。

6. 捕捉足

捕捉足由前足特化而成，基节延长，腿节的腹面有槽，胫节可以弯折嵌合于内，用以捕捉猎物。有的腿节还有刺列，用以抓紧猎物。

7. 抱握足

抱握足的跗节特别膨大，上有吸盘结构，借以抱握雌虫。

六、识别昆虫翅

1. 复翅

复翅翅形狭长且为革质。

2. 膜翅

膜翅薄而透明或半透明，翅脉清新。

3. 鳞翅

鳞翅膜质的翅面上布满鳞片。

4. 半鞘翅

半鞘翅翅基半部角质或革质硬化，无翅脉，端半部膜质有翅脉。

5. 鞘翅

鞘翅质地坚硬，无翅脉或不明显。

6. 平衡棒

平衡棒后翅退化，呈棒状，起平衡作用。

● 任务实施计划制订

对任务进行实施，并填写任务实施计划表，如表1-9所示。

表1-9　任务实施计划表

班　级		指导教师	
任务名称		日　期	
组　号		组　长	
组　员			
绘制蝗虫体躯侧面图，并注明各部分名称			
剖蝗虫和蟪象口器，按次序贴于白纸上，并注明各部分名称			
写出供试标本口器、触角、足、翅的基本类型			

任务六　识别昆虫的变态类型及习性

工作任务	野外采集易室内饲养的昆虫，描述昆虫个体发育特点及习性，及时填写观察记录
实施时间	虫害发生期
实施地点	可供40人操作的实训场所。配有培养器、指形管、玻璃瓶、养虫缸、养虫笼、放大镜、镊子、蜡盘等用具
教学形式	课上采用实验观察法，学生分组操作，在教师指导下完成昆虫变态类型识别。成立课外学习小组，通过对昆虫进行饲养，观察记录昆虫个体发育过程及习性
学生基础	具有一定的自学和资料收集与整理能力
学习目标	掌握昆虫的变态类型；识别昆虫个体发育习性与特点
知识点	昆虫变态类型；昆虫生活史；昆虫习性
材料	各种昆虫生活史标本

知识准备

一、识别昆虫变态类型

1. 识别不完全变态

①渐变态。以蝗虫、蝽象的生活史标本为例，注意若虫和成虫在形态上的差异。

②半变态。以蜻蜓生活史标本为例，注意稚虫与成虫的区别。

③过渐变态。观察雄性介壳虫生活史标本，注意观察类似"蛹"的特征。

2. 识别完全变态

以蛾蝶类、甲虫类等生活史标本为材料，观察卵、幼虫、蛹、成虫的特点，注意与不全变态类型的区别。

二、昆虫的生活史观察

1. 采集昆虫

根据当地季节情况，在野外采集1~2种容易室内饲养的昆虫。

2. 饲养昆虫

根据所饲养昆虫的生活习性，设置相应的饲养环境。要求室内光线充足、空气流通、温湿度适宜、清洁卫生。每天根据昆虫取食特性，供给新鲜的寄主食物，确保所饲养昆虫能正常生长发育。

三、昆虫个体发育及习性观察

在昆虫饲养过程中，小组轮流值班。应认真仔细观察，随时记录虫体每天的变化及活动情况，包括孵化、蜕皮、化蛹、羽化、交配、产卵及各虫态的发育历期等。

● 任务实施计划制订

对任务进行实施，并填写任务实施计划表，如表1-10所示。

表1-10　任务实施计划表

班　级		指导教师	
任务名称		日　期	

续表

组　号		组　长	
组　员			
饲养昆虫的生物学特性报告			

任务七　昆虫主要类群识别

工作任务	利用肉眼、放大镜或双目实体解剖镜观察虫体大小、颜色、翅的有无及其特征、变态类型、口器的构造、触角形状、足跗节及生殖器等特点，利用昆虫检索表识别昆虫所属目和科
实施时间	虫害发生期
实施地点	可供40人操作的实训场所。每人一台双目实体解剖镜，具备镊子、解剖针、蜡盘等用具和直翅目、蜚蠊目、半翅目、鞘翅目昆虫分科标本
教学形式	课前布置自主学习任务，学生以小组为单位到野外采集各种昆虫标本。训练时，先让学生对自己采集的昆虫进行观察，结合供试标本，根据昆虫检索表进行分类鉴别，教师予以指导并归纳总结
学生基础	具有一定的自学和资料收集与整理能力
学习目标	能正确使用和保养双目实体解剖镜；识别与林业相关的主要昆虫目及科特征，学会昆虫检索表的编制与运用方法
知识点	直翅目特点；蜚蠊目特点；半翅目特点；鞘翅目特点；鳞翅目特点；膜翅目特点；双翅目特点

知 识 准 备

一、直翅目及主要科的识别

直翅目通称为蝗虫、蟋蟀、蝼蛄等。体中至大型；口器为咀嚼式；复眼发达，通常具有三个单眼；触角为丝状；有翅或无翅，前翅狭长，为复翅，后翅膜质；后足为跳跃足或前足为开掘足；跗节为二至四节。雌虫多具有发达的产卵器，呈剑状、刀状或凿状；雄虫通常有听器或发音器；为渐变态；多数为植食性。直翅目通常包括蝗科、蟋蟀科、蝼蛄科。

1. 蝗科

蝗科俗称蝗虫或蚂蚱。触角为丝状或剑状；多数种类有两对翅，也有短翅或无翅种类；跗节为三节；听器在腹部第一节的两侧；产卵器呈短锥状；为典型的植食性昆虫。常见的有黄脊竹蝗、棉蝗。

2. 蟋蟀科

蟋蟀科体粗壮，色暗；触角比体长，为丝状；听器在前足胫节基部；跗节为三节；产卵器细长，呈矛状；尾须长；为植食性，穴居，危害各种苗木的近地面部分。常见的有大蟋蟀。

3. 蝼蛄科

蝼蛄科触角较体短；前足为典型的开掘足；前翅短，后翅宽并纵卷；听器在前足胫节上；产卵器不外露；为植食性。常见的有华北蝼蛄和东方蝼蛄。

二、蜚蠊目及主要科的识别

蜚蠊目下以白蚁与林业关系最为密切。以白蚁为对象进行观察，其体长3～10mm；触角为念珠状；口器为咀嚼式；有翅型前后翅大小形状和脉序都很相似；跗节为四至五节；尾须短。

白蚁为多型性营社会性的昆虫，有较复杂的"社会"组织和分工。一个群体具有繁殖蚁和无翅、无生殖能力的兵蚁与工蚁共同生活。其中，蚁王、蚁后专门负责生殖。工蚁在群体中的数量最多，其职能是觅食，筑巢，开路，饲育蚁王、蚁后、幼蚁和兵蚁，照料幼蚁，搬运蚁卵，培养菌圃等。兵蚁一般头部发达，上颚强大，有的具有分泌毒液的颚管，其职能是保卫王宫、守巢、警卫、战斗等。白蚁为渐变态，卵呈卵形或长卵形。生殖蚁包括雌雄两性，具翅，每年春夏之交即达性成熟。大多数在气候闷热、下雨前后从巢内飞出，群集飞舞，求偶，落到地面交配，翅在爬动中脱落，钻入土中，建立新蚁落。

根据建巢的地点，可将白蚁分为木栖性白蚁、土栖性白蚁、土木两栖性白蚁。白蚁主要分布于热带、亚热带，少数分布于温带。近年来白蚁在我国分布较为普遍，危害较重。常见的有黑翅土白蚁。白蚁通常包括鼻白蚁科和蚁科。

1. 鼻白蚁科

鼻白蚁科头部有囟；前胸背板扁平，狭于头；前翅鳞显然大于后翅鳞，其顶端伸达后翅鳞；尾须为两节；土木两栖。常见的有台湾乳白蚁。

2. 蚁科

蚁科头部有囟；前翅鳞仅略大于后翅鳞，两者距离仍远；尾须为一至两节；土栖为主。常见的有黑翅土白蚁等。

三、半翅目及主要科的识别

半翅目昆虫体小至大型；为渐变态；大多为陆生，少数为水生；为捕食性或植食性；触角为刚毛状或丝状。口器为刺吸式，从头部腹面的后方伸出，喙通常为三节；前翅革质或膜质，后翅膜质，静止时平置于体背上呈屋脊状，有的种类无翅；有些蚜虫和雌性介壳虫无翅，雄性介壳虫后翅退化成平衡棒，为渐变态，而粉虱及雄蚧为过渐变态；两性生殖或孤雌生殖；为植食性，刺吸植物汁液，造成生理损伤，并可传播病毒或分泌蜜露，引起煤污病。

观察缘蝽、网蝽、盲蝽、猎蝽、蝉、叶蝉、蜡蝉、木虱、粉虱、蚜、蚧等昆虫实物或标本，识别各科形态特征。

1. 蝽科

蝽科体小至大型；触角为五节，部分种类为四节；有单眼；喙为四节；小盾片发达，为三角形且至少超过爪片长度；前翅膜片上一般有五条纵脉，多从一条基横脉上分出；跗节为三节。常见的有荔枝蝽、麻皮蝽等。

2. 缘蝽科

缘蝽科体中型至大型、狭长至椭圆形；触角为四节；有单眼；喙为四节；小盾片不超过爪片的长度；膜片上有许多条平行的翅脉。有时后足腿节粗大，具瘤状或刺状突起，胫节成叶状或齿状扩展；为植食性。常见的有危害竹类的竹缘蝽属等。

3. 网蝽科

网蝽科体小型，扁平；触角为四节，第三节极长；头部、前胸背板及前翅上有网状纹；跗节为两节；为植食性。常见的有梨网蝽等。

4. 盲蝽科

盲蝽科体小至中型；触角为四节；无单眼；喙为四节，第一节与头部等长或略长；前翅具楔片，膜片仅有一至两个翅，纵脉消失；大多为植食性。常见的有绿盲蝽等。

5. 猎蝽科

猎蝽科体小至中型；头窄长，眼后部分缢缩如颈状；喙为三节，呈弓状；前胸腹板两前足间有具横皱的纵沟；前翅膜片具有两个翅室，端部伸出一条长脉；为捕食性。常见的有黑红猎蝽等。

6. 蝉科

蝉科体中至大型；触角刚毛状；有三个单眼，呈三角形排列；翅膜质透明，脉较粗；雄虫具有发音器，雌虫具有发达的产卵器；成虫与若虫均刺吸植物汁液，若虫在土中危害根部，成虫危害还表现为雌虫产卵于枝条中，导致枝条枯死。常见的有蚱蝉等。

7. 叶蝉科

叶蝉科体小型，狭长；触角为刚毛状；有两个单眼；后足胫节有一至两列短刺。叶蝉善跳，有横走习性。常见的有大青叶蝉、小绿叶蝉等。

8. 蜡蝉科

蜡蝉科体中至大型，体色美丽；额常向前延伸而多少呈象鼻状；触角为三节，基部两节膨大如球，鞭节呈刚毛状。常见的有碧蛾蜡蝉、斑衣蜡蝉等。

9. 木虱科

木虱科体小型；触角较长，为九至十节，末端有两条不等长的刚毛；有三个单眼；翅两对，前翅质地较厚；跗节为两节；若虫呈椭圆形或长圆形，许多种类被蜡丝。常见的有柑橘木虱、蒲桃木虱等。

10. 粉虱科

粉虱科体小型；触角为七节，第二节膨大；翅膜质，被有蜡粉；跗节为两节；幼虫、成虫腹末背面有管状孔；为过渐变态；三龄幼虫蜕皮而"化蛹"，容易与蚧虫混淆。常见的有黑刺粉虱、柑橘粉虱等。

11. 蚜总科

蚜总科为小型多态昆虫，同种有无翅和有翅型；触角呈丝状，为三至六节；前翅比后翅大，前翅有翅痣，径分脉，中脉分叉；腹部第六腹节背侧有一对管状突起，称为"腹管"，末节背板和腹板分别形成尾片和尾板；两性生殖或孤雌生殖，卵生或卵胎生。其生活周期复杂，一般在春、夏两季进行孤雌生殖，而在秋冬时期进行两性生殖。

被蚜虫危害的叶片常常变色，或卷曲凹凸不平，或成虫瘿，或使植物长成畸形。此外，蚜虫还可传播病毒。蚜虫分泌的蜜露，可诱发植物的煤污病。常见的有棉蚜、桃蚜等。

12. 蚧总科

蚧总科通称为介壳虫。其形态奇特，雌雄异型；雌虫无翅，口器发达，喙短，为一至三节，多为一节，口针很长；触角、复眼和足通常消失；体壁上常被蜡粉或蜡块，或有特殊的介壳保护；雄虫体长，有一对薄的膜质前翅，后翅退化成平衡棒；触角为长念珠状；口器退化；寿命短；卵呈圆球形或卵圆形，产在雌虫体腹面、介壳下或体后的蜡质袋内；雌虫为渐变态，雄虫为过渐变态；孤雌生殖或两性生殖，卵生或卵胎生，一年一代或多代。目前已知的蚧总科有5000多种。常见的有吹绵蚧、日本松干蚧。

四、鞘翅目及主要科的识别

鞘翅目通称为甲虫，是昆虫纲中最大的目。体微小至大型，体壁坚硬；复眼发达，一般无单眼；触角一般为11节，形状多样；口器为咀嚼式；前翅坚硬，角质为鞘翅，后翅膜质；跗节数目变化很大；为完全变态；幼虫为寡足型或无足型，蛹多为裸蛹；为植食性、捕食性或腐食性。

观察步甲、瓢甲、叶甲、天牛、金龟甲、象甲、小蠹虫等实物或标本，识别其形态特征。

1. 步甲科

步甲科通称为步行甲。体小至大型，体黑色或褐色而有光泽；头小于胸部，为前口式；触角为丝状，着生于上颚基部与复眼之间，触角间距离大于上唇宽度；跗节为五节；多生活于地下、落叶下面；成虫、幼虫均为肉食性。常见的属有步行甲属、胫步甲属等。

2. 瓢甲科

瓢甲科体呈半球形或椭圆形，腹面扁平，背面拱起，外形似瓢；头小，后部隐藏于前胸背板下；触角为锤状；跗节"似为三节"；多数为肉食性，成虫和幼虫都捕食蚜虫、蚧虫、粉虱、螨类等害虫，如七星瓢虫；少数为植食性，如二十八星瓢虫。

3. 叶甲科

叶甲科体小至中型，成虫常具有金属光泽。触角呈丝状，一般短于体长的一半，不着生在额的突起上；复眼为圆形，不环绕触角；跗节"似为四节"；幼虫肥壮，具有三对胸足；为植食性。常见的有泡桐叶甲等。

4. 天牛科

天牛科体细长，圆筒形；触角长，常超过体长，至少超过体长的一半，着生于额的突起上；复眼环绕触角基部，呈肾形；跗节"似为四节"；幼虫体肥胖，无足。天牛科主要以幼虫进行危害，钻蛀树干、树根或树枝，为重要的蛀干害虫。常见的有星天牛、桑天牛等。

5. 金龟总科

金龟总科通称为金龟子。体粗壮；触角呈鳃片状，末端三至八节呈叶片状；前足为开掘式，跗节为五节；腹部可见五至六节；幼虫为寡足型，体呈"C"形弯曲，俗称蛴蛴。多数种类为植食性，取食植物的叶、花、果等部位，幼虫取食植物幼苗的根、茎。此外，还有腐食性及粪食性。常见的有红脚绿金龟、小青花金龟等。

6. 象甲科

象甲科通称为象鼻虫。体小至大型；头部前方延长呈象鼻状；触角呈膝状，末端膨大呈锤状；幼虫为无足型；成虫和幼虫均为植食性。常见的有绿鳞象甲等。

7. 小蠹科

小蠹科体长0.8～0.9mm，圆筒形，色暗；触角短而呈锤状。头后部被前胸背板覆盖；前胸背板大，常长于体长的1/3，且与鞘翅等宽；足短粗，胫节强大；幼虫为无足型；成虫和幼虫蛀食树皮和木质部，构成各种图案的坑道系统。常见的有脐腹小蠹、松纵坑切梢小蠹等。

五、鳞翅目及主要科的识别

鳞翅目包括蝶类和蛾类，二者的区别如表1-11所示。目前已知的鳞翅目约20万种，是昆虫纲中的第二大目。体小至大型，翅展3～265mm；口器为虹吸式，喙由下颚的外颚叶形成，不用时卷曲于头下；翅一般为两对，前后翅均为膜质，翅面覆盖鳞片；幼虫为多足型，俗称毛毛虫；具有三对胸足；一般有二至五对腹足，腹足端部常具趾钩；幼虫体表常具各种外被物，蛹主要为被蛹；为完全变态；大多为植食性。

表1-11 蝶类与蛾类的区别

名称	蝶类	蛾类
触角	锤状、球杆状	丝状、羽毛状等
翅形	大多数阔大	大多数狭小
腹部	瘦长	粗壮
前后翅联络	无连接器	有特殊连接器
停栖时翅位	四翅竖立于背	四翅平展呈屋脊状
成虫活动时间	白天	晚上

观察粉蝶、蛱蝶、凤蝶、木蠹蛾、枯叶蛾、透翅蛾、刺蛾、卷蛾、毒蛾、螟蛾、袋蛾、舟蛾、夜蛾、尺蛾、灯蛾、蚕蛾、天蛾、松毛虫等昆虫实物或标本，识别各科形态特征。

1. 木蠹蛾科

木蠹蛾科体中型至大型，体肥大，翅面常有黑色斑纹；喙退化；M脉主干在中室内分叉，R_4、R_5共柄，有径副室；幼虫粗壮，多为红色或黄白色。常见的有柳蠹蛾等。

2. 蓑蛾科

蓑蛾科雌雄异型，雄具翅，翅上稀被毛和鳞片；触角呈双栉状；雌蛾无翅，触角、口器和足退化；幼虫胸足发达；幼虫吐丝缀叶，造袋囊隐居其中，取食时头胸伸出袋外。常见的有大袋蛾、小袋蛾等。

3. 尺蛾科

尺蛾科又名尺蠖科。体细长；翅大而薄，前后翅颜色相似并常有波纹相连，前翅 $R_3 \sim R_5$ 常共柄，后翅 Sc+R_1 与 Rs 在中室基部接近或并接；幼虫只有两对腹足。常见的有油茶尺蛾等。

4. 枯叶蛾科

枯叶蛾科体中至大型，体粗壮多毛；触角呈双栉齿状；喙退化；无翅缰，M_2 近 M_3，前翅 R_4 长而游离，R_5 与 M_1 共柄；后翅肩角扩大，有一至两条肩脉；幼虫多长毛，中后胸具毒毛带，腹足趾钩二序中带。常见的有马尾松毛虫等。

5. 天蛾科

天蛾科为大型蛾类，体粗壮呈梭形；触角末端弯曲为钩状；喙发达；前翅狭长，外缘倾斜；后翅小；幼虫肥大，第八腹节背中央有一尾角。常见的有霜天蛾等。

6. 螟蛾科

螟蛾科体小至中型，体瘦长；触角呈丝状；前翅狭长，无 1A，后翅 Sc+R_1 与 Rs 在中室外平行或合并，M_1 与 M_2 基部远离，各出中室两角；幼虫体无次生毛，趾钩多为双序缺环。常见的有黄杨绢野螟等。

7. 刺蛾科

刺蛾科为中型蛾，体粗壮多毛；喙退化；触角呈线状，雄蛾为栉齿状；翅宽而密被厚鳞片，多呈黄、褐色或绿色；幼虫为蛞蝓型；头内缩，胸足退化，腹足为吸盘状；体常被有毒枝刺或毛簇；化蛹在光滑而坚硬的茧内。常见的有黄刺蛾等。

8. 毒蛾科

毒蛾科体中型；喙退化；触角呈栉状或羽状；休止时，多毛的前足向前伸出；有的种类雌蛾无翅；前翅 M_2 近 M_3，后翅 Sc+R_1 与 Rs 在中室中部并接或接近；幼虫生有毛瘤或毛刷，第六、七腹节背面中央各有一个翻缩腺。常见的有古毒蛾、乌桕黄毒蛾等。

9. 夜蛾科

夜蛾科体中至大型，体翅多暗色，常具斑纹；喙发达；前翅 M_2 近 M_3，后翅 Sc+R_1 与 Rs 在中室基部并接；幼虫体粗壮；光滑少毛，颜色较深；腹足为三至五对，第一、二对腹足常退化或消失；趾钩为单序中带。常见的有小地老虎、斜纹夜蛾等。

10. 灯蛾科

灯蛾科一般为小至中型，少数为大型；体色较鲜艳，通常具红色或黄色斑纹，有些种类为白底黑纹，形如虎斑；成虫休息时将翅折叠为屋脊状，多在夜间活动，趋光性较强，如遇干扰，能分泌黄色腐蚀性刺鼻的臭油汁，有些种类甚至能发出爆裂声以驱避敌害；灯蛾幼虫具长而密的毛簇，体色常为黑色或褐色；腹足为五对；卵呈圆球形，表面有网状花纹；蛹有丝质茧，茧上混有幼虫体毛。常见的有美国白蛾、花布灯蛾等。

11. 凤蝶科

凤蝶科体中至大型，颜色鲜艳；后翅外缘呈波状或在M_3处外伸成尾突，前翅R分五支；幼虫的后胸显著隆起，前胸背中央有一臭丫腺，受惊时翻出体外。常见的有柑橘凤蝶、玉带凤蝶等。

六、膜翅目及主要科的识别

膜翅目通称为蜂、蚁。体微小至大型；触角多于十节，有丝状、膝状等；口器为咀嚼式或嚼吸式；翅两对，膜质，翅脉少；跗节为五节，有的足特化为携粉足；腹部第一节常与后胸连接，胸腹间常形成细腰；雌虫产卵器发达，高等种类形成针状构造；为完全变态；幼虫为多足型、寡足型和无足型等；蛹为离蛹；为捕食性、寄生性或植食性。

1. 三节叶蜂科

三节叶蜂科体小而粗壮；触角为三节，第三节最长；前足胫节具两端距；幼虫自由取食，具六至八对腹足。常见的有蔷薇叶蜂等。

2. 叶蜂科

叶蜂科触角呈丝状或棒状，为七至十五节，多数为九节；翅上具一至两个径室；前足胫节有两个端距；小盾片后方具有一个后小盾片；幼虫具六至八对腹足。常见的有樟叶蜂等。

3. 姬蜂科

姬蜂科触角呈长丝状；足细长，转节两节；前翅具翅痣，前翅有两个回脉，三个盘室；产卵器长，常外露。常见的有松毛虫黑点瘤姬蜂等。

4. 茧蜂科

茧蜂科体小至中型，体长一般不超过12mm；触角呈丝状；前翅只有一条回脉（第一回脉），有两个盘室；前胸腹节大，具刻点或分区；腹部呈圆筒形或卵形，基部有柄或无柄。产卵器自腹部末端之前伸出，长短不等，甚至有超过体长数倍的；卵产于寄主体内，幼虫内寄生，有多胚生殖现象；在寄主体内、体外或附近，结黄色或白色小茧化蛹。常见的有寄生于蚜虫的桃瘤蚜茧蜂，寄生于松毛虫、舞毒蛾等的松毛虫绒茧蜂等。

七、双翅目及主要科的识别

双翅目通称为蚊、虻、蝇。体微小至大型；触角呈线状、具芒状、环毛状等；口器为刺吸式、刮吸式或舐吸式等；仅生一对前翅，膜质，后翅退化成平衡棒；幼虫为无足型，一般头小且内缩；围蛹（蝇）或被蛹（蚊）；为完全变态；食性复杂，有植食性、腐食性、捕食性和寄生性等。

观察食蚜蝇、寄蝇等昆虫实物或标本，识别各科形态特征。

1. 食蚜蝇科

食蚜蝇科触角呈具芒状；体形似蜜蜂，具蓝、绿等金属光泽或各种斑纹；翅上R与M脉之间有一纵褶，称为"伪脉"；成虫活泼；幼虫可捕食蚜虫，常见于蚜虫密集处。常见的有黑带食蚜蝇。

2. 寄蝇科

寄蝇科大多为中型，多长刚毛及鬃，暗灰色，带褐色斑纹；触角芒光裸或具微毛；前翅M_{1+2}脉向前弯曲；后胸盾片发达，露出在小盾片外呈一圆形突起，从侧面看尤为明显；腹末多刚毛；幼虫呈蛆形，前端尖，末端平截，前气门小，后气门显著；成虫产卵在寄主体表、体内或寄主食物上；幼虫多寄生于鳞翅目幼虫及蛹，也寄生于鞘翅目、直翅目和其他昆虫上。常见的有松毛虫狭颊寄蝇等。

● **任务实施计划制订**

对任务进行实施，并填写任务实施计划表，如表1-12所示。

表1-12 任务实施计划表

班　级		指导教师	
任务名称		日　期	
组　号		组　长	
组　员			
根据所观察的各科特征编制昆虫检索表			

任务八　认识林业有害植物

工作任务	认识林业有害植物
实施时间	任何有害植物生长地点
实施地点	人工林、天然次生林
教学形式	演示、讨论
学生基础	具有识别有害植物的能力
学习目标	熟知有害植物；掌握植物的利与弊；具有植物的调查与防治能力
知识点	对有害植物的认识；了解有害植物的特点及危害

知 识 准 备

一、林业有害植物概述

（一）林业有害植物概述

林业有害植物是指在一个特定地域的林业生态系统中，外来物种通过不同的途径传入，并在自然状态下能够生长、繁殖和爆发，同时对林业生态系统健康和森林生态系统的恢复造成危害的植物。这些植物在天然林、人工林或苗圃地中因环境条件的自然变化或人类干扰而大量繁殖，与林木或幼苗争光、争肥、争水，致使林木或幼苗生长不良，甚至死亡，对森林生态系统的多样性构成严重威胁，给林业生产造成损失。

我国林业有害植物不仅种类繁多，危害类型也较为多样，大体可划分为寄生和非寄生两类。

寄生性有害植物是依靠其他植物生存的植物，这些植物有的根系或叶片退化，有的缺乏叶绿素，难以进行自养生活，只能从寄主体内获得必要的物质，如水分、无机盐和有机物质。根据寄生性有害植物对寄主的依赖程度和获得营养成分的方式，可将其分为全寄生和半寄生有害植物。从寄主植物上获取所有需要的物质的寄生性有害植物，称为全寄生有害植物。这类寄生性有害植物的叶片退化、叶绿素消失，根系蜕变为吸根，如菟丝子。只从寄主植物体内获取水分和无机盐，自身可进行光合作用，能够合成碳水化合物的寄生性有害植物，称为半寄生有害植物。这类寄生性有害植物的茎和叶片含有叶绿素，如桑寄生。寄生性有害植物一般在热带分布较多，如独脚金；也有的种类分布于温带，如菟丝子；还有的种类分布在冷凉干燥的高纬度或高海拔地区，如列当属。值得注意的是，上述三种寄生性有害植物已被列入农业检疫性有害生物名单。

非寄生性有害植物是指侵占林地资源或以占领高等植物生态位的方式对林木生长构成损害或威胁的有害植物。这类植物往往没有经济和生态价值或价值很低，多为入侵植物，繁殖能力强、生长迅速，建立起单优生物群落，与林木争夺养分、水分和阳光，严重影响林木生长，对当地生物多样性和生态系统造成严重干扰，防治难度比较大，是目前林业有害植物的重点防治对象，如紫茎泽兰、薇甘菊、加拿大一枝黄花等。

（二）林业有害植物的特点

林业有害植物自身可形成大量繁殖体，且繁殖体的传播能力较强。通过有性或无性繁殖，有害植物能产生大量的后代或种子，或繁殖时代较短。如紫茎泽兰每株可产种子3万～5万粒，多的可达10万粒。

林业有害植物的种子往往具有特殊结构，能够提高其传播能力。如种子小而有翼或刺，可以随风和流水传播，也可通过鸟类或其他动物远距离传送等。此外，有害植物的种子可在极其贫瘠的土壤上生存，适生范围非常广，可在多种生态系统中生存，一旦遇到适宜的环境便可呈指数增长，从而造成爆发性大面积危害。

二、林业有害植物危害

林业有害植物对当地森林生态系统的结构与功能有着巨大影响，主要表现在两个方面。一方面，林业有害植物影响了当地森林的初级生产力，改变了土壤营养水平、水分平衡、林相结构和小气候等，进而影响到整个生态系统的健康。另一方面，一些林业有害植物往往是入侵植物，由于缺乏天敌、繁殖速度快等，可在短时间内形成单优势种群，对本地植物物种造成挤压，甚至导致本地某些物种的灭绝，使生态系统的物种组成和结构发生改变，从而对生物多样性造成影响，扰乱当地生态平衡。

三、林业代表性有害植物

（一）薇甘菊

1. 发生与危害

薇甘菊又名小花假泽兰，为菊科假泽兰属多年生藤本植物。薇甘菊原产于美洲地区，1949年，印度尼西亚的茂物植物园从巴拉圭引入薇甘菊；1956年，其作为垃圾填埋场的土壤覆盖植物遍布印度尼西亚，随后扩散到整个东南亚、太平洋地区及印度、斯里兰卡、孟加拉国等，现已广泛传播到亚洲各个地区。20世纪80年代末，薇甘菊传入我国海南岛、香港地区及珠江中的内伶仃岛，在珠江三角洲三年间便广泛扩散，形成以香港、深圳、东莞为中心，东部向潮汕方向，西部向四川、云南方向进一步蔓延的趋势，目前分布于广东、海南、四川、云南、香港、澳门。

薇甘菊是世界十大有害植物之一，也是我国危害最严重的外来入侵植物之一。其种子量大，繁殖力强，其茎节处可随时生根，长成新的植株，每节叶腋都可长出一对新枝，侧枝和主枝一样，生命力强，生长极其迅速，因此能够快速传播并形成入侵。薇甘菊生长后，通过竞争或他感（化感）作用抑制自然植被和作物的生长，对森林和农田土地造成巨大影响，其危害对象包括天然次生林、风景林、水源保护林、经济林等多种林分类型，尤其对一些郁闭度小的林分危害最为严重。薇甘菊种子细小而轻，且基部有冠毛，因而易借风力、水流、动物、昆虫以及人类的活动而远距离传播，也可以随带有种子、藤茎的载体、交通工具等进行人为传播。目前，薇甘菊已被列为世界上最有害的100种外来入侵物种之一。然而，目前尚无有效的薇甘菊防治方法，国内外正在积极开展化学和生物防治的研究。由于薇甘菊危害性极大，且扩散蔓延速度极快，在2004年、2012年均被列入我国林业检疫性有害生物名单。

2. 形态特征

薇甘菊属于攀缘藤本植物，茎呈圆柱状，平滑至多柔毛，管状，具棱。叶薄且为淡绿色，卵呈心形或戟形，叶子基部至顶部渐尖，茎生叶大多呈箭形或戟形，具深凹刻，近缘有粗的波状齿或牙状齿，长5~13cm，宽3~10cm，自基部起具三至七条脉，几乎无毛，或叶脉处具短柔毛，稀具长柔毛；叶柄细长、常被毛，基部具环状物，有时其形成狭长的近膜质的托叶。圆锥花序顶生或侧生，复花序聚伞状分枝；头状花序小，大多长4~55cm，包片披针状，锐尖。花冠为白色，呈细长管状，长15~17mm，喉部呈钟状，隆起约1mm，具长小齿，弯曲；瘦果长17mm，表面分散有粒状突起物，冠毛鲜时为白色。

3. 生活习性

薇甘菊喜光，好湿，常生长于林地边缘、荒弃农田、路边、疏于管理的果园、水库、湿地边缘等，特别是在土壤潮湿、疏松、有机质丰富、阳光充足的生境（如山谷、河溪两侧的湿地）生长迅速，危害严重。薇甘菊四季常绿，3~4月萌发；7~9月为生长盛期；10月进入现蕾期，此时茎生长速度减缓；11月上旬进入开花期，茎停止生长；12月至次年1月为盛花期，12月中旬结籽；1~2月为结籽盛期；2月为种子成熟期；2~3月开花枝枯。薇甘菊可种子繁殖，还可通过茎进行无性繁殖。

（二）紫茎泽兰

1. 发生与危害

紫茎泽兰为菊科紫茎泽兰属、多年生丛生型半灌木草本植物，其繁殖能力强，生态适应性广泛，生长速度极快。紫茎泽兰原产于美洲的墨西哥至哥斯达黎加一带，1856

年，紫茎泽兰作为观赏植物引进到美国、英国、澳大利亚等地栽培。20世纪40年代，由缅甸传入我国云南，并以每年约20km的速度由西南向东北方向传播蔓延，目前已在云南、贵州、四川、广西、西藏等地广泛分布，且不断向我国北部和东部蔓延。

在紫茎泽兰的群体建设中，往往会消耗土壤中的大量氮、磷、钾，造成土壤肥力下降，从而导致生态系统组成和结构的完全改变，影响土地的利用。紫茎泽兰入侵农田、林地、牧场后，与农作物、牧草和林木争夺肥、水、阳光和空间，并分泌克生性物质抑制周围其他植物的生长，常形成单种优群落，对农作物和经济植物产量、草地维护、森林更新等方面具有极大影响。紫茎泽兰全株有毒性，具有带纤毛的种子和花粉，可引起马属动物的哮喘病和人类过敏性疾病，还常造成牲畜误食中毒死亡，危害畜牧业；花粉及冠毛也能引起人畜过敏性疾病。此外，紫茎泽兰还会堵塞水渠，阻碍交通。目前可采用生物防治方法，泽兰实蝇对植株高生长有明显的抑制作用，野外寄生率可达50%以上；也可采用化学防治，2, 4-D、草甘膦、敌草快、麦草畏等除草剂对紫茎泽兰地上部分有一定的控制作用，但对于根部效果较差。

2. 形态特征

紫茎泽兰为多年生草本或半灌木状。根茎粗壮，横走；茎直立，高30～200cm，分枝对生、斜上，被白色或锈色短柔毛。叶对生，叶片质薄，呈卵形、三角形或菱状卵形，两面被稀疏的短柔毛，基部平截或稍呈心形，顶端急尖，基出三脉，边缘有稀疏粗大而不规则的锯齿，在花序下方则为波状浅锯齿或近全缘；叶柄长4～5cm。头状花序小，在枝端排列为伞房或复伞房花序，花序直径为2～4cm。总苞呈宽钟形，约含40～50朵小花；管状花两性，白色，长约35mm，花药基部钝。果实为黑褐色，冠毛为白色且纤细，沿棱有稀疏白色紧贴的短柔毛。

3. 生活习性

紫茎泽兰的花期为11月至次年4月。11月下旬开始孕蕾；12月下旬现蕾；次年2月中旬开始开花；5月开始新枝萌发；5～9月为生长旺期，其中，7、8月生长最快，植株平均月增高量达10cm以上。其适应能力极强，在干旱、瘠薄的荒坡隙地，甚至石缝和楼顶上都能生长，尤喜定植裸地或间歇裸地，且在坡度≥20°的坡地上生长最盛。紫茎泽兰主要以种子繁殖，每株可年产瘦果1万粒左右，大量种子沿着河谷及公路沿线传播，风、流水、车辆、人畜等是其传播媒介。其根茎能生长不定根进行无性繁殖。根部能够分泌化感作用物质，抑制其个体周围其他植物的生长发育，从而形成单种群。

（三）加拿大一枝黄花

1. 发生与危害

加拿大一枝黄花为菊科一枝黄花属多年生草本植物，原产于北美洲。国外分布于美国、加拿大、英国、德国、荷兰、瑞士、丹麦、瑞典、波兰、匈牙利、捷克、克罗地亚、俄罗斯、以色列、印度和澳大利亚。1935年，加拿大一枝黄花作为庭院观赏植物从北美洲引进上海栽植，此后在各地作为花卉引种。20世纪80年代，扩散蔓延成为杂草。目前，在浙江、上海、安徽、湖北、湖南、江苏、江西等地已对生态系统形成危害。

加拿大一枝黄花以种子和根状茎繁殖，其繁殖力极强，传播速度快，生长迅速，生态适应性广，从山坡林地到沼泽地带均可生长。常入侵城镇庭院、郊野、荒地、河岸高速公路和铁路沿线等处，还入侵低山疏林湿地生态系统，严重消耗土壤肥力，其生长区里的其他作物、杂草则一律消亡，严重破坏本土植物的多样性和生态平衡。此外，该植物花期长、花粉量大，可导致花粉过敏症。目前，主要的防治方法是手工拔除并彻底根除其根状茎，并采用草甘膦等除草剂进行喷施防除。

2. 形态特征

加拿大一枝黄花具根状茎。茎直立，全部或仅上部被短柔毛。叶互生，离基三出脉，呈披针形或线状披针形，表面粗糙，边缘锐齿。头状花序小，在花序分枝上排列为蝎尾状，再组合成开展的大型圆锥花序。总苞具有三至四层线状披针形的总苞片。缘花呈舌状，为黄色，雌性；盘花呈管状，为黄色，两性。瘦果具有白色冠毛。

3. 生活习性

加拿大一枝黄花每年3～4月种子开始萌发；4～9月营养生长；7月初，植株通常高达1m以上；最早在9月中下旬开始开花并产生新的根状茎；其花果期为7～11月，11月底至12月中旬果实成熟。花期结束后，一部分新根状茎会继续生长，直到11月上旬，或停止生长，或弯曲形成一个小型叶状丛生。成熟的根状茎和叶状丛生可越冬。次年春天继续生长并且萌芽长成无性系小株。加拿大一枝黄花喜好生长在偏酸性、低盐碱的沙壤土和壤土中，尤其在水分和阳光充足且肥沃的生境中生长最佳。其生态适应性强，从山坡林地到沼泽地均可生长，常见于农田、城镇庭院、郊野、荒地、河岸、高速公路和铁路沿线等处。

（四）豚草

1. 发生与危害

豚草为菊科豚草属一年生草本，原产于北美洲，在世界各地区归化。1935年发现于杭州，目前我国主要分布于东北、华北、华中和华东等地。

豚草是一种恶性杂草，侵入裸地后一年即可成为优势种，具有极强的生命力，并能释放出多种化感物质，对禾木科、菊科等植物有抑制、排斥作用，侵入农田后导致作物减产。此外，豚草花粉也是人类花粉病的主要病原之一。目前，使用豚草卷蛾、豚草条纹叶甲进行生物防治具有良好的效果，苯达松、虎威、克芜踪、草甘膦等也可有效控制豚草生长，用紫穗槐、沙棘等进行替代控制也有良好的效果。

2. 形态特征

豚草高20～150cm；茎直立，上部有圆锥状分枝，有棱，被疏生密糙毛。下部叶对生，具短叶柄，二次羽状分裂，裂片狭小，呈长圆形至倒披针形，全缘。上面为深绿色，被细短伏毛或近无毛，背面为灰绿色，被密短糙毛。雄头状花序呈半球形或卵形，直径为4～5mm，具短梗，下垂，在枝端密集成总状花序。总苞呈宽半球形或碟形；花冠为淡黄色，长2mm，有短管部，上部呈钟状，有宽裂片。瘦果呈倒卵形，无毛，藏于坚硬的总苞中。

3. 生活习性

豚草再生力极强，茎、节、枝、根都可长出不定根，扦插压条后能形成新的植株，经铲除、切割后剩下的地上残条部分，仍可迅速地重发新枝。其生育期参差不齐，交错重叠。出苗期从3月中、下旬开始，一直可延续到11月下旬。豚草生于荒地、路边、沟旁或农田中，适应性广，种子产量高，每株可产种子300～62000粒。瘦果先端具喙和尖刺，种子具二次休眠特性，抗逆力极强，主要靠水、鸟和人为携带传播。豚草形态如图1-37所示。

图1-37　豚草形态

四、林业有害植物防治途径

近年来，我国林业有害植物的危害逐年加剧，呈现出不断扩散蔓延的趋势，尤其是外来入侵林业有害植物的日趋猖獗，对我国森林生态系统、湿地生态系统和荒漠生态系统以及生物多样性构成了不同程度的危害，制约着我国生态文明建设和林业经济的可持续发展。因此，明确林业有害植物的种类、分布、危害现状以及对社会的影响，并采取合适的方法和策略进行预防和防治，对于林业可持续发展具有十分重要的意义。目前，对于有害植物的防治措施主要包括机械方法、理化防治、生物防治和替代栽植四种途径。

机械方法是指人工利用机械力量或人工力量将一些林业有害杂草拔除，这种方法要求工作人员对植物有一定的识别基础，以免将正常生长的植物误认为有害植物拔除。从整体上看，这种方法效率较低，较费时。理化防治是指使用物理化学方法对有害植物进行处理，如喷洒敌草快、麦草畏等除草剂去除紫茎泽兰。理化防治方法有时只能去除有害植物地上部分，且有一定程度的土壤环境污染风险。生物防治是指使用有害植物天敌或竞争种对其进行防治的方法，例如，可用豚草条纹叶甲对豚草进行生物防治。生物防治对环境污染较小，且一旦形成稳定生态关系，可长久控制有害植物，但需要注意避免引进的某些控制生物本身再次成为入侵物种，对生态造成影响。替代栽植是指使用优良的乡土树种取代原本有害植物进行栽种。这种方法可以提高当地生态系统的稳定性和乡土物种的竞争力，避免有害植物肆意生长，例如，可利用紫穗槐替代控制豚草。综上所述，对于不同的有害植物，应根据实际情况，采取机械方法、理化防治、生物防治和替代栽植相结合的防治手段。目前，林业有害植物控制技术仍在不断发展。

● 任务实施计划制订

对任务进行实施，并填写任务实施计划表，如表1-13所示。

表1-13　任务实施计划表

班　级		指导教师	
任务名称		日　期	
组　号		组　长	
组　员			
有害植物发生地点			
林业有害植物调查			

● 练习题

01 项目一 认识
林业有害生物
练习题

项目二 林业有害生物防治措施

任务一 林业有害生物防治原理与方法

工作任务	林业有害生物防治原理与方法
实施时间	植物病害发生期
实施地点	有害虫发生的苗圃地
教学形式	演示、讨论
学生基础	具有识别森林昆虫的基本技能；具有一定的自学和资料收集与整理能力
学习目标	熟知地下害虫的发生特点及规律；具有叶部害虫的鉴别、调查与防治能力
知识点	金龟子类、蝼蛄类、地老虎类地下害虫分布及危害、形态识别、生活习性、防治措施

知 识 准 备

在森林生态系统中，树木与其周围环境中的其他植物、脊椎动物、昆虫、微生物等生物成分和水、光、气、热、土等非生物成分通过食物链紧密结合，形成相互联系、相互依赖和相互制约的平衡关系。当有害生物和寄主之间、有害生物和天敌之间的自我调控能力超过维持平衡的最大限度时，有害生物种群数量升高，就会对森林植物造成危害。因此，林业工作者在遵循"预防为主、科学防控、依法治理、促进健康"原则的基础上，综合应用林业、生物、物理、化学等治理措施，将有害生物控制在经济危害允许水平以下，从而促进森林健康可持续发展。

林业有害生物防治的基本方法包括森林植物检疫、林业技术防治、生物防治、物理机械防治和化学防治等。

现代有害生物防治的基本策略主要是综合治理（综合防治）。联合国粮农组织有害生物综合治理专家组对综合治理定义如下：害虫综合治理是一种方案，它能控制害虫的发生，避免相互矛盾，尽量发挥有机的调和作用，保持经济允许水平之下的防治体系。它从森林生态系统的总体出发，根据有害生物和环境之间的相互关系，充分发挥自然控制因素的作用，因地制宜、协调应用必要的措施，将有害生物的危害控制在经济损失水平之下，以获得最佳的经济效益、生态效益和社会效益，达到"经济、安全、简便、有效"的准则。根据综合治理定义所包含的生态学观点、辩证观点、经济学观点和环境保护学观点，结合林业有害生物的特点，林业有害生物综合治理的概念可归纳为"在预防为主的思想指导下，从森林生态系统出发，充分利用森林具有的稳定性、复杂性和自控能力以及森林生物群落相对稳定的客观规律，创造不利于害虫发生而有利于林木及有益生物繁殖的环境条件，掌握害虫的发生动态，合理地、因地制宜地协调运用营林、生物、物理和化学等防治措施，长期将害虫数量控制在经济允许水平之下，使森林的经营管理取得最大的经济效益、社会效益和生态效益"。其主要特点是不要求彻底消灭有害生物；强调防治的经济效益、环境效益和社会效益；强调多种防治方法的相互配合；高度重视自然控制因素的作用。

综合治理的控制指标是获得最佳的经济效益、环境效益和社会效益。综合治理首先引进经济危害允许水平和经济阈值来确保治理的经济效益。

经济危害允许水平又称为经济损害水平，是森林能够容忍有害生物危害的界限所对应的有害生物种群密度，在此种群密度下，防治收益等于防治成本。经济危害允许水平是一个动态指标，它随着受害植物的品种、补偿能力、产量、价格、所使用防治方法的防治成本的变化而变动。通常可以先根据防治费用和可能的防治收益确定允许经济损失率，而后根据不同有害生物在不同密度情况下可能造成的损失率确定经济危害允许水平。

经济阈值又称为控制指标，是有害生物种群增加到造成林业经济损失而必须防治时的种群密度临界值。确定经济阈值除应考虑经济危害允许水平所要考虑的因素以外，还需要考虑防治措施的速效性和有害生物种群的动态趋势。经济阈值由经济危害允许水平衍生而来，两者的关系取决于具体的防治情况。若采用的防治措施可以立即制止有害生物的危害，经济阈值与经济危害允许水平相同；若采用的防治措施不能立即制止有害生物的危害，或防治准备需要一定的时间，而种群密度处于持续上升时，经济阈值要小于经济危害允许水平。当考虑到天敌等环境因子的控制作用，种群处于下降时，经济阈值常大于经济危害允许水平。此外，有些危害取决于关键期的有害生物，如松材线虫和松突圆蚧等，一旦侵染必然会对松树的产量或品质造成严重影响。对于这类有害生物，需要根据其侵染期，制定在特定时段和种群密度下需要进行防治的时间经济阈值，也就是防治适期及其控制指标。显然，经济危害允许水平可以指导确定经济阈值，而经济阈值需要根据经济危害允许水平和具体防治情况而定。

利用经济危害允许水平和经济阈值指导有害生物控制是综合治理的基本原则，它不要求彻底消灭有害生物，而是将其控制在经济危害允许水平以下。因此，它不仅可以保证防治的经济效益，还可以取得良好的生态效益和社会效益。首先，据此进行有害生物防治，不会造成防治上的浪费，也不会使有害生物危害造成大量的损失。其次，保留一定种群密度的有害生物，有利于保护天敌，维护森林生态系统的自然控制能力。另外，在此基本原则指导下的防治有利于充分发挥非化学防治措施的作用，减少用药量和用药次数，减少残留污染，延缓有害生物抗药性的发生和发展。

一、森林植物检疫

（一）森林植物检疫的概念

森林植物检疫又称为法规防治，是指一个国家或地区用法律或法规形式，禁止某些危险性的病虫、杂草人为地传入、传出，或对已发生及传入的危险性病虫、杂草采取有效措施消灭或控制蔓延的一种措施。森林植物检疫与其他防治技术具有明显的不同。首先，森林植物检疫具有法律的强制性，任何集体和个人不得违规。其次，森林植物检疫具有宏观战略性，不计局部地区当时的利益得失，而主要考虑全局长远利益。另外，森林植物检疫防治策略是对有害生物进行全面的种群控制，即采取一切必要措施，防止危险性有害生物进入或将其控制在一定范围内或将其彻底消灭。因此，森林植物检疫是一项根本性的预防措施，是林业有害生物控制的一项主要手段。

（二）森林植物检疫的任务与管理机构

森林植物检疫在控制外来有害生物入侵，维护本国、本地区林业生产和森林生态系统的安全等方面具有重要的意义。其主要任务如下：

①对外检疫，即禁止危险性病虫、杂草随着林木及其产品由国外传入或由国内输出。一般在口岸、港口、国际机场等场所设立检疫机构，对进出口货物、旅客携带的植物及邮件等进行检查。按照国际惯例，凡是输送到我国的植物或植物产品，由输出国的植物检疫机关按照我方的植物检疫要求出具植物检疫证书。对于引进的或旅客随身携带的植物或植物产品，在抵达我国口岸时，必须经过我国口岸植检机关的检疫查验。经检疫合格的放行，不合格的依法处理。对于从国外引进的可能潜伏有危险性病虫的种子、苗木和其他繁殖材料，都必须隔离试种。

②对内检疫，即将在国内局部地区发生的危险性病虫、杂草封锁，使其不能传到无病区，并在疫区将其消灭。

③当危险性病虫、杂草侵入到新区时，应立即采取措施控制其蔓延或彻底将其消灭。

④保障林木及其产品的正常流通。

国务院农业主管部门、林业主管部门主管全国的植物检疫工作，各省、自治区、直辖市农业主管部门、林业主管部门主管本地区的植物检疫工作。县级以上地方各级农业主管部门、林业主管部门所属的植物检疫机构，负责执行国家的植物检疫任务。国务院农业行政主管部门主管全国进出境动植物检疫工作。国家动植物检疫机关和口岸动植物检疫机关对进出境动植物、动植物产品的生产、加工、存放过程，实行检疫监督制度。

（三）森林植物检疫法规依据

植物检疫法规是以植物检疫为主题的法律、法规、规章和其他规范性文件的总称。植物检疫法规，根据其制定的权力机构和法规所起法律作用的地位或行政范围，可分为国际性的，如《国际植物保护公约》；全国性的，如《植物检疫条例》；地方性的，如省级的《森林植物检疫实施办法》。我国现行的植物检疫法规分为外检法规和内检法规。

1. 外检法规

我国现行的外检法规如下：1991年，第七届全国代表大会常务委员会第二十二次会议通过，1992年实施，2009年修正的《中华人民共和国进出境动植物检疫法》；2007年，由中华人民共和国农业农村部颁布实施的《中华人民共和国进境植物检疫性有害生物名录》。

2. 内检法规（林业部分）

我国现行的内检法规如下：1983年，由国务院发布，之后根据2017年《国务院关于修改部分行政法规的决定》进行了第二次修订的《植物检疫条例》；1994年，由林业部（1998年改为国家林业局，现为国家林业和草原局）发布实施，2011年修改的《植物检疫条例实施细则（林业部分）》等。此外，还有各省、自治区、直辖市制定的《森林植物检疫实施办法》《补充检疫性林业有害生物名单》及国家有关部门制定、公布实施的检疫技术规程、收费办法和其他规定、通知，以及各级地方政府发布的有关植物检疫的通知、通告、规定等。

3. 林业检疫性有害生物与检疫范围

2013年1月9日，国家林业和草原局发布了14种全国林业检疫性有害生物名单，具体名单如下：松材线虫、美国白蛾、苹果蠹蛾、红脂大小蠹、双钩异翅长蠹、杨干象、锈色棕榈象、青杨脊虎天牛、扶桑绵粉蚧、红火蚁、枣实蝇、落叶松枯梢病菌、松疱锈病菌、薇甘菊。

检疫范围即应施检疫的植物和植物产品，也包括根据疫情应施检疫和除害处理的包装材料、运输工具、土壤等。目前，我国应施检疫的森林植物及其产品包括：

①林木种子、苗木和其他繁殖材料。

②乔木、灌木、竹子、花卉和其他森林植物。

③木材、竹材、药材、果品、盆景和其他林产品。

4. 森林植物检疫内容与程序

（1）疫区与保护区的划定

疫区和保护区的划定，由省、自治区、直辖市农业主管部门、林业主管部门提出，报省、自治区、直辖市人民政府批准，并报国务院农业主管部门、林业主管部门备案。根据《植物检疫条例》，局部地区发生植物检疫对象的，应划为疫区，采取封锁、消灭措施，防止植物检疫对象传出；发生地区已比较普遍的，则应将未发生地区划为保护区，防止植物检疫对象传入。

（2）无检疫性有害生物种苗繁育基地的建立

建立无检疫性有害生物的种苗繁育基地是生产健康种苗、防止检疫性有害生物和危险性病虫侵害、确保林业生产安全的基础。根据《植物检疫条例实施细则（林业部分）》，林木种子、苗木和其他繁殖材料的繁育单位，必须有计划地建立无森检对象的种苗繁育基地、母树林基地。禁止使用带有危险性森林病虫的林木种子、苗木和其他繁殖材料育苗或者造林。

建立无检疫性有害生物的种苗繁育基地应注意以下问题：生产单位和个人新建种苗繁育基地，应在当地林业植物检疫机构指导下，选择符合检疫要求的地方设立；种苗繁育基地所用的繁殖材料，不得带有检疫性和危险性有害生物；种苗繁育基地周围定植的植物应与所繁育的材料不传染或不交叉感染检疫性和危险性有害生物；已建的种苗繁育基地发生检疫性和其他危险性有害生物时，要采取措施限期扑灭；种苗繁育基地应配备兼职检疫人员，负责本区域的疫情调查、除害处理，并协助当地林业植物检疫机构开展检疫工作。

（3）产地检疫

产地检疫是指在植物生长和检疫性有害生物发生期间，由林业植物检疫人员到森林植物及其产品的产地所进行的检疫。具体程序如下：生产、经营应施检疫的森林植物及产品的单位或个人，在生产期间或者调运之前向当地林业植物检疫机构申请产地检疫，然后由林业植物检疫机构指派检疫员到现场进行检疫。检疫人员应根据不同检疫对象的生物学特性，在病害发病盛期或末期、害虫危害高峰期或某一虫态发生高峰期进行产地检疫调查，每年不得少于两次。对于种子园、母树林和采种基地，也可在收获期、种实入库前进行检疫调查。对于检验合格的和除害处理后复检合格的，发放产地检疫合格证；对于复检后仍不合格的，不签发产地检疫合格证，而发放检疫处理通知单。产地检疫合格证有效期为6个月。在有效期内调运时，不再检疫，凭产地检疫合格证直接换取植物检疫证书。

（4）调运检疫

调运检疫是指森林植物及其产品在调出原产地之前、运输途中、到达新的种植或使用地点之后，根据国家或地方政府颁布的林业植物检疫相关法规，由专门的林业植物检疫机构对应施检疫的森林植物及其产品所采取的检疫和严格的检疫处理措施。调运检疫是国内林业植物检疫工作的核心，也是防止危险性病虫随森林植物及其产品在国内人为传播的关键。根据调运森林植物及其产品的方向，调运检疫分为调出检疫和调入检疫。调出检疫的程序包括报检、现场检查或室内检验、检疫处理和签发证书四个环节。

调运森林植物及其产品的单位或个人，在货物调出前到当地林业植物检疫机构或指定的检疫机构报检，填写报检单。调入单位有检疫要求的，还应提交调入地林业植物检疫机构签发的《林业植物检疫要求书》。对受检的森林植物及其产品，除依法可直接签发检疫证书之外，都须经过现场检查或室内检验。发现检疫性有害生物或其他应检有害生物的，调出单位或个人应按检疫处理通知单的要求进行检疫处理，经复查合格后放行。林业植物检疫机构应从受理调运检疫申请之日起，于15天内实施检疫并核发检疫单证。情况特殊的，经省级林业主管部门批准，可延长15天。凡是属于应检物品范围内的森林植物及其产品，必须在取得植物检疫证书之后方可调出。从外地调入的森林植物及其产品，由调入地林业植物检疫机构验证或复检。

（5）国外引种检疫

国外引种检疫是防止外来有害生物入侵的重要措施。它包括引种申请、风险评估、检疫审批、口岸检疫把关、隔离试种监管等环节。

二、林业技术防治

林业技术防治是指通过一系列林业栽培技术的合理运用，调节有害生物、寄主植物和环境条件之间的关系，创造有利于植物生长发育而不利于有害生物生存繁殖的条件，降低林业有害生物种群数量或侵袭寄主的可能性，培育健康植物，增强植物抗害、耐害和自身补偿能力，或避免有害生物危害的一种保护性措施。林业技术防治是最经济、最基本的防治方法，可在大范围内减轻病虫害的发生程度，甚至可以持续控制某些有害生物的大发生。由于林业技术防治多为预防性措施，在病虫害已经大发生时，必须配合其他防治措施加以控制。

（一）选育抗性树种

在寄主、有害生物和环境条件三者关系中，寄主是一个不可缺少的成分，而且寄主的抗性不仅取决于外部环境对本身生长状况的影响，更取决于寄主本身遗传的抗病虫内因。选育抗病虫品种是避免或减轻有害生物危害的重要措施，对于还没有其他防治措施的有害生物尤为重要。

在自然界中，同一属内的不同树种之间，甚至同一树种的不同品系、不同个体之间，存在着抗逆性差异。其表现形式分为不选择性、抗生性和耐害性。

1. 不选择性

不选择性是指由于树木在形态、生理、生化及发育期不同步等，使有害生物不予危害或很少危害。

2. 抗生性

抗生性是指有害生物危害某树种之后，由于树木本身分泌毒素或产生其他生理反应等，使有害生物的生长发育受到抑制或不能存活。

3. 耐害性

耐害性是指树木本身的再生补偿能力强，对有害生物危害有很强的适应性。例如，大多数阔叶树种能忍耐食叶害虫取食其叶量的40%左右。

（二）育苗措施

在选择新的育苗基地时，应选择土质疏松、排水透气性好、腐殖质多的地段，应尽量满足建立无检疫性有害生物种苗繁育基地的要求。除考虑环境条件、自然条件、社会条件外，还必须考虑林业有害生物的发生情况。在规划设计之前，要进行土壤有害生物及周围环境有害生物的调查，了解其种类、数量，如发现有危险性有害生物或某些有害生物数量过大时，必须采取适当的措施进行处理，处理后符合要求才能使用。

圃地选好后，应深翻土壤，这样不但可以改良土壤结构，提高土壤肥力，还可以消灭相当数量的土壤中的有害生物；同时，深耕会使病株残体和害虫深埋土中，使之丧失发芽力或窒息死亡。施用有机肥料应充分腐熟；应合理轮作，避免连作，特别是根部病虫害发生严重的圃地；轮作会使某些害虫和有寄生专化性的病原物失去寄主而"饿死"，尤其对以病原物的休眠体在土壤中存活的病害、土壤寄居菌所致的病害以及地下害虫效果明显。选择育苗种类时应慎重，一方面，要根据土壤条件、环境条件选择合适的品种，进行合理布局；另一方面，要选择无病虫、品种纯、发芽率高及生长一致的优良繁殖材料，其发苗快，能尽快形成抵抗不良环境和有害生物侵袭的能力。出苗后，应及时进行中耕除草、间苗，保证苗木密度适当；应合理施肥，适时适量灌水，及时排水，尽量给苗木生长创造一个适宜的环境条件，提高苗木抗性；苗木出圃分级时，应进行合理的修剪。有条件时，还应对出圃苗木进行消毒和杀虫处理。

（三）造林措施

造林时，"适地适树"是减少病虫害发生的一项重要措施。应根据立地条件选择与生物学特性相适应的造林树种，否则林木生长衰弱，容易遭受病虫害侵害。应避免在多种病虫害可能流行的地区内种植感病树种。营造混交林时，合理地安排树种搭配比例和配置方式，对提高森林的自然保护性能有着重要的意义。如落叶松与阔叶树混交，可以减轻落叶松的落叶病；杉檫混交，可以减轻杉木的炭疽病和叶斑病。此外，在锈病流行的地区营造混交林时，不要配置锈病的转主寄主。

（四）抚育管理措施

适时间伐，及时调整林分密度，能够促进林木生长，提高木材质量和经济出材率，预防和减少病虫害造成的损失，如松落针病在密林中容易发生。抚育间伐一般结合卫生伐，清除病虫发生中心，伐除衰弱木、畸形木、濒死木、枯立木、风倒木、风折木、受机械损伤及感染腐朽病和有蛀干害虫的林木，以便将病虫消灭在点片发生阶段，防止其蔓延扩展。及时修除枯枝、弱枝，能够减少森林火灾的发生，减弱雪压和风害，防止蛀干害虫和立木腐朽病的发生和蔓延。修枝切口应平滑，不偏不裂，不削皮和不带皮，使伤口创面最小，有利于愈合。要预防山火，禁止放牧和随意削皮砍伐，以免造成机械损伤，减轻林木腐朽病和溃疡病的发生。

（五）采伐运输和贮藏措施

成熟林应及时采伐，以减轻蛀干害虫和立木腐朽病的发生。采伐迹地应及时清理伐桩、大枝杈，以免害虫滋生蔓延。在木材的运输、贮藏过程中，也应搞好木材的防虫、防腐工作。采伐的原木不宜留在林内，必须在5月之前清出林外，或刮皮处理，防止小蠹虫等蛀干害虫寄生。

三、生物防治

从保护生态环境和可持续发展的角度来看，生物防治是较好的有害生物防治方法之一。生物防治安全性较高，对环境影响极小，尤其是利用活体生物防治病害、虫害、草害，由于天敌的寄主专化性，不仅对人畜安全，而且也不存在残留和环境污染问题；活体生物防治对有害生物可以达到长期控制的目的，而且不易产生抗性问题；生物防治的自然资源丰富，易于开发；生物防治成本相对较低。

然而，从林业有害生物防治和林业生产的角度来看，生物防治仍具有很大的局限性。生物防治的作用效果慢，在有害生物大发生后常无法控制；生物防治受气候和地域生态环境的限制，防治效果不稳定；目前可用于大批量生产使用的有益生物种类较少，通过生物防治达到有效控制的有害生物数量仍有限；生物防治通常只能将有害生物控制在一定的危害水平，对于防治要求高的林业有害生物，较难实施有害生物种群的整体治理。

（一）以虫治虫

以虫治虫是指利用天敌昆虫防治害虫。天敌昆虫主要有两类：一类是捕食性天敌昆虫，捕食性天敌在自然界中抑制害虫的作用和效果十分明显，例如，松干蚧花蝽对抑制松干蚧的危害起着重要的作用；另一类是寄生性天敌昆虫，主要包括寄生蜂和寄生蝇，有些寄生性昆虫在自然界的寄生率较高，对害虫起到很好的控制作用。

利用天敌昆虫防治森林害虫，主要有三种途径。

1. 天敌昆虫的保护

当地自然天敌昆虫种类繁多，是各种害虫种群数量重要的控制因素，因此，应善于保护利用天敌昆虫。在方法实施上，应注意以下几点：

①慎用农药。在防治工作中，应选择对害虫选择性强的农药品种，尽量少用广谱性的剧毒农药和残效期长的农药。尽量缩小施药面积，减少对天敌的伤害。

②保护越冬天敌。天敌昆虫常常由于冬天恶劣的环境条件而大量减少，因此采取措施使其安全越冬是非常必要的。如七星瓢虫、螳螂等的利用，都是解决了安全越冬的问题后才发挥更大的作用。

③改善昆虫天敌的营养条件。一些寄生蜂、寄生蝇，在羽化后常需要补充营养而取食花蜜，因而在种植森林植物时，应注意考虑天敌蜜源、植物的配置。

2. 天敌昆虫的繁殖和释放

在害虫发生前期，自然界的天敌数量少、对害虫的控制力很低时，可以在室内繁殖天敌，增加天敌的数量。特别在害虫发生之初，将大量天敌昆虫释放于林间，可取得较显著的防治效果。我国以虫治虫的工作也着重于这一方面，松毛虫赤眼蜂的广泛应用就是典型的例子。

3. 天敌昆虫的引进

我国引进天敌昆虫防治害虫已有80多年的历史。据资料记载，全世界成功引进的约有250多例，其中防治蚧虫成功的例子最多，其成功率占78%。在引进的天敌中，寄生性昆虫比捕食性昆虫成功的例子多。

（二）以菌治虫

以菌治虫是指利用害虫的病原微生物防治害虫。能够引起昆虫致病的病原微生物主要有细菌、真菌、病毒、立克次氏体、线虫等，目前生产上应用较多的是病原细菌、病原真菌和病原病毒。利用病原微生物防治害虫，具有繁殖快、用量少、不受森林植物生长阶段的限制、持效期长等优点。近年来，其作用范围日益扩大，是目前害虫防治中较有推广应用价值的类型之一。

1. 病原细菌

目前用来控制害虫的病原细菌主要有苏云金芽孢杆菌。苏云金芽孢杆菌对人畜、植物、益虫、水生生物等无害，无残余毒性，有较好的稳定性，可与其他农药混用；对湿度要求不严格，在较高温度下发病率高，对鳞翅目幼虫有很好的防治效果。因此，它已成为目前应用最广的生物农药。

（1）致病机理

苏云金芽孢杆菌又称为青虫或Bt，是目前用于制备微生物杀虫剂最普通的一种昆虫致病细菌。

苏云金芽孢杆菌是好气性产晶体的芽孢杆菌，它包括82个变种，有70个血清型。其菌体为杆状，两端圆钝，菌落灰白色，革兰氏染色阳性，在普通培养基上能良好生长，生长过程分为营养体阶段、孢子囊阶段、芽孢和伴孢晶体释放阶段。它寄生于昆虫体内，引起昆虫发病的原因主要是其在生长发育过程中能产生一种有毒物质——伴孢晶体。伴孢晶体是内毒素，是一种碱溶性的蛋白质，含有18种氨基酸，能在多种鳞翅目害虫肠道内溶解为小分子多肽，使其肠道麻痹而停止取食，并破坏肠道内膜，造成营养细胞易于侵袭和穿透肠道底端膜进入血淋巴，使害虫食欲不振，活动力减弱，最后因饥饿和败血症，体内流出黑色臭水，倒挂于树上死亡。

（2）Bt制剂

Bt制剂是应用较广的商品化微生物杀虫剂。目前，我国林业上主要用于防治松毛虫、美国白蛾、春尺蛾、黄褐天幕毛虫等，主要剂型为Bt可湿性粉剂、Bt乳剂。我国生产的Bt乳剂大多加入0.1%～0.2%拟除虫菊酯类杀虫剂，以加快害虫死亡速度，主要用于防治鳞翅目的幼虫，尤其是低龄幼虫，害虫取食死亡后，虫体破裂可感染其他害虫，但它对蚜类、螨类、蚧类完全无效。

使用Bt乳剂时，根据防治对象可稀释200～1000倍液。使用Bt可湿性粉剂防治松毛虫等森林害虫时，可将菌粉与滑石粉混合，配成每克含5亿个孢子的喷粉，用于飞机防治时可用菌粉与滑石粉1∶10喷施。施药时，相比化学农药应提早3～4天，以傍晚或阴天为好，在中午强光下不宜喷药，以免紫外线杀死细菌。Bt制剂在气温30℃以上时使用效果最好，它不能与内吸性杀虫剂或杀菌剂混用，应现配现用，避免在蚕区使用。制剂保存温度为25℃以下。

此外，青虫菌也是苏云金芽孢杆菌的变种，常用剂型为每克含100亿个活芽孢的可湿性粉剂。

2. 病原真菌

能够引起昆虫致病的病原真菌有很多，其中以白僵菌最为普遍。在我国广东、福建、广西等地区，普遍使用白僵菌防治松毛虫，目前已取得了很好的防治效果。

白僵菌是一种隶属于半知菌门的虫生真菌。白僵菌属有两种，即球孢白僵菌和纤细白僵菌。目前分离得到的均为球孢白僵菌。其菌丝为白色，成丛，形成孢子后变成白色粉末状，分生孢子顶生于成丛的分生孢子梗上。

（1）致病机理

白僵菌能够寄生在许多昆虫体上，主要依靠孢子扩散或感病虫体接触传染。在适宜的温湿度条件下，孢子接触虫体后，即可通过气孔、口腔、足节侵入虫体，继而产生大量菌丝和分泌物，菌丝和内生孢子从虫体内吸收养分和水分，并分泌毒素破坏虫体组织和结构，使害虫僵硬死亡。菌丝从虫体伸出，体表形成白色粉状物（分生孢子），再进行重复侵染。在13～36℃条件下，白僵菌菌丝均能生长，其中，以24℃最为适宜，30℃最适宜孢子产生。其对湿度的要求很高，相对湿度90%左右生长繁殖最为适宜；在相对湿度75%以下，孢子几乎不能萌发。

（2）白僵菌制剂

白僵菌制剂主要剂型为白僵菌粉剂，普通粉剂每克含100亿个孢子，高孢粉剂每克含1000亿个孢子。产品外观为白色或灰白色粉状物，适用于鳞翅目、同翅目、膜翅目、直翅目等害虫的防治，尤其对松毛虫防治效果突出，对人畜安全，但对人皮肤有过敏反应。值得注意的是，白僵菌对蚕感染力很强，在养蚕地区禁止使用。

使用白僵菌防治害虫，应在幼虫发生期进行。其使用时间可在阴天、雨后或早晨。由于白僵菌具有重复感染、扩散蔓延的特点，因此可根据虫口密度大小分别采取全面喷菌、带状喷菌或点状喷菌的方式。对于喷粉，可直接喷每克含50亿个孢子的菌粉，并加入1%～2%的化学杀虫剂；对于喷雾，一般为每毫升含0.5亿～2亿个孢子，并加入0.01%～0.1%的化学杀虫剂。为了提高菌液黏着力，可加入0.002%洗衣粉或茶枯粉。菌液应随配随用，并在2h内用完，以免孢子失去致病力。还可在林间采集四龄以上幼虫，带回室内，用每毫升含5亿个孢子的菌液将虫体喷湿，然后放回林间，每释放点释放400～500只，让活虫自由扩散。

3. 病原病毒

利用病原病毒防治害虫，其主要优点是专化性强。在自然情况下，某种病原病毒往往只寄生一种害虫，不存在污染与公害问题。其在自然界中可长期保存，反复感染，有的还可遗传感染，从而造成害虫流行病。

（三）以性信息素治虫

昆虫性信息素是昆虫分泌到体外的挥发性物质，研究最多的是雌性信息素。目前，我国林业生产上使用的性信息素引诱剂有松毛虫、美国白蛾、松叶蜂、落叶松鞘蛾、小蠹虫、苹果蠹蛾、白杨透翅蛾、槐小卷蛾、桃蛀螟、松梢螟等。下面介绍其主要应用。

1. 虫情监测

利用性信息素可准确地对某种害虫的发生时间、发生程度做出预报，现已获得广泛应用。

2. 诱杀害虫

将合成的性信息素和杀虫剂装入诱捕器内，引诱来交配的雄虫并将其杀死，减少雌虫交配的概率，从而达到控制害虫的目的。如采用性信息素诱捕器和粘胶涂布诱捕法防治白杨透翅蛾，可使白杨透翅蛾有虫株率下降到1%以下。这种方法适用于一生只交配一次、雄虫早熟或对雌雄两性同时发生引诱作用的害虫，且在虫口密度低时效果明显，虫口密度高时难以达到应用效果。

3. 干扰交配

成虫发生期，在林间普遍设置性信息素散发器，使其弥漫在大气中，使雄蛾无法定向找到雌蛾，从而干扰正常的交尾活动。或者由于雄虫的触角长时间接触高浓度的性信息素而处于麻痹状态，失去对雌虫召唤的反应能力。

利用昆虫性信息素防治害虫应注意以下几点：

①应根据害虫诱捕情况及时更换引诱剂。一般引诱剂的使用时间为35～40天，高温、高湿、大风等情况均会较大幅度地缩短引诱剂的使用寿命。

②诱捕器应放在通风较好的位置，充分发挥引诱剂的作用，各诱捕点的间距最好保持在20～40m，以防各诱捕点间相互干扰。

③每隔一个月左右应按一定方向移动各诱捕点5～10m。因为长期固定的诱捕点四周会产生"陷阱"效应，从而降低诱捕效果。

④引诱剂（诱芯）与诱捕器配套使用。针对不同的虫种有不同的诱捕器。常用的诱捕器有三角形、船形、桶形、黑色十字交叉板漏斗式等。

（四）其他动物的利用

以益鸟为例，简要介绍益鸟招引方面的相关措施。

我国现有鸟类中半数以上为食虫鸟。利用人工巢箱招引具有树洞营巢习性的食虫鸟控制森林害虫的种群密度，已成为生物防治的重要措施之一。人工巢箱按制作材料，可分为木板式巢箱、树洞式巢箱等，如图2-1所示。

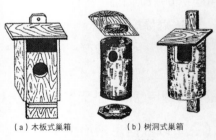

（a）木板式巢箱　　（b）树洞式巢箱

图2-1　人工巢箱

1. 木板式巢箱制作方法

木板式巢箱由侧壁、底板、顶盖和固定板构成。制作木板式巢箱的板材厚度为12cm以上，应充分干燥后使用，否则巢箱制成后极易翘裂。材料以油松最好，落叶松次之，硬阔树材也可。用材应因陋就简，板头及边材均可以利用。不够宽的可以拼凑，但尽量不漏缝。如果有缝隙时，可在巢箱内部涂上油灰。巢箱内部不用刨光，以利于鸟出入。底板应嵌在四壁里面，以防脱落。固定板的上下方各有1～2个孔，便于钉钉子或悬挂。巢箱拼合的方法，以前壁能开启的形式较好，这种形式可避免巢箱顶盖脱落，并便于检查和清巢。

巢箱外面应刷一层绿色铅油，以延长巢箱使用寿命。在前壁或左右壁上注明巢箱号。每立方米板材可做二百多个山雀式巢箱，每个巢箱须用20根长为4cm左右的钉子和125g铅油。招引实验表明，桦树皮、油毡纸可作为板材的代用品，有较好的效果。

2. 人工巢箱设置

（1）设置时间

人工巢箱一般在11月上、中旬大雪封山前设置，有利于留鸟迁住。最迟不迟于次年3月中旬之前。

（2）设置地点

人工巢箱一般可在林内均匀分布，有时应根据被招引种类的习性而定。如招引沼泽山雀，应将巢箱设在近水源处；招引椋鸟、戴胜，应设在林缘；招引红角鸮，应设在密林处等。

（3）巢箱在树上的固定方法

在树上固定巢箱时，用长为10cm左右的钉子将其钉在树上较为牢固。如果树干太细，可用挂钩将巢箱挂在树枝上。需要上树检查巢箱时，用单梯较好，单梯长度视巢箱的高度而定。巢箱应同树干平行，避免左右倾斜或后仰，可稍前倾一点，以防雨水浸入并利于鸟类出入。

（4）巢箱出入口的方位

巢箱的出入口一般应朝向山下，方位向东或向东南，以向阳避风为宜。巢箱离地面的高度不应小于2m，巢箱设置数量应依食虫鸟类所占巢区面积而定。设置好巢箱后，最晚在5月中旬、6月上旬、7月上旬各检查一次，以统计招引到的益鸟种类和数量。次年3月底前应清除旧巢，以利于食虫鸟类繁殖。

（五）以菌治病

一些真菌、细菌、放线菌等微生物，在其新陈代谢过程中能够分泌抗生素，杀死或抑制病原物，这是目前生物防治研究的主要内容。如哈茨木霉菌能够分泌抗生素，杀死、抑制苗木白绢病病菌；菌根菌可分泌萜烯类等物质，对许多根部病害有颉颃作用。

四、物理机械防治

利用简单的器械以及物理因素（光、温度、热能、辐射能等）来防治林业有害生物或改变物理环境，使其不利于有害生物生存、阻碍其侵入的方法，称为物理机械防治。如直接捕杀（人工捕杀法）、诱杀法、温控法、机械阻隔法和射线物理法等。物理机械防治的措施简单实用，容易操作，见效快，既包括古老而简单的人工捕杀方法，又包括近代物理新的应用。对于一些化学农药难以解决的有害生物，物理机械防治往往是一种有效手段；其缺点是费工费时，有一定的局限性。

（一）直接捕杀

利用人工或各种简单的器械捕捉或直接消灭害虫的方法，称为直接捕杀。人工捕杀适合于具有假死性、群集性或其他目标明显易于捕捉的害虫。例如，多数金龟甲、象甲的成虫具有假死性，可在清晨或傍晚将其振落杀死；榆蓝叶甲的幼虫老熟时群集于树皮缝、树疤或枝杈下方化蛹，此时可人工捕杀；冬季修剪时，应剪去黄刺蛾茧、蓑蛾袋囊，刮除舞毒蛾卵块等；在生长季节也可结合苗圃日常管理，人工捏杀卷叶蛾虫苞、摘除虫卵、捕捉天牛成虫等。直接捕杀的优点是不污染环境，不伤害天敌，无须额外投资，便于开展群众性的防治，特别是在劳动力充足的条件下，更易实施；其缺点是工效低，费工多。

（二）诱杀法

1. 灯光诱杀

利用害虫对灯光的趋性，人为设置灯光以诱杀害虫的方法，称为灯光诱杀。目前生产上所用的光源主要是黑光灯，此外，还有高压电网灭虫灯等。

黑光灯是一种能辐射360nm紫外线的低气压汞气灯，而大多数害虫的视觉神经对波长330～400nm的紫外线特别敏感，具有较强的趋光性，因而其诱虫效果很好。利用黑光灯诱虫，诱集面积大，成本低，能消灭大量虫源，降低下一代的虫口密度。同时，还可用于开展预测预报和科学实验，进行害虫种类、分布和虫口密度的调查，为防治工作提供科学依据。

目前，我国有五类黑光灯：普通黑光灯（20W）、频振管灯（30W）、节能黑光灯（13～40W）、双光汞灯（125W）、纳米汞灯（125W）。其中，以振频管灯与纳米汞灯在生产中应用最为广泛，其诱虫效率高、选择性强且杀虫方式（灯外配以高压电网杀）更符合绿色环保要求。

2. 食物诱杀

（1）毒饵诱杀

利用害虫的趋化性，在其所喜欢的食物中掺入适量毒剂以诱杀害虫的方法，称为毒饵诱杀。如蝼蛄、地老虎等地下害虫，可用麦麸、谷糠等作为饵料，掺入适量敌百虫、辛硫磷等药剂制成毒饵诱杀；用糖、醋、酒、水、10%吡虫啉按9：3：1：10：1的比例混合配成毒饵液可以诱杀地老虎、黏虫等。

（2）饵木诱杀

许多蛀干害虫，如天牛、小蠹虫等喜欢在新伐倒木上产卵繁殖，因而可在这些害虫的繁殖期，人为地放置一些木段，供其产卵，待卵全部孵化后进行剥皮处理，消灭其中的害虫。

（3）植物诱杀

植物诱杀也称为作物诱杀，即利用害虫对某种植物有特殊嗜好的习性，经种植后诱集捕杀的一种方法。如在苗圃周围种植蓖麻，使金龟甲误食后麻醉，可以集中捕杀。

（三）温控法

温控法是指利用高温或低温控制或杀死病菌、害虫的一类物理防治技术。如土壤热处理、阳光曝晒、繁殖材料热处理和冷处理等。

（四）机械阻隔法

机械阻隔法是指根据病菌、害虫的侵染和扩散行为设置物理性障碍，阻止病菌、害虫的危害与扩展的方法。如设防虫网、挖阻隔沟、堆沙、覆膜、套袋等。

（五）射线物理法

射线物理法是指利用电磁辐射对病菌、害虫进行灭杀的物理防治技术。常用的射线有电波、X射线、红外线、紫外线、激光、超声波等，多用于处理种子，处理昆虫可使其不育。

五、化学防治

化学防治是指用农药控制林业有害生物的方法，常可分为杀虫剂、杀菌剂、除草剂和杀鼠剂等多种类型。

化学防治是有害生物控制的主要措施，具有收效快、防治效果好，使用方法简单，受季节限制较小，适合于大面积使用等优点。但其也有明显的缺点，由于长期对同一种害虫使用相同类型的农药，使得某些害虫产生不同程度的抗药性；由于用药不当而杀死了害虫的天敌，从而造成害虫的再度猖獗危害；由于农药在环境中存在残留毒性，特别是毒性较大的农药，对环境易产生污染，破坏生态平衡。

● 任务实施计划制订

对任务进行实施，并填写任务实施计划表，如表2-1所示。

表2-1　任务实施计划表

班　级		指导教师	
任务名称		日　期	
组　号		组　长	
组　员			

续表

有害生物 发生地点	
病害描述	
防治方案	

任务二　农药的识别与使用

工作任务	农药的识别与使用
实施时间	调查时间为6~7月（夏季农药对植物、昆虫生长有很大作用）
实施地点	林、农地
教学形式	演示、讨论
学生基础	农药的分类与使用
学习目标	掌握农药的识别与使用，包括农药的分类、加工剂型、产品标签识别、稀释计算、施用方法、合理施用、安全使用，以及林业防治常用药械等
知识点	农药的作用

知识准备

　　农药是指用于预防、消灭或控制危害农林业的病、虫、草和其他有害生物，以及有目的地调节植物、昆虫生长的化学合成的或者来源于生物、其他天然物质的一种物质或几种物质的混合物及其制剂。化学防治作为应急措施，一般只在林业有害生物突发或者高发时使用，并应按照国家关于农药禁止和限制使用的相关规定，做到科学施药，安全用药。

一、农药的分类

（一）按农药的防治对象分类

1. 杀虫剂

杀虫剂是指主要用于防治农林仓储和卫生害虫的农药，如敌百虫、溴氰菊酯等。

2. 杀菌剂

杀菌剂是指对真菌或细菌有抑制或杀灭作用的农药，用于预防或治疗植物病害，如波尔多液、代森锌等。

3. 杀螨剂

杀螨剂是指用于防治蛛形纲中植食性螨类的农药，如三氯杀螨醇、三唑锡等。

4. 杀线虫剂

杀线虫剂是指用于防治植物病原线虫的农药，如苯线磷、灭线磷等。

5. 杀鼠剂

杀鼠剂是指用于消灭害鼠的农药，如磷化锌、大隆等。

6. 除草剂

除草剂是指用于防除农林杂草的农药，如五氯酚钠、森草净等

（二）按作用方式和途径分类

1. 杀虫剂

①触杀剂。触杀剂是指通过与害虫虫体接触，药剂经体壁进入虫体内使害虫中毒死亡的药剂，如大多数有机磷杀虫剂、拟除虫菊酯类杀虫剂。触杀剂对各种口器的害虫均适用，但对体被蜡质分泌物的介壳虫、木虱、粉虱等效果差。

②胃毒杀虫剂。胃毒杀虫剂是指通过消化系统进入虫体内，使害虫中毒死亡的药剂，如敌百虫。胃毒杀虫剂适合防治咀嚼式口器的昆虫。

③熏蒸杀虫剂。熏蒸杀虫剂是指药剂以气体分子状态充斥其作用的空间，通过害虫的呼吸系统进入虫体，而使害虫中毒死亡的药剂，如磷化铝等。熏蒸杀虫剂应在密闭条件下使用，如用磷化铝片剂防治蛀干害虫时，要用泥土封闭虫孔。

④内吸性杀虫剂。内吸性杀虫剂是指药剂易被植物组织吸收，并在植物体内运输，传导到植株的各部分，或经过植物的代谢作用而产生更毒的代谢物，当害虫取食时使其中毒死亡的药剂，如乐果等。内吸性杀虫剂对刺吸式口器的昆虫防治效果好，对咀嚼式口器的昆虫也有一定的防治效果。

⑤其他杀虫剂。其他杀虫剂包括忌避剂，如驱蚊油、樟脑；拒食剂，如拒食胺；粘捕剂，如松脂合剂；绝育剂，如噻替派、六磷胺等；引诱剂，如糖醋液；昆虫生长调节

剂，如灭幼脲等。这些杀虫剂本身并无多大毒性，而是以其特殊的性能作用于昆虫。通常将这些药剂称为特异性杀虫剂。

实际上，杀虫剂的杀虫作用并非完全单一，多数杀虫剂往往兼具几种杀虫作用。如敌敌畏具有触杀、胃毒、熏蒸三种作用，但以触杀作用为主。在选择使用农药时，应注意选用其主要的杀虫作用。

2. 杀菌剂

①保护剂。在病原物侵入寄主植物之前使用化学药剂，阻止病原物的侵入以使植物得到保护。具有保护作用的药剂，称为保护剂。

②治疗剂。当病原物已经侵入植物或植物已经发病时，使用化学药剂处理植物，使体内的病原物被杀死或抑制，终止病害发展过程，使植物得以恢复健康。

此外，还有发挥铲除、免疫及钝化作用的药剂。

二、农药的加工剂型

由工厂生产出来而未经加工的农药产品统称为原药，其中固体状的称为原粉，呈油状液体的称为原油。由于原药产品中往往含有化学反应中的副产物、中间体及未反应的原料，并非纯净品，因此，原药中真正有毒力、有药效的主要成分称为有效成分。为了让有效成分均匀分散，充分发挥药效，改进其理化性质，减少药害，降低成本，提高工效，易于操作，必须在原药中加入一定比例的辅助剂。农药的原药加入辅助剂后制成的药剂形态，称为剂型。林业中常用的农药剂型如下。

1. 粉剂（DP）

原药加入一定量的填充物（陶土、高岭土、滑石粉等），经机械加工粉碎后而成的粉状混合物即为粉剂，粉粒直径一般在 $10 \sim 12\mu m$ 以下。粉剂主要用于喷粉、拌种、毒饵和土壤处理等，但不能加水喷雾使用。粉剂应随用随买，不宜过久贮存，以防失效。由于粉剂易于飘失而污染环境，因而将逐渐被颗粒剂和各种悬浮剂取代。

2. 可湿性粉剂（WP）

可湿性粉剂是由原药、填充剂、分散剂和湿润剂（皂角、拉开粉等）经机械加工粉碎后，混合制成的粉状制剂。质量好的可湿性粉剂粉粒直径一般在 $5\mu m$ 以下，兑水稀释后，湿润时间为 $1 \sim 2min$，悬浮率可达 $50\% \sim 70\%$。可湿性粉剂用于喷雾，应搅拌均匀，喷药时及时摇振，贮存时不宜受潮受压。

3. 乳油（EC）

乳油是由农药原药加乳化剂和溶剂制成的透明油状液体制剂。溶剂用于溶解原药，常用的溶剂有苯、二甲苯、甲苯等。乳化剂可使溶有原药的溶剂均匀地分散在水中，如土耳其红油。乳油加水稀释，即可用于喷雾。如果乳油出现分层、沉淀、混浊等现象，则说明已变质，不能继续使用。使用乳油防治害虫的效果比其他剂型好，耐雨水冲刷，易于渗透。由于生产乳油所需的有机溶剂易燃且对人畜有毒等，因而将逐渐向以水代替有机溶剂和减少有机溶剂用量的新剂型发展，如浓乳剂、微乳剂、固体乳油及高浓度乳油等。

4. 可溶性粉剂（SP）

可溶性粉剂是用水溶性固体原药加水溶性填料及少量助溶剂制成的粉末状制剂，使用时按比例兑水即可进行喷雾。可溶性粉剂中有效成分含量一般较高，药效一般高于可湿性粉剂，与乳油接近。

5. 悬浮剂（SC）

悬浮剂是由固体原药、湿润剂、分散剂、增稠剂、防冻剂、消泡剂、稳定剂、防腐剂和水等配成的液体剂型，有效成分分散，粒径为 $1 \sim 5\mu m$。使用时兑水喷雾，不会堵塞喷雾器的喷嘴。其药效高于可湿性粉剂，接近乳油，是不溶于水的固体原药加工剂型的重要方向之一。悬浮剂应随用随买，配药时应多加搅拌。

6. 油剂（OL）

油剂是指以低挥发性油为溶剂，加少量助溶剂制成的制剂，其有效成分一般在 $20\% \sim 50\%$，用于弥雾或超低容量喷雾。使用时不用稀释，不能兑水使用。每公顷用量一般为 $750 \sim 2250mL$。

此外，还有专用于烟雾机的油剂，称为油烟剂或热雾剂，其中的农药有效成分要有一定的热稳定性。使用时，通过内燃机的高温高速气流将其汽化，随即冷却呈烟雾状气溶胶，从而发挥杀虫、杀菌作用。

7. 烟剂（FU）

烟剂一般用原药（杀虫剂或杀菌剂）、氧化剂（硝酸铵、硝酸钾等）、燃料（木粉、木炭、木屑等）、降温剂（氯化铵等）和阻燃剂（滑石粉、陶土等）按一定比例混合、磨碎，通过80号筛目过筛而成。点燃后作无火焰燃烧，农药受热挥发，在空中再冷却成微小的颗粒弥散在空中杀虫或灭菌。烟剂适用于森林和温室大棚。因烟剂易燃，在贮存、运输、使用时应注意防火。

8. 微胶囊悬浮剂（CS）

微胶囊悬浮剂是近年发展起来的固体颗粒分散在水中的新剂型，具有延长药效、降低毒性、减少药害等特点。它是用树脂等高分子化合物将农药液滴包裹起来的微型囊体，粒径一般在 $1 \sim 3\mu m$。它由原药（囊心）、助溶剂、囊皮等制成。其中，囊皮可控制农药释放速度。使用时兑水稀释，供叶面喷雾或土壤施用，农药从囊壁中逐渐释放出来，达到防治效果。该剂型生产成本较高，目前国产的有8%氯氰菊酯触杀式微胶囊剂等。

9. 颗粒剂（GR）

颗粒剂是指由农药原药、载体、填料及助剂配合经过一定的加工工艺制成的粒径大小较为均匀的松散颗粒状固体制剂。按粒径大小可分为大粒剂、颗粒剂和微粒剂。颗粒剂为直接施用的剂型，可取代施用不安全的药土，用于土壤处理、植物心叶施药等。其有效成分含量一般小于20%，常用的加工方法有包衣法、浸渍法和捏合法。颗粒剂可使高毒农药制剂低毒化。施用颗粒剂可佩戴薄塑料手套徒手撒施，也可用瓶盖带孔的塑料瓶撒施。

三、农药的产品标签识别

在林业生产中要选择质量好的农药产品，做到科学合理安全使用农药，必须熟悉农药产品标签的主要内容。

1. 产品名称

农药产品的名称一般由农药有效成分含量、农药的原药名称（或通用名称）和剂型组成。其中有效成分含量的表示方法如下：原药和固体制剂以质量分数表示，如40%福美砷可湿性粉剂400g a.i./kg，是指每千克（kg）可湿性粉剂中含有效成分（a.i.）400g；液体制剂原则上以质量分数表示，若需要以质量浓度表示时，则用"g/L"表示，并在产品标准中同时规定有效成分的质量分数，如抗蚜威乳油80g a.i./L，是指每升（L）药液中含有效成分（a.i.）80g。

2. 产品的批准证（号）

产品的批准证（号）包括该农药产品在我国取得的农药登记证号（或临时登记证号）、农药生产许可证号或农药生产批准文件号、农药标准证执行的产品标准号。通常所说的农药"三证"，是指上述的农药登记证、农药生产许可证和农药标准证。

3. 产品的使用范围、剂量和使用方法

农药的产品标签还包括适用的作物或林木、防治对象、使用时期、使用剂量和施药方法等。对于使用剂量，用于大田作物或苗圃的，一般采用每公顷（hm^2）使用该产品总有效成分质量（g）表示；或采用每公顷使用该产品的制剂量（g或mL）表示；用于林木时，一般采用总有效成分量或制剂量的质量分数（mg/kg）、质量浓度（mg/L）表示；用于种子处理时一般采用农药与种子的质量比表示。

4. 产品质量保证期

产品质量保证期有以下三种表示形式：

①注明生产日期（或批号）和质量保证期。

②注明产品批号和有效日期。

③注明产品批号和失效日期。

5. 毒性标志

农药的产品标签要求标明农药产品的毒性等级及标识。剧毒和高毒的农药要求有"骷髅骨"标记。

我国农药毒性分级标准是根据大白鼠一次口服农药原药急性中毒的致死中量（LD50）划分的。所谓致死中量即毒死一半供试动物所需的药量，单位为mg/kg，即动物每千克体重所需药剂的毫克数。致死中量≤5mg/kg的为剧毒农药；5～50mg/kg的为高毒农药；50～500mg/kg的为中毒农药；500～5000mg/kg的为低毒农药；致死中量>5000mg/kg的为微毒农药。农药的产品标签上标明的农药毒性是按农药产品本身的毒性级别标示的，若毒性与原药不一致时，一般用括号注明原药毒性级别。

四、农药的稀释计算

要使化学防治达到最佳效果，在施药前则必须进行准确的农药稀释计算，同时还要明确安全使用的注意事项。

1. 按单位面积施用农药的有效成分量（或制剂量）计算

在进行低容量和超低容量喷雾时，一般先确定每公顷所需施用农药的有效成分量或折算的制剂量，再根据所选定的施药机具和雾化方法确定稀释剂用量。单位面积稀释剂用量可按式（2-1）计算。

$$单位面积稀释剂用量 = 单位面积喷液量 - 单位面积施用的农药制剂量 \quad （2-1）$$

2. 按农药稀释倍数计算

稀释倍数表示法是指稀释剂（水或填充料等）的量为农药制剂量的若干倍，它只能表明农药成分的多少，不能表明农药进入环境的量，因此，国际上早已废除，但我国在大容量喷雾法中仍然采用。固体制剂加水稀释，用质量倍数；液体制剂加水稀释，若不注明按体积稀释，一般也都是按质量倍数计算。生产上往往忽略农药和水的相对密度差异，即把农药的相对密度视为1。在实际应用中，常根据稀释倍数大小分为内比法和外比法。内比法适用于稀释倍数在100倍以下的药剂，计算时要在总份数中扣除原药剂所占份数；外比法适用于稀释100倍以上的药剂，计算时不扣除原药剂在总份数中所占份额。外比法和内比法分别可按式（2-2）和式（2-3）计算。

$$稀释剂用量 = 原药剂用量 × 稀释倍数 \quad （2-2）$$

$$稀释剂用量 = 原药剂用量 × 稀释倍数 - 原药剂用量 \quad （2-3）$$

其中，药液中有效成分含量与稀释倍数的换算关系如下：

$$药液中有效成分含量 = \frac{制剂的有效成分含量}{稀释倍数} × 100\%$$

3. 按质量浓度法、质量分数法或体积分数法计算

在固体制剂与液体稀释剂之间常用质量浓度表示药液中有效成分含量，如50g/L硫酸铜药液表示在每升硫酸铜药液中含50g硫酸铜；在固体与固体或液体与液体制剂与稀释液之间时常用质量分数表示其药液中有效成分含量，如2%乐果药液表示在100g的乐果药液

中含有2g乐果原药。液体制剂与液体稀释液之间有时也用体积分数表示。以上三种表示法均可按式（2-4）计算。

$$原制剂有效成分含量 \times 原制剂用量 = 需配药液的有效成分含量 \times 稀释剂用量 \quad （2-4）$$

当稀释100倍以下时，则按式（2-5）计算。

$$（原制剂有效成分含量 - 需配药液的有效成分含量）\times 原制剂用量 =$$
$$需配药液的有效成分含量 \times 稀释剂用量 \quad （2-5）$$

五、农药的施用方法

由于农药的加工剂型、使用范围和防治对象不同，因而施用方法也不同，下面简要介绍林业中常用的施药方法。

（一）喷粉法

喷粉法是指利用喷粉器械所产生的风力将低浓度的农药粉剂吹散后，使粉粒飘浮在空中再沉积到植物和防治对象上的施药方法。其优点是工效高，使用方便，不受水的限制，适合于封闭的温室、大棚以及郁闭度高的森林和果园；其缺点是用药量大，附着性差，粉粒沉降率只有20%，易飘失，污染环境。最好在无风的早晨或傍晚及植物叶片潮湿易黏着粉粒时作业。喷粉人员应在上风头（1～2级风时可喷粉）顺风喷，不要逆风喷。要求喷均匀，可用手指轻按叶片进行检查，如果看到只有一点药粒在手指上，表明喷施程度比较合适；如果看到叶面发白，则说明药量过多。在温室大棚中喷粉时，宜在傍晚作业，采取对空均匀喷撒的方法，避免直接对准植物体，且应采用由里向外、边喷边向门口后退的作业方式。

（二）喷雾法

喷雾法是指利用喷雾器械将液态农药喷洒为雾状分散体系的施药方法，是林业有害生物防治使用较广泛且较重要的施药方法之一。我国根据单位面积施药液量的多少，将其划分为四个容量级别，如表2-2所示。超低容量喷雾采用离心旋转式喷头，所使用的剂型为油剂。超低容量喷雾的优点是工效高、省药、防治费用低，不用水或只用少量水；缺点是受风力影响大，对农药剂有一定的要求。

表2-2 我国农药喷雾法划分的容量级别

容量级别	喷施药液量/（L/hm²）	药液有效成分含量/%	雾滴直径/μm	施药方式针对性	农药利用率/%
大容量（常量）	>150	0.01～0.05	250	飘移累积性	30～40
小容量（少量）	15～150	1～5	100～250	飘移累积性	60～70

续表

容量级别	喷施药液量/ （L/hm²）	药液有效成分 含量/%	雾滴直径/μm	施药方式 针对性	农药利用率/%
低容量	5～15	5～10	15～75	飘移累积性	60～70
超低容量（微量）	<5	25～50	15～75	飘移累积性	60～70

根据喷雾方式可将喷雾法大致分为针对性喷雾和飘移性喷雾两种。针对性喷雾是指作业时将喷头直接指向喷施对象；飘移性喷雾是指喷头不直接指向喷施对象，喷出的药液靠自然风力飘移，依靠自身重力沉降累积到喷施对象上。

喷雾的技术要求是药液雾滴均匀覆盖在植物体或防治对象上，叶面充分湿润，但不使药液形成水流从叶片上滴下。喷雾时间要选择1～2级风或无风晴天，中午不宜作业。

（三）树干打孔注药法

打孔注药法是指利用树干注药机具在树干上形成注药孔，通过药液本身重力或机具产生的压力将所需药液导入树干特定部位，再传至内部器官而达到防治有害生物和树木缺素症的施药方法。这种方法的防治效果好、药效长、不污染环境、不受环境条件限制等，适用于珍稀树种和零星树木的病虫害防治。但该法对于短时间控制大面积病虫害较为困难，若药剂使用不当易对树木造成药害。

目前打孔注药的方法大致有以下三种：

①创孔无压导入法。即先用打孔注药机具在树干上钻、凿、剥、刮出创伤或孔，然后向创孔内涂、灌、塞入药剂或药剂的载体。

②低压低浓度高容量注射法。使用该法时可将输液瓶挂于树上，药液凭重力徐徐注入树体内，或使用兽用注射器将配好的药液灌注到树木的木质部与韧皮部之间。

③高浓度低容量高压注射法。使用手压树干注射器，靠压力将高浓度的药液注入树干，一般平均1cm胸径用药液0.5～1mL。

打孔注药法的时间应在树液流动期。防治食叶害虫应在其孵化初期注药；防治蚜、螨等应在大发生前注药；防治蛀干天牛类应在幼虫一至三龄和成虫羽化期注药。果树在采摘前至少2个月内不得注药。农药应选内吸性杀虫剂（如吡虫林、印楝素等），以水剂最佳，原药次之，乳油必须用合格产品。药液宜用冷开水配制，药液配制有效成分含量应在15%～20%，对于树干部病虫害严重地区药液中应加杀菌剂，以防伤口被病菌感染。注射位置应在树木胸高以下，用材林尽量在伐根附近。注药孔大小为5～8mm；胸径小于10cm时打一个孔，11～25cm时应在相对两侧打两个孔，26～40cm时将树干外圈三等分打三个孔，40cm以上时等分打四个以上孔；最适孔深为针头出药孔位于二至三年生新生木质部处。注药量一般按每10cm胸径用100%原药1～3mL（稀释液为1cm胸径

1 ~ 3mL）的标准，按所配药液有效成分含量和计划注药孔数计算每孔注药量。

（四）涂抹法

涂抹法是指用涂抹机具将药液涂抹在植株某一部位的局部直接施药的方法，以涂抹树干最为常用，用以防治病害、刺吸式口器害虫、螨类等。涂抹机具有手持式涂抹器、毛刷、排刷、棉球等。涂抹作业时间应在树木生长季节为宜。涂抹法无飘移，药剂利用率高，不污染环境，对有益生物伤害小，但是操作费事，直接施用高浓度高剂量药剂还要注意药害问题。

（五）种苗处理法

种苗处理法是指将药粉或药液在种子播种前或苗木栽植前使之黏附在种苗上，用以防治种苗带菌或土壤传播的病害及地下害虫的施药方法。它可以有效控制有害生物在种子萌发和幼苗生长期间的危害，其方法简便、用药量少、省工，但要掌握好剂量，防止产生药害。常见的种苗处理法包括浸种法、拌种法和闷种法。

1. 浸种法

浸种法是指将种子浸渍在一定有效成分含量的药剂水分散液里，经过一定的时间使种子吸收或黏附药剂，然后取出晾干，从而消灭种子表面和内部所带病原菌或害虫的方法。操作时，将待处理的种子直接放入配好的药液中稍加搅拌即可。药液的多少根据种子吸水量而定，一般高出浸渍种子10 ~ 15cm。使用的农药剂型以乳油、悬浮剂最佳，其次为水剂（水为溶剂的可溶性液剂，国际代号AS）、可湿性粉剂。浸种温度一般在10 ~ 20℃以上。浸种时间以种子吸足水分但不过量为宜，其标志是种皮变软，切开种子后，种仁部位已充分吸水时为止。药液可连续使用多次，但要补充减少的药液量。用甲醛等浸种后，须用清水冲洗种子，以免产生药害。

2. 拌种法

拌种法是指将选定数量和规格的拌种药剂与种子按照一定比例进行混合，使被处理种子表面都均匀覆盖一层药剂，并形成药剂保护层的种子处理方法。拌种可分为干拌种和湿拌种，一般以干拌种为主。干拌种以粉剂、可湿性粉剂为宜，且以内吸性药剂为好，拌种的药量常以农药制剂占处理种子的质量百分比确定，一般为种子重量的0.2% ~ 1%。拌种器具可用木锨翻搅，有条件时尽量采用拌种器。具体做法是将药剂和种子按比例加入滚筒拌种箱内，流动拌种，种子装入量为拌种箱最大容量的2/3 ~ 3/4，旋转速度以30 ~ 40r/min为宜，拌种时间为3 ~ 4min，可正反各转2min，拌完后待一段时间取出。另外，还可以使用圆筒形铁桶，将药剂和种子按规定比例加入桶内，封闭后滚动拌种。拌好的种子可直接用于播种，不需要再进行其他处理，更不能浸泡或催芽。

3. 闷种法

闷种法是指将一定量的药液均匀喷洒在播种前的种子上，待种子吸收药液后堆在一起并加盖覆盖物堆闷一定时间，以达到防止有害生物危害目的的一种种子处理方法，它是介于拌种和浸种之间的一种方法，又称为半干法。闷种使用的农药剂型为水剂、乳油、可湿性粉剂、悬浮剂等。最好选用有效成分挥发性强、蒸气压低的农药，如甲醛、敌敌畏等，还可以用内吸性好的杀菌剂。药液的配制可按农药有效成分计算，也可按农药制剂重量计算。闷过的种子即可播种，不宜过久贮存，也不需要做其他处理。

此外，幼苗、幼树移栽或插条扦插时，可用水溶液、乳浊液或悬浮液对其进行浸渍处理，达到预防或杀死携带的有害生物的目的。苗木处理的原则与种子处理基本相同，但要注意药害问题。

（六）土壤处理法

将药剂施于土壤中用来防治种传、土传、土栖有害生物的方法，称为土壤处理法。此法常在温室和苗圃中使用，用药量较大。常用的有撒施法、浇灌法和根区土壤施药法。

1. 撒施法

撒施法是指用撒布器具或徒手将颗粒剂或药土撒施到土壤中的方法。可佩戴薄塑料手套徒手撒施，也可用撒粒器撒施。使用的药剂为颗粒剂（粒径为297～1680μm）和大粒剂（粒径5000μm以上）。

2. 浇灌法

浇灌法是指以水为载体将农药施入土壤中的方法。可在播种或植前进行，也可在有害生物发生期间进行。操作时，将稀释后的农药用水桶、水壶等器具盛装泼洒到土壤表面或沟内，也可灌根，使药液自行下渗。还可采用滴灌、喷灌系统自动定量地往土壤中施药，也称为化学灌溉，使用时要对系统进行改装，增加化学灌溉控制阀和贮药箱。

3. 根区土壤施药法

根区土壤施药法是指在树冠下部开环状沟、放射状沟或在树盘内开穴，将药粉撒施或把药液泼施于沟穴内的施药方法。应选择具有内吸、熏蒸作用的药剂。根部施药还可用土壤注射枪向树木根部土壤施药。

（七）熏蒸法

利用常温下有效成分为气体的药剂或通过化学反应能生成具有生物活性气体的药剂在密封环境下充分挥发成气体来防治有害生物的方法，称为熏蒸法。林业上常用熏蒸法消灭种子、苗木、压条、接穗和原木上的有害生物。其优点是消灭有害生物较彻底，但操作费事，有农药残留毒性问题和环境污染问题等。熏蒸应在密闭空间或帐幕中进行。常用于熏蒸的药剂有溴甲烷、硫酰氟等；熏蒸用药量以g/m^3表示，应用时要根据用药种类、熏蒸物品、防治对象、温度、密封程度等确定用药量和熏蒸时间。由于熏蒸杀虫剂多是限制使用农药，对人畜有毒，在熏蒸场所周围30~50m内禁止入内和居住，操作人员应佩戴合适的防毒面具和胶皮手套。

（八）熏烟法

将农药加工成烟剂或油烟剂并用人工点燃（人工放烟法）或用烟雾机的汽化形成的烟雾来消灭有害生物的施药方法，称为熏烟法。该法适用于郁闭度大的森林以及仓库、温室大棚等，在交通不便、水源缺乏的林区，熏烟法是有害生物防治的重要手段之一。熏烟法防治有害生物的时间应选择在害虫幼龄期、活动盛期、发病初期和孢子扩散期。

人工放烟法放烟的气象条件关键是"逆温层"现象出现和风速稳定在0.3~1m/s。白天，由于受太阳辐射的影响，地面温度高于空中温度，气流直线上升，此时放烟，烟雾直向上空中逸散，病菌、害虫和林木受烟时间很短，达不到防治目的。夜间，气流比较稳定，但天黑、山高、坡陡，也不宜放烟。日落后和日出前，林冠上的气温往往比林内略高，到一定高度气温又降低，产生"气温差逆增"现象，林内气流相对比较稳定，此时放烟，烟雾可较长时间停留在林内，或沿山坡、山谷随气流缓缓流动。烟雾在林内停留时间越长，杀虫灭菌的效果越好。一般只要烟雾在林内停留20min以上，就可收到较好的防治效果。风速超过15m/s时，应停止放烟，以免烟雾被风吹散。雨天也应停止放烟，因为雨天放烟不易引燃，附着在林木上的烟剂颗粒也易被雨水冲掉，将降低防治效果。

在林区放烟，可采用定点放烟法或流动放烟法，或者两者配合使用的方法。

定点放烟法就是按地形将烟筒设置在固定地点。此法适用于面积较大、气候变化较小、地形变化不大的林地。在山地傍晚放烟时，放烟带应布设在距山脊5m左右的坡上，在山风控制下使烟云顺利下滑；早晨放烟时，放烟带应紧靠山脚布设，利用谷风使烟云沿坡爬上山。放烟带应与风向垂直。放烟带的距离依风力大小而定，但最宽不要超过300m。放烟点的距离依单位用药量和地形而定，一般为15~30m。坡地迎风面应密些，下风处可稀些，平地、无风处可均匀放置。放烟点不要设置在林缘外边，应设置在林内距林缘10m左右，因为林外风向不定，会影响放烟效果。放烟前应清除放烟点周围的枯枝落叶，并将烟筒放稳，以免发生火灾。点燃顺序是从下风开始依次往上风方向进行。

流动放烟法就是将放烟筒拿在手中走动放烟。每人相距20m，在林内逆风且与风向垂直的方向缓步行走。此法适用于地形复杂、面积不大、杂草灌木稀少、郁闭度较小、行走方便的林地。另外，流动放烟还可用来弥补定点放烟漏放的地块。

在郁闭的森林、果园和仓库，可用烟雾机喷烟，使油烟剂转化为气溶胶，滞留于空间，且具有一定的方向性和穿透性，能均匀沉积在靶标上，可保证药效的正常发挥。

六、农药的合理使用

使用农药既要做到用药省，提高药效，又要对人畜安全，不污染环境，不伤天敌，不产生抗性。

（一）正确选药

不同的有害生物其生物学特性不同。例如，防治害虫不能选择杀菌剂而必须选择杀虫剂，防治刺吸式口器害虫不能选用胃毒杀虫剂而应选择内吸性杀虫剂；拟除虫菊酯类是触杀剂，其对蚜虫也有效，但容易产生抗性，因而不适于防治蚜虫。当防治对象有多种农药可选择时，首先应选用毒性最低的品种，在农药毒性相当的情况下，应选用低残留的品种。半衰期小于一年的，称为低残留农药。

（二）适用施药

应了解有害生物的不同生长发育阶段的发生规律和对农药的忍受力，如鳞翅目幼虫在三龄前耐药性低，此时施药不易产生抗性，天敌也少，用药量也小；对于介壳虫一类，务必在未形成介壳前施药，对于病害应在发病初期或发病前喷药防治。施药还应考虑天气条件，对于有机磷制剂在温度高时药效好，拟除虫菊酯类在温度低时效果更好。辛硫磷见光易分解，宜在傍晚使用。在雨天不宜喷药，以免药剂被雨水冲刷掉。

（三）掌握有效用药量

掌握有效用药量主要是指准确地控制药液的质量浓度、单位面积用药量和用药次数。每种农药对某种防治对象都有一个有效用量范围，在此范围内可根据寄主发育阶段和气温情况进行调节，也可根据防治指标合理确定有效用药量，防治效果一般首次检查应达到90%以上。超量用药不仅能够造成浪费，还会产生药害和发生人畜中毒事故，导致土壤污染。施药次数应根据有害生物和寄主的生物学特性及农药残效期的长短灵活确定。为了防止抗药性的产生，通常一种农药在一年中使用不应超过两次，应与其他农药交替使用。

（四）选择科学的施药方法

1. 合理混用农药

应根据有害生物的危害特点选择施药方法，如北方春季松毛虫上树前，可选择绑毒绳方法阻止松毛虫幼虫上树，对蛀干害虫可在树干上堵孔施药。

2. 混用原则

合理混用农药不仅能够防治多种有害生物，省药省工，而且还可防止抗药性的产生。农药能否混用，必须符合下列原则：

①要有明显的增效作用。如拟除虫菊酯类和有机磷混用，都比单剂效果好。

②对植物不发生药害，对人畜的毒性不能超过单剂。

③能扩大防治对象。如三唑酮和氧化乐果混用，可兼治锈病和蚜虫。

④降低成本。

3. 注意事项

应注意农药禁止混用的情况：

①酸性农药不宜和碱性农药混用。

②混合后对乳剂有破坏作用的农药间不能混用。

③有机硫类和有机磷类农药不能与铜制剂的农药混用。

④微生物类杀虫剂和内吸性有机磷杀虫剂不能与杀菌剂混用。

七、农药的安全使用

使用农药必须严格执行农药使用的有关规定。在农药运输过程中，运药车不可载人和混载食物、饲料、日用品；搬运应轻拿轻放，衣服上沾上有机磷药液，应立即脱下并用50g/L的洗衣粉浸泡一天后洗净。各类农药应分开存放，库房应通风、干燥、避光，不与粮食、饲料等混放。在配制农药时，应设专人操作；操作地点应远离居民点，并在露天进行；操作者应在上风处，应佩戴胶皮手套，若偶然将药液溅到皮肤上，应及时用肥皂清洗。配制时应用棍棒搅拌，不能用手代替；拌种时不留剩余种子。施药作业人员应选择青壮年，并应穿戴好口罩、手套、长衣、长裤及风镜等；喷药时应顺风操作，风大和中午高温时应停止施药；施药过程中不能吸烟和吃东西，应严格掌握喷药量。喷药结束后立即更衣，用肥皂洗脸、洗手并漱口。喷洒（撒）剧毒农药工作时间每天不应超过6h。喷过剧毒农药的地方应设置"有毒"标志，防止人畜进入。剩余的药剂、器具应及时入库，妥善处理，不得随便遗弃。

在农药使用过程中，一旦发现如头昏头痛、恶心呕吐、无力、视力模糊、腹痛腹泻、抽搐痉挛、呼吸困难和大小便失禁等急性中毒症状时，首先应将中毒病人搀离接触农药场地，脱去其被农药污染的衣服，用肥皂水清洗被污染的皮肤，眼睛被污染后可用生理盐水或清水冲洗。如中毒病人出现呼吸困难可进行人工呼吸，心跳减弱或停跳时应进行胸外心脏按压。口服中毒者，可将两汤匙食盐加在一杯水中催吐，或用清洁的手指抠咽喉底部催吐。

有机磷、氨基甲酸酯类农药中毒时，用20g/L小苏打洗胃，肌肉注射阿托品1～2mL；拟除虫菊酯类中毒时，可吞服活性炭和泻药，肌肉注射异戊巴比妥钠。重度中毒者应进行胃管抽吸和灌洗清胃，中毒者一般在1～3周内恢复。有机氮农药中毒时，可用葡萄糖盐水、维生素C、中枢神经兴奋剂、利尿剂等对症治疗。

八、林业防治常用药械

(一)背负式手动喷雾器

背负式手动喷雾器具有结构简单、使用方便、价格低廉等特点,适用于草坪、花卉、小型苗圃等较低矮的植物。主要型号有工农-16型(3WB-16),改进型有3WBS-16、3WB-10等型号。背负式手动喷雾器工作原理如图2-2所示。工农-16型喷雾器的工作过程如下:用手上下撖动摇杆,活塞杆便带动皮碗活塞,在泵筒(唧筒)内做上下往复运动。当活塞杆带动皮碗活塞上行时,皮碗活塞下面的腔体容积增大,形成负压,在压力差的作用下,药液箱内的药液经吸液管上升,顶开进液阀进入泵筒,完成吸液过程。当活塞杆带动皮碗活塞从上向下运动时,泵筒内的药液压力增高,将进液阀关闭,出液阀被顶开,压力药液经出液阀进入空气室。空气室内的空气被压缩,形成对药液的压力。当每分钟掀动摇杆18~25次时,药液可达正常工作压力(196~392kPa),打开开关,药液即经输液管,由喷头以雾状喷出,使用喷孔直径13mm的喷孔片时,喷药量为0.6~0.7L/min。

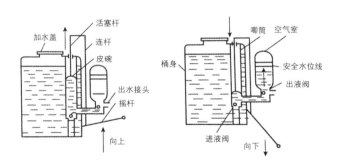

图2-2 背负式手动喷雾器工作原理

(二)背负式机动喷雾喷粉机

背负式机动喷雾喷粉机既可喷雾又可喷粉,将喷雾喷头换成超低量喷头时,还可进行超低量喷雾,适用于林业有害生物的防治。背负式机动喷雾喷粉机由动力部分、药械部分、机架部分组成。动力部分包括小型汽油发动机、油箱;药械部分包括单极离心式风机、药箱和喷洒(撒)装置;机架部分包括上机架、下机架和背负装置、操纵装置等。

1. 喷雾工作过程

发动机带动风机叶轮旋转,产生高速气流,并在风机出口处形成一定压力。其中大部分高速气流经风机出口流入喷管,而少量气流经过风阀、进气塞、软管,经过滤网出气口返入药箱内,使药液形成一定的压力。药箱内药液在压力作用下,经粉门、输液管接头进入输液管,再经手柄开关直达喷头,从喷头嘴周围的小孔流出。在喷管高速气流的冲击下,使药液弥散成细小雾点,吹向被喷雾的植物。

2. 喷粉工作过程

发动机带动风机叶轮旋转，产生高速气流。产生的气流大部分流经喷管，一部分经进气阀进入吹粉管，起疏松和运输粉剂作用。由于进入吹粉管的气流速度高，而且有一定的压力，气流便从吹粉管周围的小孔钻出，使药粉松散，并吹向粉门口。由于输粉管出口为负压，有一定的吸力，药粉流向弯管内，此时正遇上风机吹来的高速气流，药粉便从喷管吹向被喷植物。

背负式机动喷雾喷粉机工作原理如图2-3所示。

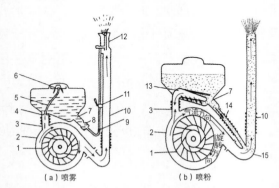

（a）喷雾　　　　　（b）喷粉

1—轮装组；2—风机壳；3—出风筒；4—进风筒；5—进气软管；
6—过滤网组合；7—粉门；8—出水塞；9—输液管；10—喷管；
11—开关；12—喷嘴；13—吹粉管；14—输粉管；15弯管。

图2-3　背负式机动喷雾喷粉机工作原理

（三）热力烟雾机

热力烟雾机是利用内燃机排气管排出的废气热能使油剂农药形成微细液化气滴的气雾发生机，实际没有固体微粒产生，只因习惯上的原因，一直称为热力烟雾机。按其移动方式，可分为手提式、肩挂式、背负式、担架式、手推式等；按照工作原理可分为脉冲式、废气舍热式、增压燃烧式等。

1. 发动机启动（带副油箱一体化化油器）

打气筒打气或气泵打气，一定流量和压力的空气通过单向阀和管路进入化油器体上的集成孔道，一路进入副油箱，将副油箱中的油压至油嘴；一路进入化油器体内，喷油嘴喷出的燃油在喉管处与进入喉管中的空气气流混合，并进入燃烧室的进气管中。与此同时，点火系统开关接通，产生高压电，火花塞放出高压电弧，点燃混合气。混合气点火"爆炸"，燃烧室及化油器内压力迅速增高。这股高压气体使进气阀片关闭进气孔，并以极高的速度冲出喷管。

2. 正常工作循环

在前一工作循环排气惯性力作用下，进气阀片打开进气孔，将新鲜空气吸入，燃油也从油嘴吸入。混合气进入燃烧室，与前一循环残留的废气混合形成工作混合气。同时，该混合气又被炽热废气点燃，接着进行燃烧、排气过程，脉冲式发动机就是按照燃烧—排气的循环过程不断地工作。

3. 喷烟雾过程

由化油器引压管引出一股高压气体，使其经增压单向阀、药开关，加在药箱液面上，产生一定的正压力。药液在压力的作用下经输药管、药开关、喷药嘴量孔流入喷管内。在高温、高速气流作用下，药液中的油烟剂被蒸发，破碎成直径50μm的烟雾，从喷管喷出，并迅速扩散弥漫，与靶标接触。

热力烟雾机工作原理如图2-4所示。

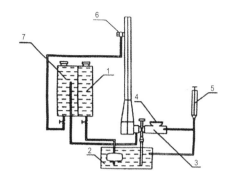

1—油箱；2—副油箱；3—化油器；4—化油器盖；
5—气筒；6—喷药嘴；7—药箱。

图2-4　热力烟雾机工作原理

（四）打孔注药机

打孔注药机为创孔无压导入法注药方式。它由钻孔部分和注药部分组成。钻孔部分由1E36FB型汽油机通过软轴连接钻枪，钻头可根据需要在10mm范围内调换；注药部分由金属注射器通过软管连接于药箱，可连续注药，注药量可在1~10mL内调节。

BG305D背负式打孔注药机净质量为9kg，最大输出功率为8kW，转速为6000r/min，油箱容积为14L，使用（25~30）：1的燃油，点火方式为无触点电子点火。钻枪长450mm，适用于杨树和松树，最大钻孔深度为70mm。药箱容积为5L，定量注射器外形尺寸为200mm×110mm×340mm（长×宽×高）。

● 任务实施计划制订

对任务进行实施，并填写任务实施计划表，如表2-3所示。

表2-3　任务实施计划表

班　级		指导教师	
任务名称		日　期	
组　号		组　长	
组　员			

续表

农药种类	
农药使用	

化学农药识别

工作任务	利用肉眼或放大镜识别各种农药；通过标签信息及性能测定检查农药的质量。测试农药理化性能时应戴好胶皮手套，注意不要使药液接触皮肤。实验结束后应用肥皂洗手，用具应清洗干净
实施时间	植物病害发生期
实施地点	化学农药实验室。配备多媒体设备以及放大镜、烧杯、药勺、滴管、胶皮手套等用具
教学形式	课前布置自主学习任务，完成自学笔记，学生以小组为单位收集林业常用农药名录，标明各农药的规格、剂型、使用方法等。采用多媒体演示，采用教学做一体化的教学模式，在教师指导下识别各种化学农药，观察其性状及质量
学生基础	具有判断农药质量的基本技能；具有一定的自学和资料收集与整理能力
学习目标	识别林业生产常用化学农药的种类；能根据农药标签的信息及性状判别农药质量
知识点	昆虫生长调节剂类（苯甲酰脲类）杀虫剂、拟除虫菊酯类杀虫剂、有机磷酸酯类杀虫剂、其他化学合成的内吸性较强杀虫剂、熏蒸杀虫剂、生物农药类杀虫剂识别；无机杀菌剂、有机合成杀菌剂、抗生素类杀菌剂识别；杀螨剂识别；农药质量识别

知 识 准 备

一、杀虫剂识别

1. 昆虫生长调节剂类（苯甲酰脲类）杀虫剂

以灭幼脲、除虫脲、氟铃脲、苯氧威等药剂为观察对象，识别昆虫生长调节剂类（苯甲酰脲类）杀虫剂特点。这类药剂通过抑制昆虫生长发育，如抑制蜕皮、抑制新表皮形成、抑制取食等，最后导致害虫死亡。其化学结构多为苯甲酰脲衍生物，主要是胃毒，有一定触杀性能，无内吸活性，作用于幼虫、若虫，使其不能蜕皮而死亡，作用于卵而使其不能孵化。其毒性低，污染少，对天敌和有益生物影响小。一般应在低龄幼虫发生高峰时施药，由于杀虫作用缓慢，害虫大发生时应与速效型药剂混用。

2. 拟除虫菊酯类杀虫剂

以敌杀死、凯素灵、凯安保、速灭杀丁、杀灭菊酯、氯氰菊酯、功夫菊酯、灭扫利等药剂为观察对象，识别拟除虫菊酯类杀虫剂特点。这类药剂是模拟除虫菊花中所含的天然除虫菊素化学结构而合成的昆虫神经性毒剂，具有高效、杀虫谱广、低毒、对人畜和环境较安全的特点。其主要作用方式是触杀和胃毒作用，无内吸作用。这类杀虫剂易使害虫产生抗药性。

3. 有机磷酸酯类杀虫剂

以辛硫磷、敌百虫、氧化乐果、敌敌畏、杀螟松、三唑磷、速扑杀、毒死蜱等药剂为观察对象，识别有机磷酸酯类杀虫剂特点。这类药剂主要杀虫作用机制是抑制昆虫体内神经组织中胆碱酯酶的活性，破坏神经信号的正常传导，引起一系列神经系统中毒症状，导致昆虫死亡。有机磷酸酯类杀虫剂药效较高，一般随气温上升毒力增强；有触杀、胃毒、熏蒸及内吸等多种杀虫作用方式；化学性质不稳定，一般可水解、氧化、热分解，易在动植物体内及自然环境下降解；通常不能与碱性农药混用；一般对植物安全，不致发生药害；有许多品种对人畜等毒性大。

4. 其他化学合成的内吸性较强杀虫剂

以吡虫啉、噻虫啉等药剂为观察对象，识别其他化学合成的内吸性较强杀虫剂的特点。吡虫啉为全新结构的超高效内吸性神经毒剂，对人畜低毒。常见的剂型有10%可湿性粉剂、20%可溶性粉剂、5%或20%乳油。一般使用10%可湿性粉剂稀释2000～4000倍液喷雾。噻虫啉具有较强的内吸、触杀和胃毒作用，与常规杀虫剂（如拟除虫菊酯类、有机磷酸酯类和氨基甲酸酯类）没有交互抗性，因而可用于抗性治理，是防治刺吸式口器和天牛、松毛虫、美国白蛾等咀嚼式口器害虫的高效药剂，尤其对松褐天牛有很高的杀虫活性。其毒性极低，对人畜具有很高的安全性，而且药剂没有臭味或刺激性，不会污染空气。由于半衰期短，噻虫啉残质进入土壤和河流后也可快速分解，对环境造成的影响很小。

5. 熏蒸杀虫剂

以磷化铝、硫酰氟等药剂为观察对象，识别熏蒸杀虫剂的特点。这类药剂以气态经害虫呼吸系统进入虫体而使害虫中毒死亡的作用方式，称为熏蒸杀虫作用。熏蒸杀虫剂一般具有杀虫谱广、兼治其他有害生物、杀虫较彻底等特点。施用熏蒸杀虫剂必须在封闭环境下，并应有较高的环境温度和湿度，因为较高的温度有利于药剂扩散，而对于土壤熏蒸，较高的温湿度有利于增加有害生物的敏感性。在林业植物检疫除害处理中，防治蛀干害虫和木材害虫时多用熏蒸杀虫剂。

6. 生物农药类杀虫剂

以苦参碱、烟碱、苏云金芽孢杆菌、白僵菌、阿维菌素等药剂为观察对象，识别生物农药类杀虫剂的特点。生物农药是指利用微生物活体或生物代谢过程产生的具有生物活性的物质，或通过仿生合成具有特异作用的农药制剂。它包括微生物（病毒、细菌和真菌）、植物源农药（植物提取物）、微生物的次生代谢产物（抗生素）和昆虫信息素等。

生物农药具有以下特点：

①对哺乳动物毒性低，使用中对人畜比较安全。

②防治谱较窄，甚至有明显选择性，对非靶动物安全。

③生物农药都是自然界存在的生物体或天然产物，在环境中易被分解或降解，不产生残毒和生物富集现象，不破坏环境。

④对靶标生物作用缓慢，遇到有害生物大发生时不能及时控制危害。

二、杀菌剂识别

（一）无机杀菌剂识别

1. 波尔多液

波尔多液是指用硫酸铜、生石灰和水配制成的天蓝色的悬浮液。其有效成分为碱性硫酸铜，是良好的保护剂，对防治多种林木真菌病害有良好效果，但对锈病和白粉病防治效果较差。常用剂型为1%等量式（硫酸铜：生石灰：水＝1：1：100），每隔15天喷雾一次，共喷1～3次。波尔多液应现配现用，由于其对金属有腐蚀作用，不宜在桃、李、梅、杏、梨、柿子上使用。

2. 石硫合剂

石硫合剂是指用生石灰、硫黄粉熬制成的红褐色透明液体。它呈强碱性，有强烈的臭鸡蛋气味，杀菌有效成分为多硫化钙，低毒。石硫合剂可防治多种林木病害，尤其对锈病、白粉病最有效，对介壳虫、虫卵和其他一些害虫也有较好的防治效果，但它不能防治霜霉病。常见剂型为29%水剂、30%固体剂、45%结晶。生长季喷0.2～0.5°Bé[1]，每半个月喷一次，至发病期结束；植物休眠期喷3～5°Bé，南方可用0.8～1°Bé喷雾，铲除越冬病菌、介壳虫、虫卵等。石硫合剂不宜与其他乳剂混用，气温32℃以上时不宜使用。贮存母液时应在容器内滴入一层煤油等，并密封器口。

---

1) 波美度与相对密度的换算

波美密度计有两种，测量比水重的液体为重表，测量比水轻的液体为轻表。我国在生产中很少使用波美计。15℃时重波美计波美度与相对密度的关系式为：

$$d（15℃/15℃）= \frac{144.3}{144.3 - °Bé}$$

（二）有机合成杀菌剂识别

1. 代森锌

代森锌原药为淡黄色或灰白色粉末，有臭鸡蛋味，难溶于水，吸湿性强，且在日光下不稳定。但其挥发性小，遇碱或含铜药剂易分解，对人畜低毒，为广谱性保护剂，对多种霜霉病菌、炭疽病菌等有较强的触杀作用。其对植物安全，残效期为7天。常用剂型为65%或80%可湿性粉剂。常用稀释倍数为65%可湿性粉剂500倍、80%可湿性粉剂800倍。

2. 代森锰锌

代森锰锌原药为灰黄色粉末，不溶于水。遇酸碱均易分解，高温时遇潮湿也易分解，对人畜低毒，为广谱性保护性杀菌剂。常用剂型为70%可湿性粉剂、25%悬浮剂。70%可湿性粉剂稀释400～600倍液喷药3～5次可防治炭疽病、霜霉病、灰霉病、叶斑病、锈病等。该药剂常与内吸性杀菌剂混配，用于延缓抗性产生。

3. 百菌清

百菌清为广谱性保护剂，低毒，耐雨水冲刷，不溶于水。它无内吸作用，药效期为7～10天。可防治落叶病、赤枯病、枯梢病等多种病害。常用剂型为75%可湿性粉剂，外观白色至灰色；10%油剂；25%烟剂。可用75%可湿性粉剂500～800倍液喷雾，10%油剂超低量喷雾，25%烟剂15kg/hm²林间放烟。该药剂对人的皮肤和眼睛有刺激作用。

4. 多菌灵

多菌灵为广谱内吸性杀菌剂，具有保护和治疗作用，耐雨水冲洗，低毒。它对某些子囊菌和大多数半知菌引起的病害有效，对锈菌无效，药效期为7天。常用剂型为40%悬浮剂、25%或50%可湿性粉剂，外观褐色。可湿性粉剂的常用稀释倍数为400～1000倍喷雾。涂刷树木伤口可用25%可湿性粉剂100～500倍液。多菌灵可与一般杀菌剂混用，但不能与碱性及铜制剂混用，不宜在一种林木的一个生长季节连续使用。

5. 甲基硫菌灵（甲基托布津）

甲基硫菌灵为内吸性杀菌剂，具有保护及治疗作用，在植物体内转化为多菌灵而起杀菌作用。同时，它还有促进植物生长的作用。低毒，可防治白粉病、炭疽病等多种病害，药效期为5～7天，对霜霉病无效。常用剂型为70%可湿性粉剂，外观灰棕色或灰紫色。用70%可湿性粉剂1000倍液喷雾。甲基硫菌灵不能与碱性和无机铜制剂混用。

6. 烯唑醇（速保利）

烯唑醇为具有保护、治疗、铲除作用的广谱内吸性杀菌剂，对白粉病、锈病、黑粉病、黑星病等有特效。其对人畜有毒（中毒）。常见剂型为125%超微可湿性粉剂。一般使用方法为125%超微可湿性粉剂稀释2000～3000倍喷雾。

（三）抗生素类杀菌剂识别

农用链霉素为放线菌所产生的代谢物，具有内吸作用，能传导到植物体其他部位，杀菌谱广。革兰氏阳性细菌对链霉素的反应比革兰氏阴性细菌更为敏感。其对人畜低毒，无慢性毒性。外观为白色粉末，易溶于水。常用剂型为15%～20%可湿性粉剂、0.1%～8.5%粉剂等，用于喷雾。注射有效成分含量为100～400μg/g；灌根为1000～2000μg/g，可与其他抗菌素、杀菌剂等混用，但不能在酸性和碱性条件下混用。

三、杀螨剂识别

以哒螨灵（速螨酮、哒螨酮、哒螨净）为观察对象，识别杀螨剂特点。该药剂为广谱性高效杀螨、杀虫剂。它具有触杀作用，无内吸传导作用，低毒。其对螨的各个发育阶段都有很高的活性，且不受温度变化影响，早春或秋季均可使用。杀螨剂具有击倒速度快、持效期长的特点。用于防治红蜘蛛、叶螨、全爪螨、小爪螨和瘿螨，并可兼治半翅目、缨翅目害虫（如粉虱、叶蝉、棉蚜、蓟马、白背飞虱、桃蚜、蚧等）。常用剂型为15%乳油、20%可湿性粉剂。通常用15%乳油1500倍液或20%可湿性粉剂2000倍液喷雾，并着重喷叶背面。该药剂因易诱发抗药性，一年内最多使用两次。该药剂不宜与石硫合剂和波尔多液等强碱性药剂混用。

四、农药质量识别

农药质量识别步骤如下：

①查看每种农药包装物的形态，确定是否有产品合格证、每种商品农药标签的项目内容是否完整，并加以比较。

②检验供试商品农药制剂的性状，对照识别方法，检验供试药剂的质量。

下面介绍农药性状简易识别法。

1. 粉剂、可湿性粉剂

粉剂、可湿性粉剂应为疏松粉末，无团块，颜色均匀。如有结块或较多颗粒，说明已受潮湿或过期。

理化性能测试：将一烧杯盛满水，取半匙可湿性粉剂，在距水面1～2cm高度将可湿性粉剂一次倾入水中。合格的可湿性粉剂应能尽快地在水中逐步湿润分散，全部湿润时间一般不超过2min；优良的可湿性粉剂在投入水中后不加搅拌就能形成较好的悬浮剂，如将瓶摇匀，静置1h，底部固体沉降物应较少。

2. 乳油

乳油应为均匀液体。如出现分层和混浊现象，或者加水稀释后的乳状液不均匀或有沉淀物，说明质量有问题。

理化性能测试：将一烧杯盛满水，用滴管或玻璃棒移取乳油制剂，滴入使其静止于水面上。乳化性能良好的乳油能迅速扩散，稍加搅拌可形成白色牛奶状乳液，静置0.5h，无可见油珠和沉淀物出现。

3. 悬浮剂

悬浮剂应为可流动的悬浮液，无结块，较长时间存放时表面会析出一层清液，固体粒子明显有所下降，但摇晃后能恢复原状，具有良好的悬浮性。如果经摇晃后不能恢复原状或仍有结块，说明质量有问题。

● 任务实施计划制订

对任务进行实施，并填写任务实施计划表，如表2-4所示。

表2-4　任务实施计划表

班　级		指导教师	
任务名称		日　期	
组　号		组　长	
组　员			
农药种类			
农药检测			

任务四　化学农药配制与质量检测

工作任务	配制波尔多液、熬制石硫合剂、配制白涂剂。工作中应注意，材料称量准确，应充分研细、搅拌均匀。波尔多液应现配现用，不加水稀释；石硫合剂熬制时，应先用强火煮沸，然后调整火力保持均匀，使药液保持沸腾而不外溢，用热水补充蒸发水量，且不宜用铜锅、新铁锅或铝锅熬制，以防腐蚀，原液贮存时要放在密闭贮器中，或上面放一层煤油；配制白涂剂的石灰质量要好，加水消化应彻底，否则会伤树皮

续表

实施时间	植物病害发生期
实施地点	化学农药实验室。配备多媒体设备以及量筒、塑料桶、木棒、烧杯、研钵、玻璃棒、试管、试管架、粗天平、试管刷、石蕊试纸、波美密度计、电炉、纱布、手动喷雾器、手套、口罩、刷子等用具；并提供硫酸铜、生石灰、硫黄粉、水、盐、动物油等配制原料
教学形式	课前发放工作任务单，布置自主学习任务。训练中以多媒体演示，进行案例分析。学生分组操作，教师予以指导，采用教学做一体化的教学模式完成训练任务
学生基础	具有配制化学制剂的基本技能；具有一定的自学和资料收集与整理能力
学习目标	掌握波尔多液、石硫合剂、白涂剂等常用药剂的配制方法；学会质量检测
知识点	配制波尔多液；熬制石硫合剂；配制白涂剂

知 识 准 备

一、配制波尔多液

（一）配制方法

可用以下方法配制1%等量式波尔多液（硫酸铜：生石灰：水=1：1：100）。

1. 两液同时注入法

用1/2水溶解硫酸铜，用另1/2水溶化生石灰，待冷却，然后同时倒入第三个容器中，边倒边搅拌即可。

2. 稀硫酸铜溶液注入浓石灰水法

用4/5水溶解硫酸铜，用另1/5水溶化生石灰，然后以稀硫酸铜溶液倒入浓石灰水中，边倒边搅拌即可。

3. 浓石灰水注入稀硫酸铜溶液法

原料准备同稀硫酸铜溶液注入浓石灰水法，但应将浓石灰水倒入稀硫酸铜溶液中，边倒边搅拌即可。

4. 稀释法

各用1/5水稀释硫酸铜和生石灰，两液混合后，再加3/5水稀释。搅拌方法同前。

（二）质量鉴定方法

药液配好后，用以下方法鉴定质量。

1. 观察颜色

比较不同方法配制的波尔多液颜色是否一致。

2. 检查酸碱性

将石蕊试纸分别投入制成的波尔多液中，测定其酸碱性。

3. 检查沉降速度

将不同方法配制的波尔多液分别装入试管中，静置30min，观察波尔多液的沉降速度和沉降体积。沉降以越慢越好，沉淀后上部清水层越薄越好。

二、熬制石硫合剂

（一）药剂熬制

按生石灰∶硫黄粉∶水 = 1∶2∶100配比。称取生石灰25g，硫黄粉50g，水2500mL。将生石灰放入铁锅内，用少量水化开呈糊状，再将称好研细（能过40目筛）的硫黄粉慢慢加入糊状石灰乳中。搅拌均匀后，将其余的水倾倒入铁锅内，用木棒将药液深度做一标记，然后煮沸，并不断搅拌。蒸发的水要用热水不断补入，以保持原有药量。经40～45min，至药液呈深红棕色，药渣为黄绿色时停火。冷却后，用双层纱布过滤去渣即成原液。

（二）质量检查

1. 颜色

优良的石硫合剂是透明的琥珀色溶液，底部有很少的黄绿色残渣。

2. 浓度

用波美密度计测定。将波美密度计放入盛有石硫合剂澄清液的量筒中，密度计上刻有波美密度数值，液面水平的计数即药液波美度（°Bé），一般熬制的原液可达26～28°Bé。

3. 相对密度

在无波美密度计时，可采用一个浅色玻璃瓶，先用标准秤称出其质量，再装满清水称出水重；然后将清水倒掉甩干，装满石硫合剂原液，称得原液质量；再用水的净重减去原液的质量，所得到的数值，就是原液的普通相对密度；最后，查波美相对密度与普通相对密度换算表（表2-5），求出波美相对密度。

表2-5　波美相对密度与普通相对密度换算表

普通相对密度	波美相对密度	普通相对密度	波美相对密度
1.0000	0	1.1600	20
1.0007	0.1	1.1694	21
1.0012	0.2	1.1789	22

续表

普通相对密度	波美相对密度	普通相对密度	波美相对密度
1.0023	0.3	1.1885	23
1.0025	0.4	1.1983	24
1.0035	0.5	1.2083	25
1.0069	1.0	1.2185	26
1.1154	15	1.2298	27
1.1240	16	1.2373	28
1.1328	17	1.2500	29
1.1317	18	1.2600	30
1.1508	19	—	—

（三）药剂使用

10月中、下旬，选择校园内乔木树种，在离地面13~15m高度的树干上，用刷子均匀涂刷白涂剂，直至树基部。

（四）稀释计算

可按式（2-6）进行稀释计算。

$$加水倍数（质量）= \frac{原液波美度（°Bé）-使用波美度（°Bé）}{使用波美度（°Bé）} \quad （2-6）$$

三、配制白涂剂

称取生石灰5kg，石硫合剂原液0.5kg，盐0.5kg，动物油0.1kg，水20kg。用少量热水将生石灰和盐分别化开，然后将两液混合并倒入剩余的水中；再加入石硫合剂、动物油搅拌均匀即可。

● 任务实施计划制订

对任务进行实施，并填写任务实施计划表，如表2-6所示。

表2-6　任务实施计划表

班　级		指导教师	
任务名称		日　期	

续表

组　号		组　长	
组　员			
农药配制			
农药质量 检测报告			

任务五　林业防治药械使用

工作任务	林业防治药械使用
实施时间	病虫害发生期
实施地点	可供40～50人操作的野外实训场所，最好选择在有病虫害发生的林区进行。配备手动喷雾器、3MF-6型弥雾喷粉机、BG-305D型背负式打孔注药机及机械维护用具等
教学形式	课前布置自主学习任务，让学生对背负式手动喷雾器、背负式机动弥雾喷粉机、打孔注药机的工作原理与结构有初步的了解。课上采用教师示范、学生模仿、分组操作、反复训练的方式完成实训任务
学生基础	认识常用林业防治药械
学习目标	会使用常用林业防治药械；能进行问题检测与保养
知识点	手动喷雾器的使用与维护；喷雾喷粉机的使用与维护；打孔注药机的使用与维护

知识准备

一、背负式手动喷雾器的使用与维护

（一）背负式手动喷雾器主要工作部件识别

1. 药液箱

药液箱多由聚氯乙烯材料制成，容积为16L。药液箱加水口内装有滤网，箱盖中心有一连通大气的通气孔，药液箱上标有水位线。

2. 液泵

液泵为喷雾器的核心部件，其作用是给药液加压，迫使药液通过喷头雾化并喷洒在施药对象上。液泵分为活塞泵、柱塞泵和隔膜泵三种。工农-16型喷雾器采用皮碗活塞式液泵，由泵筒、活塞杆、皮碗、进液阀和出液阀等组成。

3. 空气室

空气室是贮存空气的密闭耐压容器，其作用是消除往复式压力泵的脉动供液现象，稳定药液的喷射压力。进液口与压力泵相通，出液口与喷射管路相接。喷雾器长时间连续工作时，有压力的空气会逐渐溶于药液中，使空气室内的空气越来越少，药液压力的稳定性变差。因此，长时间连续工作的喷雾器应定时排除空气室中的药液。目前生产的一些喷雾器的空气室用橡胶隔膜将药液与空气隔开，克服了这一缺点。

4. 喷头

喷头是喷雾器的主要部件，其作用是使药液雾化和使雾滴分布均匀。工农-16型喷雾器配有侧向进液式喷头，也可换装涡流片式喷头，这两种喷头均为圆锥雾式喷头。

（二）背负式手动喷雾器使用方法

1. 安装

先将零件揩擦干净，再将卸下的喷头和套管分别连接在喷管的两端，然后将胶管分别连接在直通开关和出水接头上。安装时，应注意检查各连接处垫圈有无漏装、是否放平、连接是否紧密。应根据防治对象、用药量、林木种类和生长期选用适当孔径的喷孔片和垫圈数目。13～16mm孔径喷孔片适合常量喷雾，0.7mm孔径喷孔片适宜低容量喷雾。

2. 检查气筒是否漏气

可抽动几下活塞杆，如果手感到有压力，而且听到喷气声音，说明气筒完好不漏气，这时在皮碗上加几滴油即可使用。如果情况相反，说明气筒中的皮碗已变硬收缩，取出并放在机油或动物油中浸泡，待胀软后，再装上使用。安装皮碗时，将皮碗的一半斜放于气筒内，边转边插入，切不可硬塞。

3. 检查各连接部位有无漏气、漏水现象，观察喷出雾点是否正常

将药液箱内放入清水，装上喷射部件，旋紧拉紧螺帽，抽拉活塞杆，打气至一定压力，进行试喷。如有故障，应查出原因，加以修复再喷洒药液。

4. 在放入药液前，做好药液的配制和过滤工作

添加药液时，应关闭直通开关，以免药液流出，注意应添至外壳标明的水位线处。如超过此线，药液会经唧筒上方的小孔进入唧筒上部，影响工作。另外，药液装有过

多，压缩空气就少，喷雾就不能持久，就要增加打气次数。最后，盖好加水盖（放平、放正、紧抵箱口），旋紧拉紧螺帽，防止盖子歪斜，以免造成漏气。

5. 扳动摇杆后喷雾

喷药前，先扳动摇杆6～8次，使空气室内的气压达到工作压力后，再进行喷雾。如果扳动摇杆感到沉重，则不能过分用力，以免空气室外爆炸，而损伤人或物。打气时，应保持活塞杆在气筒内竖直上下抽动，不要歪斜。下压时，应快而有力，使皮碗迅速压到底，这样压入的空气量就多。上抽时应缓慢，使外界的空气容易流入气筒。背负作业时，每分钟撤动拉杆18～25次为宜，一般每走2～3步就要上下扳动摇杆一次。

（三）背负式手动喷雾器日常保养

喷药完毕后，应倒出残液，妥善处理。应清洗喷雾器各部所有零件（如喷管、摇杆等），涂上黄油防锈。零部件不能装入药液箱内，以防损坏防腐涂料，影响使用寿命。拆卸后再装配时，应注意空气室螺钉上的销钉是否滑出，同时不要强拧空气室螺钉，以免损坏。

二、背负式机动喷雾喷粉机的使用与维护

（一）背负式机动喷雾喷粉机主要工作部件识别

1. 药箱

药箱是盛装药粉的装置。根据弥雾或喷粉作用的不同，药箱中的装置也不同。弥雾作业时，药箱装置由药箱、箱盖、箱盖胶圈、进气软管、进气塞、进气胶圈及粉门等组成。需要喷粉时，药箱无须调换，只要将过滤网连同进气塞取下换上吹粉管，即可进行喷粉。

2. 风机

风机为高压离心式，用铁皮制成，它包括风机壳和叶轮。风机壳呈蜗壳形，叶轮为闭式，在叶轮中心有轮轴，通过键固定在发动机曲轴尾端。当发动机运转时，叶轮也一起旋转。这种风机叶轮采用径向前弯式的叶片装置，外形尺寸较小，质量较轻，风量大，风压高，所以吹扬药粉均匀，特别是在用长塑料薄膜喷管作业时，粉剂能高速通过被喷植物，形成一片烟雾。

3. 喷射部件

喷射部件包括弯管、软管、直管、喷头、输液管和输粉管等。根据作业项目的不同，应安装相应的工作部件，以适应弥雾和喷粉的需要。弥雾作业时，喷射部件由弯管、软管、直管、输液管、手把开关和喷头组成。当进行喷粉作业时，应将输液管和喷头去掉，换装输粉管。

此外，还应了解小型汽油机的主要部件，以便于掌握弥雾喷粉机的操作。

（二）背负式机动喷雾喷粉机使用方法

1. 启动汽油机

打开燃油开关，使化油器迅速充满燃油；关小阻风阀，使之处于1/4开度，保证供给较浓的混合气以利于启动（热机启动时不必关阻风阀）；扣紧油门扳机，使接流阀或风门活塞处于1/2～2/3开度的启动位置；缓慢地拉启动绳或启动器几次，使混合气进入气缸或油箱；再按同样方法，迅速平衡地拉启动绳或启动器3～5次，即可启动。启动后，将阻风阀立即恢复至全开位置，油门处于怠速位置，在无负荷状态下怠速空转3～5min，待汽油机温度正常后再加油门和负荷，并检查有无杂音、漏油、漏气、漏电现象。

2. 停机

将手油门放在怠速位置，空载低速运转3～5min，使汽油机逐渐冷却，关闭手油门使之停机。严禁汽油机高速运转时急速停机。

3. 喷雾作业

使机具处于喷雾状态，然后用清水试喷一次，检查各连接处有无渗漏。加药时必须用过滤器滤清，防止杂物进入造成管路、孔道堵塞。药液不要加得过满，以免药液从引风压力管流入风机。加药液后，应旋紧药箱盖，以防漏气、漏液。药液质量浓度应较正常喷药浓度大5～10倍。可不停机加药液，但汽油机应处于怠速状态。药液不可漏洒在发动机上，以防损坏机件。汽油机启动后，逐渐开大油门，以提高发动机的转速至5000r/min，待稳定片刻后，再喷洒。行进中应左右摆动喷管，以增加喷幅。行进速度应根据单位面积所需原则喷药量的多少，通过试喷确定。喷洒时喷管不可弯折，应稍倾斜一定角度，且不要逆风进行喷药。

4. 喷粉作业

全机结构应处于喷散粉剂作业状态。粉剂要干燥，结块要碾碎，并除去杂草、纸屑等杂物。最好将药粉过筛后加入药箱并旋紧药箱盖，防止漏气。不停机加药粉，汽油机应处于怠速运转状态，并将粉门关闭好。背机后，油门逐渐开到最大位置，待转速稳定片刻后，再调节粉门的开度。使用长薄膜喷管时，先将薄膜管全部放出，再加大油门，并调节粉门喷撒。前进中应随时抖动喷管，防止喷粉管末端积存药粉。此外，喷粉作业时，粉末易吸入化油器，切勿拿掉化油器内的空气过滤网。

（三）背负式机动喷雾喷粉机日常保养

以背负式机动气力喷雾机为例，其喷雾作业结束后，应保养后再将机具放置在仓库中，具体保养程序如下：

①喷雾机使用结束后，每天应倒出箱内残余药液或粉剂。

②清除机器各处的灰尘、油污、药迹，并用清水清洗药箱和其他与药剂接触的塑料

件、橡胶件。

③喷粉时，每天应清洗化油器和空气滤清器。

④长薄膜管内不得存粉，拆卸之前空机运转1~2min，将长薄膜管内的残粉吹净。

⑤检查各螺钉、螺母有无松动，工具是否齐全。

⑥保养后的喷雾机应放在干燥通风的室内，切勿靠近火源，避免与农药等腐蚀性物质放在一起。

三、打孔注药机的使用与维护

（一）打孔注药机主要工作部件识别

打孔注药机主要工作部件包括汽油机、化油器、油箱、油管、软轴、钻枪、钻头、金属注射器、软管、药箱等。

（二）打孔注药机使用方法

打孔注药机使用方法如下：

①安装好机器，加好90号汽油和药剂。

②将停车开关推至启动位置。

③打开油开关，垂直位置为开，水平位置为关。

④适当关闭阻风门（冬天全关闭，夏天部分关闭，热机不用关闭）。

⑤拉启动绳直至启动为止。

⑥启动后怠速运转5min，预热汽油机。同时按下自锁手柄和油门手柄，使汽油机高速运转。

⑦在树下离地面0.5~1m处向下倾斜15°~45°钻孔，不宜用力压，时刻注意拔钻头，孔径为10mm或6mm，孔深为30~50mm。如果出现钻头卡在树中的情况，应马上松开油门控制开关，使机器处于怠速状态，然后停机，左旋旋出钻头。

⑧用注射器将一定量的药液注入孔中。

⑨停机时，松开油门手柄使汽油机低速运转30s以上，再将停车开关推至停机位置。

（三）打孔注药机日常保养

打孔注药机具体保养程序如下：

①清理汽油机上油污和灰尘。

②拆除空气滤清器，用汽油清洗滤芯。

③检查油管接头是否漏油，接合面是否漏气，压缩是否正常。

④检查汽油机外部紧固螺钉，若松动应旋紧，若脱落应补齐。

⑤每天工作完毕，用清水清洗注射器。

⑥每使用50h向硬轴及软轴外表面补加耐高温润滑脂。

⑦钻头磨钝，应及时更换或调整。

● **任务实施计划制订**

对任务进行实施，并填写任务实施计划表，如表2-7所示。

表2-7 任务实施计划表

班　级		指导教师	
任务名称		日　期	
组　号		组　长	
组　员			
病害地点			
药械操作			
药械日常保养			

任务六 飞机防治林业有害生物

工作任务	飞机防治林业有害生物
实施时间	天气晴朗，无风即可
实施地点	存有树木的防治区域
教学形式	演示、讨论

续表

学生基础	熟悉飞机防治各个环节的技术与管理工作，以适应未来森防工作的需要
学习目标	利用轻型飞机喷洒（撒）农药和生物制剂防治有害生物
知识点	飞机设备的认识；飞机防治的特点及原则；飞机防治的常用机型等

知 识 准 备

在林业有害生物大面积发生、劳动力资源不足、危害程度重且交通不便的情况下，使用飞机防治作业是森林病虫害防治的必要选择。作为林业工作者，必须熟悉飞机防治各个环节的技术与管理工作，以适应未来森防工作的需要。

一、飞机防治的特点

飞机防治是指利用轻型飞机喷洒（撒）农药和生物制剂防治有害生物的生产过程。这种方法具有防治面积大、作业效率高、持续效果好、防治成本低，劳动强度小的特点。飞机防治适用于树高林密、交通不便、有害生物种群密度高、发生面积较大的林区，是应对突发生物灾害、解决地面防治效率低的有效手段。但其会受客观条件影响，如高温、大风、降水、能见度、空气湿度等均会影响作业质量和防治效果。

二、飞机防治的原则

飞机防治的原则如下：

①飞防作业区虫（病）情处于上升趋势，虫口密度（病情指数）达到防治指标。作业区目标害虫寄主树木叶片保存率在50%以上，林木郁闭度在0.5以上。

②使用运五型飞机的作业区应集中成片，面积在667hm²以上。

③作业区地势平缓、山峰之间高差50m以内，坡度不超过45°，距机场不超过60km。

三、飞机防治的常用机型

目前生产上常用机型包括以运五型飞机为代表的固定翼飞机、以H-125（小松鼠）为代表的有人直升机、以大疆T30为代表的无人机。

（一）运五型飞机

运五型飞机是一种国产单发、双翼多用途飞机。作业耗油量为160L/h，装载燃油900kg。其低空性能良好，作业时速为160km/h，作业高度在山区距树冠15～20m，平原地区距树冠10 ~ 15m，起飞降落所用的机场面积小，对机场条件要求较低。在机身中部装有喷管，上有80个喷嘴，喷嘴有五种型号，用以调节喷洒（撒）量。装药量为600 ~ 1000kg，有效喷幅为60m。

（二）有人直升机（以H-125机型为例）

H-125机型配备药箱为ISOLAIR航空专用喷洒器，雾化好，效率高，损耗小，可安装57个等距喷头，且配有恒压装置，可保证整个喷杆的压力均等。设备腹部有紧急抛放口，在紧急情况下，飞行员可以在驾驶舱内实施药液抛放，确保飞行安全。其设备有大中小三档；电磁阀直接进入药液中。飞行员在舱舱内可以通过操纵杆使药液搅拌，防止药液在药箱内因沉淀喷不出或堵喷头现象。连管有一电磁活阀门，当增加喷洒压力时，阀门会自动打开，将药液回流到药箱，从而调整到所需压力喷洒，防止压力过高致使喷药管破裂，以保持整个喷杆上每个喷头的压力均等，每个作业面的喷洒量均匀。

（三）无人机

按照动力不同，无人机可分为油动和电动；按照旋翼不同，可分为单桨和多旋翼。目前应用较多的为电动多旋翼机型。由于无人机具有飞行自动化，操作简单，体积小、携带方便，转场灵活，节水节药，操作时不需要特定的起降点和地勤保障等优点，已广泛应用于林业病虫害普查航拍、遥感监测和防治作业中。

（四）飞机施药设备

飞机施药系统包括常量喷雾、超低容量喷雾、撒颗粒、喷粉等多种施药设备，也可喷施烟雾，具体应根据需要选用。目前主要使用的是喷雾系统。

喷雾设备分为常量喷雾和超低容量喷雾两种，主要由供液系统、雾化部件及控制阀等组成。供液系统由药液箱、液泵、控制阀门、输液管道等组成。航空喷雾设备如图2-5所示。

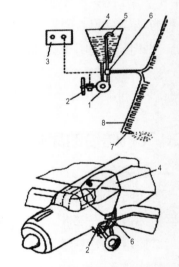

1—液泵；2—风车；3—控制器；
4—药液箱；5—搅拌器；
6—控制阀门；7—喷头；8—喷雾管路。

图2-5　航空喷雾设备

液体农药、农药粉剂用同一药（液）箱装载，液泵由风车或电动机驱动。雾化部件由喷雾管路与喷头组成，根据不同喷雾要求，可更换不同型号的喷头。飞行员在座舱内操纵喷雾控制阀即可实施喷雾。超低容量喷雾与常量喷雾相比，其喷雾量很小，雾滴极细，可以直接喷洒未经稀释的农药原油，其喷雾设备采用高速旋转的盘式或笼式雾化器，其他部件与常量喷雾设备大同小异。

1. 药液箱

药液箱可用不锈钢或玻璃钢制成，为便于飞行员检查药液在药箱中的容量，应安装液位指示器。药液箱加药口有一个网篮式过滤器，通过底部装药口可以较为迅速并且安全地从地面搅拌装置或机动加药车将药液泵入药箱。虽然每个喷头都有过滤网，为防止堵塞喷嘴，泵输入管仍需要安装精细滤网，网孔尺寸取决于喷嘴类型。一般网孔50目适用于大部分喷雾作业，并最适用于喷撒可湿性粉剂。

2. 液泵

液泵通常采用离心泵，由安装在飞机发动机螺旋桨气流中的一个螺旋桨直接驱动。液泵通常在起落架之间，液泵安装在药箱下方以保持处于启动状态。齿轮泵、滚子泵等如需较高的压力，可在靠近泵的进口装一个阀，如果需要保养或者更换泵，不需要将装置中药液排空也能将泵拆下。为使一部分药液流再回到药箱进行液力搅拌，泵需要有足够的流量。

3. 喷杆

固定翼式飞机喷杆长度要比机翼短0.5m，这样可避开翼尖区，以避免翼尖涡流将雾滴向上带。采用加长的喷杆是为了增加喷幅，喷杆通常安装在机翼后缘，安装在机翼下方喷雾分布较均匀。喷杆可采用圆形管，为了减少阻力，也可采用流线型管，对很黏的物质采用的直径可大一些。

（五）飞机防治的农药种类与剂型

飞机施药可喷洒（撒）杀虫剂、杀菌剂、除草剂、植物生长调节剂和杀鼠剂。

①杀虫剂喷雾处理可以采用低容量和超低容量喷雾技术。低容量喷雾的施药液量为 $10 \sim 50L/hm^2$；超低容量喷雾须喷洒专用油剂或农药原油，施药液量为 $1 \sim 5L/hm^2$。一般要求雾滴覆盖密度为每平方厘米20个雾滴以上。

②飞机喷洒触杀性杀菌剂一般采用中容量喷雾技术，施药液量为 $50L/hm^2$ 以上；喷洒内吸杀菌剂可采用低容量喷雾，施药液量为 $20 \sim 50L/hm^2$。

③飞机喷洒除草剂通常采用低容量喷雾，施药液量为 $10 \sim 50L/hm^2$；若使用可湿性粉剂，则施药液量为 $40 \sim 50L/hm^2$。

④飞机喷撒杀鼠剂一般是在林区和草原撒施杀鼠剂的毒饵和毒丸。

适用于飞机喷洒（撒）的农药剂型有粉剂、可湿性粉剂、水分散粒剂、乳油、水剂和可溶性粉剂、油剂、颗粒剂、微粒剂等。飞机喷洒（撒）时应注意以下问题：

①粉剂喷撒中，由于细小粉粒容易飘移，现在已很少使用。

②乳油喷雾时，由于是加水稀释后喷雾，因其中溶剂容易挥发，为防止飞行中着火和水分蒸发后引起的农药飘移，乳油制剂不可直接用于超低容量喷雾，而只能用于中容量和低容量喷雾。

③油剂直接用于超低容量喷雾，其闪点的要求不得低于70℃。

四、飞机防治作业的基本条件

飞机防治受气象因子（如风、雨雾、气温、大气相对湿度等）影响较大。因此，飞机防治作业必须选择晴好天气并设法克服不利气象因子的影响。此外，飞机防治还受地形条件影响。

1. 风

风对单位面积着药量影响较大。同时，由于飞机在飞行时产生巨大的气流和风速，也影响药剂的沉降率，如风速过大，可使大部分药剂飘散。规定的作业条件为喷粉作业时的最大风速平原不超过4m/s，丘陵区不超过3m/s；喷雾时的最大风速不超过5m/s，超过上述条件应停止作业。

2. 雨雾

雨雾会影响药效和飞机起降，也不利于飞行。为避免药效降低，保证飞行安全，雨雾天要暂时停止作业。规定化学药剂24h、仿生制剂48h、生物制剂72h内没有降水方可作业。

3. 气温

适宜喷药的气温是24～30℃。当大气温度超过35℃时，飞机发动机温度过高，飞机性能受到影响，不适于防治作业。同时，由于气温过高，增加了地面辐射而产生上升气流，使药剂随风飘失，对防治作业质量影响很大。规定的作业条件为作业时气温在30℃。

4. 大气相对湿度

空气湿度过大也会影响防治效果。大气相对湿度高于90%时，药粉高悬于空中经久不散，使林木受药很少；低于40%时，过于干燥，药粉因水分蒸发易于飘失。规定的作业条件为喷粉作业大气相对湿度为40%～85%；喷雾作业大气相对湿度为30%～90%。

5. 地形条件

地形过于复杂会直接降低防治效果，也不利于飞行安全，因此地形变化较大的地区不宜使用飞机作业。一般要求地形条件为面积在500hm²以上，林木集中连片，地势平坦，山峰之间高差在50m以内，坡度不超过45°；林分郁闭度在0.3以上；附近有机场或有修建临时简易机场的条件。

● 任务实施计划制订

对任务进行实施，并填写任务实施计划表，如表2-8所示。

表2-8　任务实施计划表

班　级		指导教师	
任务名称		日　期	
组　号		组　长	
组　员			
练习场地			
飞机类型记录			
飞机防治作业 条件记录			

任务七　飞机防治林业病虫害作业

工作任务	飞机防治林业病虫害作业
实施时间	天气晴朗，无风即可
实施地点	根据所选择机型的起降要求、作业半径、水电配备、飞行设计、安全保卫等因素，就近选择民航机场或者军用机场、农用机场及临时起降场作为飞机起降地，并配备飞机防治的各种药剂。野外临时起降场应做好杂物清扫、抑制扬尘、防暑降温和安全保卫等准备
教学形式	演示、讨论
学生基础	了解《民用航空器驾驶员和地面教员合格审定规则》（CCAR－61－R4）中规定的飞机驾驶员相关资质要求
学习目标	了解飞机防治工作的整个工作环节；熟知飞机防治作业设计及药剂喷洒（撒）要求；培养学生严谨认真、安全生产的职业态度
知识点	飞机防治相关法律法规；防治区的规划及作业设计

知 识 准 备

一、飞机防治前期准备工作

1. 飞机防治组织的建立

飞机防治林业有害生物技术要求较高，涉及部门较广，必须具备统一的领导、严密的组织和各部门的大力协作，才能将工作做好。林业部门和林业有害生物防治机构要会同有关部门建立防治作业指挥部，指挥部设行政组和技术组。行政组负责总务、运输、宣传和保卫等工作；技术组负责飞行、信号、装药、效果检查和气象预报等工作。应了解作业现场的组织管理体系。

实施飞机施药防治的单位应具备《中华人民共和国民用航空法》及《一般运行和飞行规则》（CCAR-91-R4）规定的资质，持有可在农林领域防治作业的经营许可证。

2. 选建机场

机场修建的技术要求由民航专业队提出，而林业工作者应向专业队提供林业有害生物防治情报以及防治作业区域的方位资料，以供选择机场位置和决定飞行作业路线时考虑。

3. 林业病虫情况调查

飞机防治作业前，应深入防治地块，调查病虫害分布、害虫龄期、天敌和危害程度，以及林相、地形情况等，并进行室内或室外药效实验，以便据此确定使用药剂的种类、浓度、用量、喷药次序，并绘制病虫情况、林相分布图，作为飞机防治区规划的依据。调查病虫情况时，一般可根据林木的分布、地形、地势及危害程度，选择有代表性的林分作为样地，每15km范围内要选610块样地。在每块样地上调查10~20株树，统计每株树上的病虫情况，计算虫口密度、有虫株率或发病率、感病指数、病害严重程度等。在临近作业时，应建立监测点，定期定点观察病虫发展情况，以便最后确定防治作业时机。应在林业技术人员指导下选择标准地进行调查。

喷药期一般应选在病虫幼龄时期、活动盛期或病虫害发生初期。若害虫龄期过大，不仅增强了抗药性，而且增加了用药浓度和单位面积的药量。当害虫已大部分老熟甚至结茧化蛹，药剂防治无效或效果很低时，应停止喷药。有害生物天敌的寄生率达50%以上时，不能应用化学药剂进行防治。

4. 防治区的规划及作业设计

合理规划防治区，能够提高防治效果、提高工作效率并降低防治费用。林业部门应会同民航部门共同进行防治区的地形勘察。根据地形、地势、山脉走向、森林分布及单位面积喷洒（撒）量等特点，进行地面航线规划，包括飞行作业路线、起点和终点、航速、航高、是带状飞行作业还是环状飞行作业、是直线飞行作业还是曲线飞行作业等。应绘制简单的作业图。在作业图上，应将作业区划（最好标出作业地块）、各防治区的方向、主要村庄、高压线、高大建筑物、忌避植物区、鱼塘、蚕场、蜂场、鹿场等编成作业序号。作业前，应认真研究，仔细规划作业区，确保采用经济合理的飞行路线。确定作业区域和面积之后，要确定单架次作业距离和面积、飞行作业架次、飞行作业时间和飞行作业日程表。

5. 信号及通信

将各作业区或林班方位坐标数据输入飞机的GPS定位仪，以便精确飞行和精确作业。应建立机场与作业区的通信联系，以便飞机作业时及时传送作业指挥信息，通报不正常情况或作业安排，使飞机和地面有效配合，保证作业质量并协助技术人员输入作业区数据。

6. 药剂配制和装载

飞机作业任务确定后，应按防治面积准备足够的防治用药，并于作业前运至机场。配制的药剂务必在事前经过分析鉴定，要求含量准确，质量好；为了避免害虫产生抗药性，能够保护天敌并提高防治效果，可以考虑几种药剂的混用，以及在施药时考虑化学和生物防治相结合。喷粉的加药设备应备有加药梯、药筛、磅秤、手推车、装药袋等；喷雾的加药设备应备有5马力（3677W）左右的电动机或柴油机、小型拖拉机，30 ~ 40m长的水管，水箱、大缸、过滤细沙和搅拌工具等。如有条件，也可利用消防车或水车加药或运水。应在林业技术人员指导下进行药液配制作业。

二、视察飞行和试喷工作

飞机正式作业前，一般应进行视察飞行和试喷工作。视察飞行时，林业部门要配备1 ~ 2名熟悉作业区地形的人员作为向导，负责介绍防治区位置、面积、方向、障碍物情况及忌药地区位置。作业前应试喷1 ~ 2次，以保证准确的喷洒（撒）量。飞机喷洒液态农药时，喷药量按每公顷喷药重量可分为常量、低量和超低量三级。其中，大于75kg/hm^2为常量；5.25 ~ 75kg/hm^2为低量；小于5.25kg/hm^2为超低量。

如果试喷后发现喷洒（撒）量与规定不符，应与民航专业队机务人员商议，对喷药装置加以调节。

试喷后，每秒喷药面积、每架次喷药面积、每架次喷药时间、喷药长度可分别按式（2-7）至式（2-10）计算。其中，1亩 = 667m^2。

$$每秒喷药面积（hm^2/s） = \frac{航速（m/s） \times 喷幅宽度（m）}{10000} \qquad （2-7）$$

$$每架次喷药面积（hm^2）= \frac{每架次载药量（kg）}{每公顷喷药量（kg/hm^2）} \tag{2-8}$$

$$每架次喷药时间（s）= \frac{每架次喷药面积（hm^2）}{每秒喷药面积（hm^2/s）}$$

$$或 \frac{每架次载药量（kg）}{每公顷喷药量（kg/hm^2）\times 每秒喷药面积（hm^2/s）} \tag{2-9}$$

$$喷药长度（km）= \frac{每架次喷药面积（hm^2）\times 10000}{喷幅宽度（m）\times 1000} \tag{2-10}$$

三、防护工作宣传教育

飞机作业大面积喷洒（撒），涉及范围较广，因此更应注意防止人畜中毒问题。准备喷药的地区，应向当地群众做好宣传和防毒工作，通知附近居民先做好防毒准备，喷药后一定时间内应停止放牧和挖野菜等活动，对需要保护的地区应树立明显的禁喷标志。对于地勤人员，特别是加药配药员、信号员等应加强安全思想教育，消除麻痹思想，工作时一定要佩戴手套（使用液剂需要佩戴胶皮手套）、风镜、口罩等保护用品。工作完成后，应及时用肥皂清洗手、脸，漱口，换衣等，严防中毒事故发生。应了解当地飞机防治作业的防护宣传教育工作情况。

四、测定飞机喷洒（撒）药剂的质量

飞机喷洒（撒）药剂质量的好坏，直接影响灭虫、杀菌的效果。喷洒（撒）质量受作业时气象因子、作业地形、飞行高度等条件的影响，一般用药物沉降量以及雾滴（粉粒）分布的均匀度、覆盖度和细小度来说明，具体测定的指标有喷幅宽度、药剂分布密度和均匀度、地面受药量、药剂的覆盖度和细小度等。

五、防治效果调查与总结

飞机喷药后，必须进行防治效果调查。根据地形、林木种类、病虫种类等，采取重点调查和普遍调查的方法，或两种方法结合进行效果调查。应在技术人员指导下进行防治效果调查。

（一）杀虫效果调查

杀虫效果调查的方法有很多，如标准树调查法、标准枝调查法、套笼法、虫粪统计法等，本教材主要介绍标准树调查法。

在标准地中与飞行方向相垂直的直线上，选两组标准树，组间相距50~100m。每组选标准树8~10株，每株相距5~10m。喷药前检查树冠虫口、虫龄，喷药后8h、24h、48h定期检查各龄死虫数。检查时间一般连续3天以上（生物制剂在10天以上），必要时可以延长。对于高大的树木，若事先检查树冠上的虫数有困难，可以在喷药后逐日统计地面死虫数，直至不再发现死虫为止。然后将标准树上残留的活虫全部振落到地上，计算防治效果，并选择与喷药条件相似的小区作为对照区，计算校正防治效果。

（二）杀菌效果调查

由于病菌的个体极小，肉眼看不见，因而杀菌剂的药效检查比较困难，须用显微镜检查。通常根据发病情况，统计每一个处理区的平均发病率并与对照区的平均发病率相比较。经过效果调查，若发现飞机漏喷或效果较低的地区，应根据不同情况，采取飞机补喷或地面人工补治，以确保防治的效果和质量。防治作业结束后，调查结果应及时汇总分析，并写出防治作业工作总结。

六、飞机防治注意事项

飞机防治注意事项如下：

①飞机起降场应做好安全警戒，禁止无关人员进入机场或者靠近油库、药库等地，非执行飞行任务人员不得靠近飞机或乘坐飞机。飞机、燃油、药剂、工具等应由专人看管。

②飞机作业时要保证药剂、水车、工作人员、安全防护装备、应急药品及时到位，并做好药剂药械出入库管理，储备必要的应急物资。

③如果飞机防治施药区域涉及对药剂特别敏感的生物，划定的作业避让区域的避让距离应大于5000m。

④飞行作业结束后，应选择专门地点对飞机及配药、混药、施药部件进行清洗，盛药容器应统一回收、定点处置，严防发生药害事件。

⑤为了更好地监控飞防质量，建议加装符合有关规定要求的施药质量监控信息系统，实时监控飞行速度、飞行高度、飞行轨迹、施药轨迹、瞬时施药量等飞机作业位置和作业状态参数，并统计飞行架次、施药量、作业时间、作业面积等数据，以及自动生成、保存、回溯作业数据。

● 任务实施计划制订

对任务进行实施，并填写任务实施计划表，如表2-9所示。

表2-9　任务实施计划表

班　级		指导教师	
任务名称		日　期	
组　号		组　长	
组　员			
参观或学习飞机防治林业有害生物作业的心得体会			

● 练习题

02 项目二 林业
有害生物防治
措施 练习题

<table>
<tr><td></td><td>项目三</td><td>林业有害生物一般性调查
与监测预报</td></tr>
</table>

<table>
<tr><td>任务一</td><td>林木病虫标本采集与制作</td></tr>
</table>

工作任务	林木病虫标本采集与制作。无论采用何种方法采集的病虫标本，都必须填写"采集记载本"，按采集顺序编号，并在标本上悬挂相应编号的标签；采集记载本应记载采集编号、采集日期、采集地点、寄主、危害部位、被害状、病虫名称、病虫学名、病虫特点、采集环境、海拔、受害率、严重度、采集者等
实施时间	植物生长季节均可
实施地点	林木病害发生地或苗圃
教学形式	现场教学，学生分组操作，在教师指导下完成病虫标本的采集、制作与保存任务
学生基础	具有一定的自学和资料收集与整理能力
学习目标	掌握林木病虫标本采集、制作与保存技术
知识点	踏查；标准地；虫害调查；病害调查
材料用具	标本盒、昆虫针、展翅板、大头针、修枝剪、镊子、毒瓶、指形管、剪刀、废硫酸纸、三级台、三角台纸、还软器、粘虫胶、吸水纸、标本夹、载玻片、盖玻片等材料用具以及相关试剂

知识准备

　　林业有害生物的发生与发展具有一定的规律性，认识并掌握其规律，就能够根据目前的林业有害生物发生变动情况推测未来的发展趋势，及时有效地控制其发生。要获取林业有害生物的种类、种群数量、发生规律、危害程度、灾害损失等基本信息，必须通过调查才能实现。因此，林业有害生物调查是开展预测预报和防治工作的基础。

一、一般性调查的类型

　　一般性调查通常可分为普查、专题调查和监测调查。普查是指在较大范围内（全国或全省）进行林业有害生物发生、分布、危害情况的全面调查，目的是掌握林业有害生物本底资料，建立基础数据库，其调查时间跨度长，通常可结合森林资源调查。专题调查是指针对某一地区某一种林业有害生物进行的专门调查。监测调查是指监测预报最基本的日常性调查，目的是全面掌握林业有害生物发生危害的实时情况，为预测未来发生与发展动态提供基础数据。

根据调查的内容和目的，监测调查又可分为一般性调查和系统调查。一般性调查也称为面上调查，每年进行1~3次，由村护林员、乡镇林业技术推广站技术人员或县（区）森林病虫害防治机构的技术人员实施，采取线路踏查或线路踏查与设置临时标准地相结合的方法，对林业有害生物的主要种类、发生危害程度、发生面积等情况进行直观调查。系统调查也称为点上调查，由专职测报员实施，在测报对象发生的林分内，采取设置固定标准地观测测报对象生活史的方法，调查测报对象各虫态的发生期、发生量以及各个发育阶段的存活率、增殖率和危害程度等。

二、一般性调查的工作流程及内容

开展林业有害生物一般性调查的工作流程如下：

确定调查对象及内容→制定调查工作历→编制调查统计用表→准备调查用品及材料→制定调查管理制度→落实调查人员→布置调查任务→培训调查人员→现场调查作业→调查质量跟踪检查→调查资料收集审核→调查资料统计分析→调查结果上报。

下面对主要工作流程进行介绍。

（一）确定调查对象及内容

调查对象应根据当地林业有害生物的发生规律，由防治机构根据国家有关规定和当地防治检疫工作需要按森林类型进行确定。一般分为重点调查对象和一般监测对象。重点调查对象是指大发生频率高，种群密度水平波动幅度不大，始终为林内主要优势种群的有害生物类群，它们是防治工作中的主要控制对象，一般都被列为区域性的测报对象；一般监测对象是指种群密度水平波动幅度极大，大发生频率低，而一旦爆发则危害十分严重，或是长期处于低密度水平的有害生物类群。

（二）制定调查工作历

调查对象确定后，由于不同种类的生活习性、发生规律、调查时期不同，因此要编制调查工作历。调查工作历的具体内容要因调查对象的不同而变动，其基本内容包括调查起止时间、调查种类及发育阶段、调查的项目、调查准备工作、调查负责人及调查人、调查单位和地点、调查要求结果等。

（三）编制调查统计用表

各种调查记录表、统计表和汇总表是野外调查结果的载体，林业有害生物防治机构都应统一编制规范性表格供调查使用。

野外调查原始记录表主要是为调查员野外调查记录而设计的。其设计原则是项目具体明确、简便易记，便于携带和保存。一般应包括调查地点、时间、所调查病虫发育阶段、调查株号或标准枝号、调查单元的林业有害生物数量以及所代表的林地面积等。调查记录格式一经确定，一般不应轻易变动内容和项目，以免破坏调查资料的连续性。

调查统计汇总表是为综合统计汇总各调查员的野外调查记录而设计的。通过调查统计汇总表可以看出各种森林病虫鼠害在各虫情调查责任区乃至全林场（或乡、镇、苗圃）的发生情况。这类表供森保员使用，由森保员在每个病虫鼠害调查期结束后，及时将本调查期内所有调查员的野外调查记录表按病虫鼠害种类和地块进行分类统计汇总，制成月份林业有害生物调查统计表，如表3-1所示。

表3-1　月份林业有害生物调查统计表

单位名称：								
林业有害生物名称及发育阶段	应调查林分的林班号或地点	实际调查林分的林班号或地点	规定调查的标准地数	标准地编号	代表面积/hm²	平均虫口密度、病情指数、鼠捕获率、被害率	原始记录编号	备注

统计时间：_____年_____月_____日　　　　　　　　　　　统计人：_____

（四）制定调查管理制度

林业有害生物防治管理机构应对参加调查的森保员、调查员制定严格的管理制度，以保证调查工作能在统一的组织指挥之下有秩序地进行。一般的制度包括虫情调查领导责任制、森保员岗位责任制、调查员区域负责制、调查员管理制度、定期调查报告制度等。

（五）调查质量跟踪检查

对于调查的质量，可通过现场检查和资料审核的方法进行检查。其检查内容如下：

①标准性检查。标准性检查即检查调查工作是否按规定要求开展；是否采用了规定的调查方法；每项调查资料是否符合规定的要求，是否按规定要求收集。对于统计、汇总资料，要检查所使用的计算方法、统计指标是否统一等。

②真实性检查。真实性检查即检查调查数据资料是否符合林业有害生物的发生与发展规律；是否真正按规定在林地内经实地调查而来；其原始调查记录的科学性和真实性

如何等。一旦发现疑问，则应进行复查，对不真实部分进行处理。

③准确性检查。准确性检查即对调查资料进行可靠性分析，尤其应检查资料有无不合理或矛盾之处。检查的重点是调查标准地的位置、取样方法、调查的时间、调查取样的数量等是否符合规定或符合当地客观情况等。

④全面性检查。全面性检查即检查某一规定的调查时期和调查范围内，规定调查的病虫鼠害种类在某一区域内有无遗漏；资料是否齐全；规定的调查项目有无空白或谬误之处等。

（六）调查结果上报

在对野外调查记录和统计汇总表数据进行整理分析后，应按林业有害生物灾情应急管理办法的要求、林业有害生物发生面积统计指标和灾情分级标准进行检验，然后报上级有关部门。其主要内容包括林业有害生物发生种类和发育阶段、发生面积（含轻、中、重灾面积）、发生地点、林分受害现状或预测受害程度、防治意见等。

三、一般性调查的方法

（一）踏查

线路踏查时可沿林间小道、林班线或自选路线进行，应穿过主要森林类型和可能的有害生物发生的林分。踏查路线之间的距离一般为250～1000m，苗圃应为100～200m。采用目测法（必要时辅以望远镜观察）认真观察踏查路线两边视野范围内主要树种的病虫害发生与分布情况，估测发生面积。同时，进行病虫害标本的采集。按照有害生物种类分别记载受害株数和受害程度，还应记载踏查表中规定的林分因子状况以及调查时发现的其他有害生物及其危害情况。踏查林分记录表、线路踏查株记录表格式分别如表3-2和表3-3所示。

表3-2　踏查林分记录表

踏查林分							
编号	地点名称	踏查林地面积/hm^2	森林类型及树种组成	林龄/年	有害生物种类	分布面积/hm^2	备注

调查时间：_____年___月___日　　　　　　　　　　　　调查人：_____

表3-3　线路踏查株记录表

踏查编号：_____踏查林分面积/hm²：_____
森林类型及树种组成树龄（年）、调查有害生物名称：_____
调查时发现其他有害生物名称及其危害情况简述：_____

调查情况记载（有害生物危害划"√"）									
1	2	3	4	5	6	7	8	9	10
11	12	13	14	15	16	17	18	19	20
21	22	23	24	25	26	27	28	29	30
31	32	33	34	35	36	37	38	39	40
41	42	43	44	45	46	47	48	49	50
51	52	53	54	55	56	57	58	59	60
61	62	63	64	65	66	67	68	69	70
71	72	73	74	75	76	77	78	79	80
81	82	83	84	85	86	87	88	89	90
91	92	93	94	95	96	97	98	99	100
调查株数			受害株数			受害株率/%			

调查时间：_____年___月___日　　　　　　　　　　　调查人：_____

调查时的有害生物分布状态描述如下：受害1~2株的为单株分布；受害10株~1/4hm²的为块状分布；受害1/4~1/2hm²的为片状分布；受害1/2hm²以上的为大片分布。

对于调查对象的危害程度划分，应按照《林业有害生物发生及成灾标准》（LY/T 1681—2006）执行。对于调查时发现的其他有害生物可参照其同类执行或按下列常规标准划分：

森林病虫害的危害程度常分为轻、中、重三级，分别用"+""++""+++"符号表示。对于叶部病虫害，树叶被害率1/3以下为轻，树叶被害率1/3~2/3为中，树叶被害率2/3以上为重；对于枝干和根部病虫害，受害株率10%以下为轻，受害株率10%~20%为中，受害株率20%以上为重；对于种实病虫害，种实被害率10%以下为轻，种实被害率10%~20%为中，种实被害率20%以上为重。

（二）标准地调查

在踏查的基础上，对危害较重的病虫种类设立临时标准地进行调查，以便准确统计调查对象的发生数量、危害程度等。根据所确定的调查对象种类及分布特性，可在五点式、对角线式、棋盘式、"Z"字形、平行线式等取样方式中选用合适的方法选取标准地，每个标准地面积不少于0.05hm²，标准地总面积应控制在调查总面积的0.1%~0.5%。应用测绳量取每个标准地的边长，并对每个标准地进行编号。根据所确定的调查对象的分布和危害特性，选择样株法、样枝法、样方法，并选择相应的病虫种类、害虫虫态、害虫数量、被害梢数、受害株数、发病株数、发病程度、失叶程度等调查项目。每个标准地都要按调查表要求调查标准地内的林分因子，并做好记录。森林害虫标准地调查记录表和森林害虫标准地样枝（样方）调查记录表分别如表3-4和表3-5所示。

表3-4　森林害虫标准地调查记录表

调查林分编号：＿＿＿＿＿＿＿　林班小班名称：＿＿＿＿＿＿＿　森林害虫名称及虫态：＿＿＿＿＿
调查小班面积/hm²：＿＿＿＿＿＿　林龄/年：＿＿＿＿＿＿＿＿　森林类型及树种组成：＿＿＿＿＿
踏查所报有虫株率/%：＿＿＿＿＿＿　是否有其他有害生物同时发生及记述：＿＿＿＿＿＿＿

标准株号	害虫数量	标准株号	害虫数量	标准株号	害虫数量	标准株号	害虫数量
1		4		7		10	
2		5		8		11	
3		6		9		12	
调查株数		有虫株率/%		有虫总数		平均虫口密度	
有虫株数							

调查时间：＿＿＿＿年＿＿月＿＿日　　　　　　　　　　　　　　　　调查人：＿＿＿＿＿＿

表3-5　森林害虫标准地样枝（样方）调查记录表

调查林分编号：＿＿＿＿＿＿＿　林班小班名称：＿＿＿＿＿＿＿　森林害虫名称及虫态：＿＿＿＿＿
调查小班面积/hm²：＿＿＿＿＿＿　林龄/年：＿＿＿＿＿＿＿＿　森林类型及树种组成：＿＿＿＿＿
踏查所报有虫株率/%：＿＿＿＿＿＿　是否有其他有害生物同时发生及记述：＿＿＿＿＿＿＿

样株号	取样部位	样枝长度（样方面积、调查梢数）	害虫数量（被害梢数）	样株号	取样部位	样枝长度（样方面积、调查梢数）	害虫数量（被害梢数）
1				3			
2				4			
样枝总长度（样方面积、调查梢数）			害虫数量（被害梢数）合计			平均虫口密度（梢被害率）	

调查时间：＿＿＿＿年＿＿月＿＿日　　　　　　　　　　　　　　　　调查人：＿＿＿＿＿＿

1.虫害标准地调查

在标准地选取一定数量的样株、样枝或样方，逐一调查其虫口数，最后统计虫口密度和有虫株率。虫口密度是指单位面积或每株树上害虫的平均数量，它表示害虫发生的严重程度；有虫株率是指有虫株数占调查总株数的百分数，它表明害虫在林内分布的均匀程度。单位面积虫口密度、每株（或种实）虫口密度、有虫株率可分别按式（3-1）至式（3-3）计算。

$$单位面积虫口密度 = \frac{调查总活虫数}{调查面积} \qquad (3-1)$$

$$每株（或种实）虫口密度 = \frac{调查总活虫数}{调查总株（或种实）数} \qquad (3-2)$$

$$有虫株率 = \frac{有虫株数}{调查总株数} \times 100\% \qquad (3-3)$$

（1）食叶害虫调查

食叶害虫在标准地内可逐株调查，或采用对角线法、隔行法，选出样树10～20株进行调查。若样株矮小（一般不超过2m）可全株统计害虫数量；若树木高大，不便于统计时，可分别于树冠上、中、下部及不同方位取样枝进行调查。落叶和表土层中的越冬幼虫和蛹、茧的虫口密度调查，可在样树下树冠较发达的一面树冠投影范围内，设置0.5m×2m的样方（0.5m一边靠树干），统计20cm土壤深度内主要害虫虫口密度。

对于危害较重的食叶害虫种类，应调查失叶率以确定成灾情况，失叶率可按式（3-4）计算。

$$失叶率 = \frac{单株树冠上损失的叶量}{单株树冠上的全部叶量} \times 100\% \qquad (3-4)$$

叶部森林害虫成灾情况标准地调查记录表如表3-6所示。

表3-6　叶部森林害虫成灾情况标准地调查记录表

调查林分编号：＿＿＿＿＿＿　林班小班名称：＿＿＿＿＿＿　森林害虫名称：＿＿＿＿＿

调查小班面积/hm²：＿＿＿＿＿　林龄/年：＿＿＿＿＿　森林类型及树种组成：＿＿＿＿＿

踏查所报受害株率/%：＿＿＿＿＿　是否有其他有害生物同时发生及记述：＿＿＿＿＿

年度内是否采取了防治措施及记述：＿＿＿＿＿

受害等级	代表数值	记载（划"正"字）	小计
I	0		
II	1		
III	2		
IV	3		

续表

受害等级	代表数值	记载（划"正"字）			小计
V	4				
调查株数		受害株数		受害株率/%	平均失叶率/%

调查时间：_____年_____月_____日　　　　　　　　　　　调查人：_____

（2）蛀干害虫调查

在发生蛀干害虫的林分中，选择具有100株以上树的标准地，统计有虫株数，调查有害生物种类及虫态。如有必要，可从有虫树中选3～5株，伐倒，量其树高、胸径，从干基至树梢剥一条10cm宽的树皮，分别记载各部位出现的害虫种类。虫口密度的统计，则在树干南北方向及上、中、下部以及害虫居住部位的中央截取0.2m×0.5m的样方，查明害虫种类、数量、虫态，并统计每平方米和单株虫口密度。

（3）枝梢害虫调查

对危害幼嫩枝梢害虫的调查，可选择具有100株以上树的标准地，逐株统计有虫株数。然后从被害株中选出5～10株，查清虫种、虫口数、虫态和危害情况。对于虫体小、数量多、定居在嫩梢上的害虫，如蚜、蚧等，可在标准木的上、中、下部各选取样枝，截取10cm长的样枝段，查清虫口密度，最后求出平均每10cm长的样枝段的虫口密度。

（4）种实害虫调查

种实害虫调查包括虫果率调查和虫口密度调查。调查虫果率可在收获前进行，抽查样株5～10株，检查树上种实（按上梢、内膛、外围及下垂枝不同部位，各抽查50～100个），分别记载其健康、有虫种实及不同虫种危害的种实数，然后计算总虫果率及不同虫种危害的虫果率。虫口密度调查应与虫果率调查同时进行。在虫果率调查的样株上，按不同部位各抽查有虫种实20～40个，分别记载种实上不同虫种危害的虫孔数，计算出每个种实的平均虫孔数。

（5）地下害虫调查

对于苗圃或造林地的地下害虫调查，调查时间应在春末至秋初，地下害虫多在浅层土壤活动时期为宜。抽样方式采用对角线式或棋盘式。样坑大小为0.5m×0.5m或1m×1m。按0～5cm、5～15cm、15～30cm、30～45cm、45～60cm等不同层次分别进行调查记载。

2. 病害标准地调查

在踏查的基础上设置标准地，调查林木病害的发病率和病情指数。发病率是指感病株数占调查总株数的百分比，表明病害发生的普遍性，可按式（3-5）计算。

$$发病率 = \frac{感病株数}{调查总株数} \times 100\% \qquad （3-5）$$

病情指数又称为感病指数，在0～100之间，既表明病害发生的普遍性，又表明病害发生的严重性。测定时，先将标准地内的植株按病情分为健康、轻、中、重、枯死若干等级，并以数值0、1、2、3、4代表，统计出各级株数后，按式（3-6）计算。

$$病情指数=\frac{\Sigma（病情等级代表值×该等级株数）×100\%}{各级株数总和×最重一级的代表值} \qquad （3-6）$$

调查时，可从现场采集标本，按病情轻重排列，划分等级。重要病害分级标准在相关技术规程中都有规定，技术规程没有的可比照同类确定或依据常规分法确定。可依据枝、叶、果病害分级标准（表3-7）和干部病害分级标准（表3-8）填写森林病害标准地调查表（表3-9）。

表3-7 枝、叶、果病害分级标准

级别	代表值	分级标准
1	0	健康
2	1	1/4以下枝、叶、果感病
3	2	1/4～1/2枝、叶、果感病
4	3	1/2～3/4枝、叶、果感病
5	4	3/4以上枝、叶、果感病

表3-8 干部病害分级标准

级别	代表值	分级标准
1	0	健康
2	1	病斑的横向长度占树干周长的1/5以下
3	2	病斑的横向长度占树干周长的1/5～3/5
4	3	病斑的横向长度占树干周长的3/5以上
5	4	全部感病或死亡

表3-9 森林病害标准地调查表

调查林分编号：_____ 林班小班名称：_____ 森林害虫名称：_____

调查小班面积/hm²：_____ 林龄/年：_____ 森林类型及树种组成：_____

踏查所报有虫株率/%：_____ 是否有其他有害生物同时发生及记述：_____

年度内是否采取了防治措施及记述：_____

病害等级	代表数值	记载（划"正"字）			小计
Ⅰ	0				
Ⅱ	1				
Ⅲ	2				
Ⅳ	3				
Ⅴ	4				
调查株数		发病株数	发病株率/%		病情指数

调查时间：_____年_____月_____日   调查人：_____

（1）叶部病害调查

按照病害的分布情况和被害情况，在标准地中选取5%～10%的样株，每株调查100～200个叶片。被调查的叶片应从不同的部位选取。统计发病叶片数，计算发病株率和病情指数。

（2）枝干病害调查

在发生枝干病害的标准地中，选取不少于100株的样株，统计发病株数和发病程度，统计发病率，计算病情指数。

（3）苗木病害调查

在苗床上设置大小为1m²的样方，样方数量以不少于被害面积的0.3%为宜。在样方上对苗木进行全部统计，或对角线取样统计，分别记录健康、感病、枯死苗木的数量。同时，记录圃地的各项因子，如创建年份、位置、土壤、杂草种类及卫生状况等，并计算发病率，记录在表3-10所示的苗木病害调查表中。

表3-10　苗木病害调查表

调查日期	调查地点	样方号	树种	病害名称	苗木状况和数量				发病率/%	死亡率/%	备注
					健康	感病	枯死	合计			

● **任务实施计划制订**

对任务进行实施，并填写任务实施计划表，如表3-11所示。

表3-11　任务实施计划表

班　级		指导教师	
任务名称		日　期	
组　号		组　长	
组　员			
一般性调查类型、工作流程及内容、方法			

任务二　昆虫标本采集、制作与保存

工作任务	昆虫标本采集、制作与保存
实施时间	植物生长季节均可
实施地点	苗圃
教学形式	演示、讨论
学生基础	具有一定的自学和资料收集与整理能力
学习目标	掌握昆虫标本采集、制作与保存技术
知识点	毒瓶的制作；三角纸包制作；昆虫干制标本制作；昆虫标本保存

知 识 准 备

一、昆虫标本采集

（一）采集用具识别与制作

1. 捕虫网

捕虫网用于采集善于飞翔和跳跃的昆虫，如蛾、蝶、蜂、蟋蟀等。它由网框、网袋和网柄三部分组成。

2. 吸虫管

吸虫管用于采集蚜虫、红蜘蛛、蓟马等微小的昆虫。

3. 毒瓶

毒瓶专门用于毒杀成虫。一般用封盖严密的磨口广口瓶等做成，最下层放氰化钾（KCN）或氰化钠（NaCN），压实；上铺一层锯末，压实，每层厚5~10mm；最上面再加一层较薄的煅石膏粉，上铺一张吸水滤纸，压平实后，用毛笔蘸水均匀地涂布，使之固定。毒瓶如图3-1所示。

图3-1　毒瓶

毒瓶应注意清洁、防潮，瓶内吸水纸应经常更换，并塞紧瓶塞，避免对人的毒害，且延长毒瓶使用时间。毒瓶应妥善保存，破裂后应立即掘坑深埋。

4. 采集箱

防压的标本和需要及时针插的标本，以及用三角纸包装的标本，须放在木制的采集箱内。

5. 采集袋

采集袋用于盛装玻璃用具（毒瓶、指形管、吸虫管等）和工具（放大镜、修枝剪、镊子等）及记载本、采集箱（盒）等。

6. 活虫采集盒

活虫采集盒用于采装活虫。铁皮盒上装有透气金属纱和活动的盖孔。

7. 指形管

一般使用的是平底指形管，用于保存幼虫或小成虫。

8. 三角纸包

三角纸包用于临时保存蛾、蝶类等昆虫的成虫。用坚韧的白色光面纸裁成3∶2的长方形纸片，按图3-2所示方式折叠，图中数字为各分区编号。

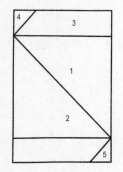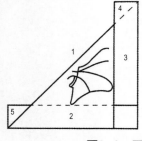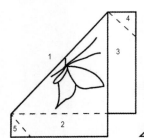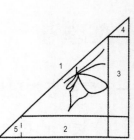

图3-2　三角纸包折叠方式

此外，还需要配备诱虫灯、放大镜、修枝剪、镊子、记载本等用具。

（二）采集时间和地点

1. 采集时间

因昆虫的种类和习性不同，采集时间也不相同。一般来说，一年四季都可采集，尤其在南方地区，有些昆虫没有明显的越冬迹象。但每年晚春到秋末昆虫活动频繁，是采集的有利时期。对于一天之内的采集时间，日出性昆虫一般白天采集，夜出性昆虫在黄昏和夜间采集。具体对于某种昆虫的采集，可根据它们的发生时期适时采集。

2. 采集地点

应根据采集目标选定采集地点，按照昆虫的生态环境寻找采集地点。一般植物种类丰富的地方，昆虫种类也较为丰富。

（三）采集方法

1. 网捕法

对于飞行迅速的昆虫，可用捕虫网迎头捕捉，并立即挥动网柄，将网袋下部连虫一并甩到网圈上。若捕到的是大型的蝶、蛾，可隔网捏住其胸部，使之失去活动能力，然后投入毒瓶；若捕到的是有毒的或刺人的蜂类，可将带虫的网袋捏住一并塞入毒瓶中，将虫毒死后再从网内取出。

2. 观察搜索法

观察搜索法如下：

①根据昆虫的栖息场所寻找昆虫。如地下害虫生活在土中，枝干害虫钻蛀在枝干中，叶部害虫生活在枝叶上，不少昆虫在枯枝落叶层、土石缝、树洞等处越冬，只要仔细观察、搜索，就可采获多种昆虫。

②根据植物被害状寻找昆虫。若被害状新鲜，害虫可能还未远离；若叶子发黄或有黄斑，则可能找到红蜘蛛、叶蝉、蝽象等刺吸式口器的害虫；若树木生长衰弱，树干下有新鲜虫粪或木屑，则可能找到食叶和蛀干害虫。

③诱杀法。对于蛾类、蝼蛄、金龟子等有趋光性的昆虫，可在晚间用灯光诱集；对于夜蛾类、蝇类等有趋化性的昆虫，可用糖醋液及其他代用品诱集。此外，还可利用昆虫的特殊生活习性设置诱集场所，如树干绑草能捕到多种害虫。

④击落法。对于高大树木上的昆虫，可用振落的方法进行捕捉。有假死性的昆虫，振动树干后就会坠地；有"拟态"的昆虫，振动树干后就会起飞从而暴露目标，上述方法都可捕到昆虫。

二、昆虫干制标本制作

（一）制作用具识别

①昆虫针。昆虫针是不锈钢针。由于虫体大小不一，因而昆虫针的粗细也不同。型号分为00、0、1、2、3、4、5、6、7等，号数越大则针越粗，其中以3号针应用较多。

②三级台。三级台用于矫正昆虫针上的昆虫和标签的位置。它由一整块木板制成，一般板宽20mm，长60mm；高度分为三级，第一级高8mm，第二级高16mm，第三级高24mm。在每一级的中央有一个和5号昆虫针粗细相等、上下贯通的孔穴。使用时，将针插好的标本倒置，把针头插入第一级孔中，使虫体与针头的距离保持8mm，然后插入标签将针头插入第二级孔中，使标签下方的高度等于第二级的高度。使用三级台可以使昆虫标本与标签在昆虫针上的高度一致，美观整齐，如图3-3所示。

③展翅板。展翅板用软木、泡沫塑料等制成，用于展开蛾、蝶等昆虫的翅。展翅板多由较软的木料制成，板中有一槽沟，中央铺一层软木或泡沫塑料；沟旁的两块板是活动的，可调节中间的距离，以适应不同大小昆虫展翅的需要，如图3-4所示。

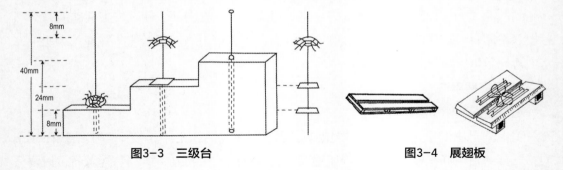

图3-3　三级台　　　　　　　　　图3-4　展翅板

④整姿台。整姿台多采用软木板或泡沫塑料板，用于将不需要展翅的昆虫整理成自然状态。

⑤还软器。还软器是一种用于软化已干燥的昆虫标本的玻璃器皿，常将干燥器用作昆虫还软器。容器底部放置加有少量碳酸的湿沙或稀硫酸溶液，将昆虫标本放置于瓷隔板上，待标本充分软化后，即可取出整姿展翅。

此外，还有幼虫吹胀干燥器、三角台纸等用具。

（二）昆虫针插标本制作

除幼虫、蛹和小型个体外，一般都可制成针插标本，装盒保存。昆虫针插标本制作步骤如下：

①正确选针。依标本的大小选用适当的虫针。

②确定正确针插位置。这一步骤是为了不破坏虫体的鉴定特征。常见的针插位置如

图3-5所示。

③调整高度。针插后，用三级台调整虫体在针上的高度，其上部的留针长度应为8mm。

④插上标签。将采集时间、地点、采集人和昆虫的定名分别写在两个标签上，插在距标本下方8mm和16mm处。

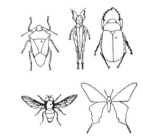

图3-5　常见的针插位置

（三）昆虫展翅标本制作

蛾、蝶等昆虫，针插后还需要展翅。昆虫展翅标本制作步骤如下：

①将虫体插放在展翅板的槽内，虫体的背面与展翅板两侧面平。

②左、右同时拉动一对前翅，使一对前翅的后缘同在一条直线上，用虫针固定住前翅，再拨后翅，将前翅的后缘压住后翅的前缘，左右对称，充分展平。然后用光滑的纸条将其压住，以虫针固定。5~7天后即可干燥、定形，便可以取下。

③甲虫、蝗虫、蝽象等昆虫，针插后，须进行整姿，使前足向前、中足向两侧、后足向后；触角短的伸向前方，长的伸向背两侧，使之保持自然姿态。整好后用虫针固定，待干燥后即定形。

三、昆虫标本保存

（一）标本临时保存

未制成标本的昆虫，可暂时保存。常见的保存方法如下：

①三角纸保存。未制成标本的昆虫可用三角纸保存，应保持干燥，避免冲击和挤压，可放在三角纸包存放箱内，注意防虫、防鼠、防霉。

②浸渍液保存。装有保存液的标本瓶、小试管、器皿等封盖要严密，如发现液体颜色有改变，应及时更换新液。

对于临时保存的、未经制作和未经鉴定的标本，应有临时采集标签。标签上应写明采集时间、地点、寄主和采集人。

（二）标本长期保存

已制成的标本，可长期保存。其保存用具要求规格整齐统一。

1. 标本盒

针插标本必须插在有盖的标本盒内，如图3-6所示。标本在标本盒中可按分类系统或寄主植物排列整齐。标本盒的四角应用大头针固定樟脑球纸包或对二氯苯防虫剂。

制作后的标本应带有采集标签，如属针插标本，应将

图3-6　标本盒

采集标签插在第二级的高度。经有关专家正式鉴定的标本，应在该标本之下附种名鉴定标签，插在昆虫针的下部。

2. 标本柜

标本柜用于存放标本盒和浸渍标本，防止灰尘、日晒、虫蛀和菌类的侵害。放在标本柜中的标本，每年应全面检查两次，并用敌敌畏在柜内和室内喷洒或用熏蒸杀虫剂熏蒸。若标本发霉，应在柜中添加吸湿剂，并用二甲苯杀死霉菌。

浸渍标本最好按分类系统放置。长期保存的浸渍标本，应在浸渍液表面加一层液体石蜡，防止浸渍液挥发。浸渍标本的临时标签，一般是在白色纸条上用铅笔注明采集时间、地点、寄主和采集人，并将标签直接浸入临时保存液中。

● 任务实施计划制订

对任务进行实施，并填写任务实施计划表，如表3-12所示。

表3-12　任务实施计划表

班　级		指导教师	
任务名称		日　期	
组　号		组　长	
组　员			
昆虫标本种类			
昆虫标本制作			

任务三　病害标本采集与制作

工作任务	病害标本采集与制作
实施时间	植物生长季节均可

续表

实施地点	林木病害发生地或苗圃
教学形式	演示、讨论
学生基础	具有一定的自学和资料收集与整理能力
学习目标	掌握病害标本采集与制作方法
知识点	干制标本制作及保存；浸渍标本制作及保存；玻片标本制作及保存

一、病害标本采集

（一）采集用具识别

①标本夹。标本夹同植物标本采集夹，用于采集、翻晒、压制病害标本。它由两块对称的木条栅状板和一条6～7m长的细绳组成。

②标本纸。标本纸一般用草纸、麻纸或旧报纸，用于吸收标本水分。

③采集箱。采集箱同植物标本采集箱，用于临时收存新采的果实、子实体等柔软多汁的标本。其为由铁皮制成的扁圆筒形，箱门设在外侧，箱上设有背带。

④其他。其他采集用具包括放大镜、修枝剪、手锯、采集记载本、采集标签本等。

（二）病害标本采集方法

采集时，应将有病部位连同一部分健康组织一起采下。采下的标本要求如下：

①症状应具有典型性，有的病害还应有不同阶段的症状，这样才能正确诊断病害。

②真菌病害标本应采集有子实体的，如果没有子实体，便无法鉴定病原。

③每种标本上的病害种类应力求简单，如果种类很多，会影响正确鉴定和使用。

④遇到不认识的寄主，应注意采上枝、叶、花、果实等部分，以便鉴定。

对于叶部病害标本，采集后应放在有吸水纸的标本夹内；对于干部病害标本，如易腐烂的果实或木质、革质、肉质的子实体，采集后应分别用纸包好，放在采集箱内，但不宜装太多，以免污染或挤坏标本。

二、病害标本制作

（一）干制标本制作

叶、茎、果等水分不多、较小的标本，可于分层标本夹内的吸水纸中压制，数天后即可制成。在压制过程中，必须勤换纸、勤翻动，以防标本发霉变色，保证质量。通常前几天换纸1～2次/天，此时由于标本变软，应注意整理，使其美观又便于观察；此后间隔2~3天换一次纸，直到全干为止。

对于较大枝干和坚果类病害标本、高等担子菌的子实体，可直接晒干、烤干或风干；对于肉质多水的病害标本，应迅速晒干、烤干或放在30~45℃的烘箱中烘干。

（二）浸渍标本制作

对于某些不适于干制的病害标本，如水果、伞菌子实体、幼苗和嫩枝叶等，为保存原有色泽、形状、症状等，可放在装有浸渍液、用酪胶及消石灰各1份混合、加水调成糊状并用封口胶封口的标本瓶内，制成浸渍标本。常用的浸渍液如下：

①一般浸渍液。一般浸渍液只防腐而不保色。除用5%的甲醛溶液和70%的乙醇两种浸渍液外，还可配成甲醛1份、乙醇6份、水40份的浸渍液，放入标本，封口保存。

②绿色标本浸渍液。将醋酸铜慢慢加入盛有冰醋酸的玻璃容器中，使其溶解、达到饱和，然后取饱和液1份加水4份配成的溶液，加热煮沸后放入标本并随时翻动，待标本的颜色由绿变黄又由黄变绿，直到与标本原色相同时取出，放在清水中冲洗几次，最后放在5%的甲醛溶液中，封口即可长期保存。

③黄色和橘红色标本浸渍液。用亚硫酸（含SO_2为5%~6%的水溶液）配成4%~10%的稀溶液（含SO_2为0.2%~0.5%的水溶液），放入标本，封口保存。

④红色标本浸渍液。将氯化锌200g溶于4000mL水中，然后加甲醛100mL及甘油100mL，过滤后的浸渍液放入标本，封口保存。

（三）玻片标本制作

1. 载玻片和盖玻片的清洁

载玻片和盖玻片可用铬酸洗涤液进行清洁。表3-13所示为铬酸洗涤液配制参考表。

表3-13　铬酸洗涤液配制参考表

成分	浓铬酸洗涤液	稀铬酸洗涤液
重铬酸钾	60g	60g
浓硫酸	460mL	60mL
水	300mL	1000mL

以温水溶解重铬酸钾，冷却后，缓缓加入浓硫酸，边加边搅拌即可。

2. 洗涤

①污浊玻片。将载玻片及盖玻片用清水洗涤后，置于铬酸洗涤液中浸数小时或在稀铬酸洗涤液中煮沸0.5h，然后取出用清水冲净，并以脱脂的干净纱布擦干。若玻片粘有油脂或加拿大胶，应先用肥皂水煮，并经清水冲净后，再按上法处理。对于经染色和加

拿大胶封藏的玻片，应用浓偏硅酸钠溶液煮沸，经冲净后，再按上法处理。

②不太污浊片。可用毛刷沾去污粉，在玻片上湿擦，然后用水冲净，以净纱布擦干。

为保持玻片的清洁，可将洗净的玻片保存在酸化的乙醇（95%的乙醇100mL加浓盐酸数滴）中，用时取出擦干或用火将乙醇烧去即可。

3. 制作方法

玻片标本制作方法包括徒手制片法、石蜡切片法等。其中，徒手制片法简单易行，在实际应用中较多采用，本教材主要介绍徒手切片的制作方法。

（1）徒手切片制作

切片工具：剃刀、刀片、井式徒手切片机。

被切材料准备：对于木质或较坚硬的材料，可修成长超过7～8cm，直径不小于1mm且不超过4～5mm，直接拿到手里切；对于细小而柔软的组织，须夹在通草或胡萝卜或马铃薯或向日葵茎髓之间切。通草、向日葵茎髓平时可浸泡在50%的乙醇中，用时以清水冲洗。

切片方法：徒手切片时，刀口应从外向内，从左向右拉动；使用井式徒手切片机，将材料夹在持物中。将材料装入井圈中夹住，左手掌住机体，右手持剃刀切割，每切一片后，调节机上刻度使材料上升，再行切割。对于切下的薄片，为防止干燥，最好随即放在盛有清水的培养皿中，然后进行染色。染色应在染色皿中进行，常用番红-定绿二重染色法和钒铁-苏木精染色法。

制片：用挑针选取最薄的染色和不染色的组织，放在载玻片上的水滴中，盖上盖玻片，在显微镜下观察。对于典型的切片，需要长期保存时，可用甘油明胶作为浮载剂，待水分蒸发后，用加拿大胶封固即可。配制甘油明胶时，先将1份明胶溶于6份水中，加热至35℃，熔化后加入7份甘油，然后以每100mL甘油明胶中加入1g苯酚，搅拌均匀，趁热用纱布过滤即可。

（2）整体封片

材料准备：对于在基物表面生长茂密的霉状病原，可用细尖的针挑取少许，病害标本上病原稀少，可用三角拨针（针端三角形，两侧具刃）在病部顺一个方向刮取2～3次，获得病原；在植物皮层下或半埋于基物内的病原，可将病原连同寄主一起拨下，再拨去寄主。

制片：将经过挑、拨、刮获得的病原，放在载玻片上的浮载剂中，盖上盖玻片，经封片剂封固，即可长期保存。常用的浮载剂及封片剂如下：

①水。洁净的水是最常用的浮载剂。它适用于孢子大小的测定，但其只适用于短时间的检查而不适用于制片保存。

②乳酚油。乳酚油是应用最广泛的浮载剂。其由乳酸1份、苯酚（加热融化）1份、甘油2份、蒸馏水1份制成。乳酚油中加入0.05%～1%的酸性品红，配成乳酚油染剂可染色。配制封片剂时，将蜂蜡放在玻璃器皿中水浴加热熔化，但马胶放在铁罐中直接加热熔化，然后将蜂蜡倾入但马胶中，搅和后加贴金胶即可。

③甘油明胶。甘油明胶的配制和封片剂同徒手切片。

三、病害标本保存

（一）浸渍标本保存

将制好的浸渍标本瓶、缸等贴好标签，直接放入专用标本柜内即可。

（二）干制标本保存

干燥后的标本经选择制作后，连同采集记载本一并放入牛皮纸中或标本盒内，贴好标签，然后分类存放于标本柜中。

（三）玻片标本保存

将玻片标本排列于玻片标本盒内，然后将标本盒分类存放于标本柜中。

四、注意事项

体柔软或微小的成虫，除蛾、蝶之外的成虫和螨类以及昆虫的卵、幼虫和蛹等，均可以用保存液浸泡在指形管、标本瓶中保存。保存液应具有杀死和防治腐烂的作用，并尽可能保持昆虫原有的体形和色泽。保存液加入量以容器高的2/3为宜，昆虫放入量以标本不露出液面为限。加盖封口，可长期保存。常用保存液如下：

①乙醇。乙醇常用浓度为75%。对于小型或软体昆虫，先用低浓度乙醇浸泡，再用75%乙醇保存，这样处理后虫体不会立即变硬。若在乙醇中加入0.5%～1%的甘油，能够使体壁保持柔软状态。半个月后，应更换一次乙醇，以后保存液酌情更换1～2次，便可长期保存。

②福尔马林液。福尔马林液由福尔马林（含甲醛40%）1份、水17～19份混合而成。这种保存液保存大量标本时较经济，且保存昆虫卵的效果较好。

③醋酸、福尔马林、乙醇混合液。醋酸、福尔马林、乙醇混合液由冰醋酸1份、福尔马林（含40%甲醛）6份、95%乙醇15份、蒸馏水30份混合而成。这种保存液保存的昆虫标本不收缩、不变黑，无沉淀。

④乳酸乙醇液。乳酸乙醇液由90%乙醇1份、70%乳酸2份混合而成。这种保存液适用于保存蚜虫。有翅蚜可先用90%的乙醇浸润，于一周后加入定量的乳酸保存。

● **任务实施计划制订**

对任务进行实施，并填写任务实施计划表，如表3-14所示。

表3-14 任务实施计划表

班 级		指导教师	
任务名称		日 期	
组 号		组 长	
组 员			
病害标本种类			
病害标本制作			

任务四 **林业有害生物监测预报**

工作任务	林业有害生物监测预报
实施时间	植物生长季节均可
实施地点	林木病害发生地或苗圃
教学形式	演示、讨论
学生基础	具有一定的自学和资料收集与整理能力
学习目标	掌握林业有害生物监测及预报方法
知识点	监测调查及预测预报基本方法

知 识 准 备

林业有害生物监测预报是指对林业有害生物的发生危害情况进行全面监测、重点调查，并通过对采集数据的科学分析，判断其发生现状和发展趋势，做出短、中、长期预报，从而为科学防治提供决策依据。它是林业有害生物防治工作的前提和基础，是林业有害生物防治人员必须具备的业务能力之一。

一、林业有害生物监测预报概述

（一）基本组成与概念

林业有害生物监测预报包括监测调查和预测预报两个方面。

1. 监测调查

监测调查是指最基本的日常性调查，其目的在于全面掌握林业有害生物发生危害的实时情况，为分析预测发生发展动态提供基础数据。根据调查内容和目的，通常又分为一般性调查和系统调查。一般性调查已在本项目任务一中阐述，在此不再赘述。系统调查也称为点上调查，由专职测报员实施，在固定标准地内进行。标准地标准株的设置及调查时间、内容、方法等在测报对象的测报办法或技术规程中都有明确规定。系统调查的目的在于通过对测报对象的生活史、发生期、发生量、危害程度等的观测，掌握测报对象种群发生规律，为预测预报服务。

2. 预测预报

预测预报是指根据林业有害生物的生物生态学特性、发生发展规律、近期监测调查采集的病虫情信息，结合影响森林病虫种群数量变动的主要因子未来变化情况，采取多种比较、分析、选择的方法，对其未来发生动态做出科学准确的预测，并及时发布其发生动态及发生趋势预报，以便做好防治准备。

（二）内容

林业有害生物监测预报内容如下：

①发生期预报。发生期预报即林业有害生物各个危害阶段的始、盛、末期的预报，以便确定最适防治时期。

②发生量预报。发生量预报应包括虫害有虫株率、虫口密度，病害感病指数、感病株率，鼠害被害株率、捕获率等的预报，以便选择应急防治措施。

③发生范围预报。发生范围预报应包括发生面积、发生地点等的预报，以便确定防治范围。

④危害程度预报。危害程度预报即林业有害生物可能造成的枝梢、树干、树叶、根茎和果实的损失程度的预报。以轻、中、重三级表示，以便根据森林生态效益、经济效益和社会效益权衡，确定防治方案。

（三）形式

发布预报的常用形式包括定期预报、警报和通报。

1. 定期预报

定期预报是指根据林业有害生物发生或流行的规律而定期发布的预报。根据预测的时效性，定期预报又可以分为短期预测、中期预测、长期预测和超长期预测。短期预测即根据害虫前一虫态预测后一虫态发生时期和数量，预测时间在20天以内；中期预测即根据害虫前一代预测后一代的发生时期和数量，预测时间在20天至一个季度；长期预测是指对一年或以上、多年一代的一个世代发生情况进行的预测，能够为制订全年防治计划提供依据，预测时间常在一个季度以上；超长期预测即根据某害虫的发生周期进行预测，预测时间在一年甚至多年，特别适合林业的病虫预测。

2. 警报

警报是指对于短时间内发生面积可能在50hm^{2}以上的暴发性病虫害，由县级林业行政主管部门发布的预警报告。

3. 通报

通报是指根据有关的调查数据，全面报道本地区林业有害生物发生发展及防治动态的报告。

二、林业有害生物监测预报的工作流程及内容

林业有害生物监测预报的工作流程如下：

确定监测调查对象→设置监测调查点→配备监测调查点的人员→配备监测调查点的仪器设备→选择调查林分→设置标准地→监测调查内容的确定→日常现场监测调查→监测调查资料整理汇总→监测调查资料整理上报→监测调查资料处理分析→发生动态与趋势分析预测→撰写发布报告→报告发布→反馈与评估。

林业有害生物监测预报的主要工作内容包括确定监测调查对象、设置监测调查点、配备监测调查点的人员、配备监测调查点的仪器、选择调查林分与设置标准地、确定监测调查内容与方法、监测调查资料的上报等。

1. 确定监测调查对象

测报对象在其适生区域内的非发生区或低虫口（未达到发生面积统计标准）分布区域调查时一般与监测对象一样，采取一般性调查，即面上调查方法。在监测调查中发现监测对象种群数量呈上升趋势时，则应采取系统观测与调查的方法。监测调查对象应重点选择当地曾经大发生过，或目前在局部地块和周边地区正在发生而本地又是该种病虫鼠害适生区的种类。

2. 设置监测调查点

监测调查点是指按照统一的规划，为准确掌握当地森林病虫鼠害发生发展规律而设立的具有调查林分、调查标准地、观测仪器设备和固定工作人员的劳动组织。在监测调查对象分布区内，按不同自然条件和森林类型选定监测调查点的坐落位置。监测调查点的位置和所设立的监测调查林分在规范的区域内必须具有很强的代表性。监测调查点的数量和布局，应视当地林分状况和林业有害生物发生发展规律认识程度确定。在设点初期，点数应尽可能多。经过一段时期监测调查工作后，随着监测调查任务的完成和对森林病虫鼠害发生发展规律的不断总结，监测调查内容会逐步减少。在所有监测调查项目均可用于开展准确科学的预测预报时，监测调查点的系统观测可转为一般性调查或根据需要进行调查。另外，监测调查点在进行调查过程当中如遇意外情况，使监测调查无法进行时，须由原设点单位决定变更地点或撤销。

监测调查点在管理上一般采取分级管理的方法，即各级测报站点可根据测报工作开展的需要设立其直接进行系统监测业务的监测调查点。直接按国家林业和草原局规定的调查内容和任务，为国家林业和草原局提供观测资料的点称为国家级点，其他各级点以此类推。当监测调查点所监测调查的林业有害生物同时被作为两个或两个以上上级部门的监测对象时，可由上下级共同管理。

3. 配备监测调查点的人员

一般每个点应至少配备两名监测调查员。监测调查人员的主要职责如下：承担规定的野外监测调查任务；负责整理保存各类监测调查资料和档案；如期上报各类调查资料；如实反映调查中遇到的技术问题。

4. 配备监测调查点的仪器

监测调查点应有单独的工作室，并配备资料档案柜、标本柜和必要的采集、调查、饲养、观测等仪器和工具。

5. 选择调查林分与设置标准地

调查林分与标准地是监测调查员按规定进行野外监测调查的具体地点，也是林业有害生物发生情况预测资料的信息源。调查林分内的观测标准地主要用于预测对象的生活史、发生数量或发生程度、林木受害程度的观测调查。调查标准地以外的调查林分主要用于预测对象的发生期及害虫存活率的系统调查。调查林分和观测点的数量，应视所承担的预测对象种类确定。在林业有害生物发生区内的同一类型区中，通常选择3~5处即可。

选择调查林分时，可综合考虑观测点所在的地理环境、交通条件、预测对象的发生和分布情况、林分状况、立地条件等方面的因素。调查林分选定后，应按年度对调查林分的基本情况进行调查，填入监测调查林分登记表。调查林分除正常的抚育间伐等经营管理措施外，一般不采取防治措施。必须增减或变动的，应及时上报备案。

监测调查标准地的设置，应在调查林分内选择下木及幼树较少、林分分布均匀、符合预测有害生物分布规律并有较强代表性的地域作为监测调查标准地。同一调查林分内，两块标准地应保持适当距离。对于监测调查标准地的数量，通常在常灾区100~500hm²设一块，偶灾区700~1000hm²设一块，无灾区2000~3000hm²设一块；人工林130hm²设一块，天然林3000hm²设一块。标准地内的标准株数量不得少于100株（种实害虫除外）。监测调查标准地位置选定后，应标明其四周边界，将其内所有调查林木统一编号，绘制出平面坐标图，并按要求填报监测调查标准地登记表。

6. 确定监测调查内容与方法

确定调查点的监测调查内容在设点一开始就应该同时考虑，预测内容因预测目的而定。为不同预测目的而设的监测调查点，其调查内容也不同；不同的预测对象，其预测内容也不同。监测调查内容通常包括害虫各虫态发生期、种群密度及存活率监测调查；病害发生期与危害程度监测调查；害鼠种类、种群密度和林木受害程度监测调查等。监测调查的方法依种类和内容不同而定，主要有人工地面调查、信息素诱集、灯光诱集等。

7. 监测调查资料的上报

测报点按要求进行某项监测调查时，必须及时将结果填入调查记录表内，并分别对监测对象及其调查内容进行整理、汇总和上报。上报调查资料的份数视测报点的级别而定。省级点的测报资料一式四份；地（市、州）级点一式三份；县（局）级点一式两份。其中，一份由监测点自留存档，其他则按测报点的管理级别分别上报。

调查资料的上报时间如下：监测林分和监测标准地的基本概况资料，在每年冬后开始监测调查前上报一次；林业有害生物发生数量调查资料，在每个规定调查月份的下月初上报一次；对测报对象规定的某发育阶段的始见、始盛、盛、盛末、终见期的调查结果，由调查员观测到进入上述某一日期后，立即或于次日用电话或传真、微机等方式将该日期报所在县级森防站的专职测报员，县级站的测报员应立即用电话或传真、微机上报，国家级中心测报点应直接报国家林业和草原局预测预报中心；害虫测报对象的发育进度和病害孢子捕捉呈报资料，按预测预报对象的测报办法规定的时间统一上报；害虫存活率监测资料，于每年11月下旬统一上报一次。

测报点的所有监测调查原始记录、笔记本、记录表等上报资料的依据材料，不可随意更改数据，并应及时整理，附在上报资料原件后归档、立卷，由专人负责，严加保管，不得外借。

三、预测预报基本方法

森防站的测报人员，在接到测报点的信息资料和报表后，应认真审查，去粗取精，去伪存真，经科学分析后做出预测。下面简要介绍害虫的预测方法。

（一）发生期预测

常将某一虫态或某一龄期按其种群内个体数量的多少分为始见期、始盛期、高峰期、盛末期和终见期。在统计过程中，一般将害虫种群内某一虫态或龄期的个体比例达到16%、50%和84%分别作为划分始盛期、高峰期和盛末期的标准。发生期预测常用于预测一些防治时间性强，而且受外界环境影响较大的害虫。如钻蛀性、卷叶性害虫以及龄期越大越难防治的害虫，这种预测在生产上使用最广。由于害虫的发生期随每年气候的变化而变化，因此每年都要进行发生期预测。

常用的发生期预测方法有物候预测法、发育历期预测法、有效积温预测法、多元回归预测法等。

1. 物候预测法

物候是指自然界各种生物现象出现的季节规律性。人们在与自然的长期斗争中发现，害虫某个虫态的出现期往往与其他生物的某个发育阶段同时出现。物候预测法就是利用这种关系，以植物的发育阶段为指示物，对害虫某一虫态或发育阶段的出现期进行预测。

"桃花一片红，发蛾到高峰"就是老百姓根据地下害虫小地老虎与桃花开放的关系来预测其发生期的。在湖南，马尾松毛虫越冬幼虫出蛰危害期与桃花盛开季节相符。

应用物候预测前，可在当地选择常见植物，尤其是害虫寄主植物或与之有生态关系的物种，系统观察其生长发育情况，如萌芽、现蕾、开花、结果、落叶等过程，或者观察当地季节性动物的出没、鸣叫、迁飞等，分析其与当地某些害虫发生期的关系，特别应找出害虫发生期以前的物候现象，这对于害虫预报更具实际意义。物候预测法必须经过多年观察总结得出规律，且有严格的地区性。

2. 发育历期预测法

发育历期预测法是根据某害虫在林间的发育情况，按照历史资料中各虫态或虫龄相应发生期的平均期距值，预测各虫态或虫龄的发生期。

期距是指害虫前后世代之间或同一世代各虫态之间的时间间隔，在测报中常用的期距一般是指前一高峰期至后一高峰期的天数。根据前一虫态或前一世代的发生期，加上期距天数就可推测后一虫态或后一世代的发生期。期距可按式（3-7）计算。

$$F = H_i + (X_i \pm S_{\bar{x}}) \tag{3-7}$$

式中　F——期距（某虫态出现时间）；

　　　H_i——起始虫态实际出现期；

　　　X_i——理论期距值；

　　　$S_{\bar{x}}$——与理论期距值相对应的标准差。

测定期距常用的方法如下：

①调查法。调查法是指在林地内选择有代表性的样方，对刚一出现的某害虫的某一

虫态进行定点取样，逐日或间隔2～3天调查一次，统计该虫态个体出现的数量及百分比，并将每次统计的百分比顺序排列，便于看到其发育进度规律。通过长期调查，掌握各虫态的发育进度后，便可得到当地各虫态的历期。其中，孵化率、化蛹率、羽化率可分别按式（3-8）至式（3-10）计算。

$$孵化率 = \frac{幼虫数或卵壳数}{总卵壳数} \times 100\% \qquad （3-8）$$

$$化蛹率 = \frac{活蛹数或蛹壳数}{活幼虫数+活蛹数+蛹壳数} \times 100\% \qquad （3-9）$$

$$羽化率 = \frac{蛹壳数}{活幼虫数+活蛹数+蛹壳数} \times 100\% \qquad （3-10）$$

②诱测法。诱测法是指利用害虫的趋性及其他习性（趋光、趋化、趋色、产卵等）分别采用各种方法（灯诱、性诱、食饵、饵木等）进行诱测，逐日检查诱捕虫口数量，了解本地区害虫发生的始、盛、末期。有了这些基本数据，就能够推测以后各年各虫态或危害可能出现的日期。

③饲养法。饲养法是指对于某些难以观察的害虫或虫态，从野外采集一定数量的卵、幼虫或蛹，进行人工饲养，观察其发育进度，求得该虫各虫态的平均发育历期。人工饲养时，应尽可能使室内环境接近自然环境，以减少误差。

3. 有效积温预测法

有效积温预测法是指根据各虫态的发育起点温度、有效积温和当地近期的平均气温预测值，预测下一虫态的发生期。生长期中所需时间可按式（3-11）计算。

$$N = K/（T - C） \qquad （3-11）$$

式中　　N——生长期中所需时间；

　　　　K——害虫某一发育阶段的有效积温；

　　　　T——未来平均温度的预测值；

　　　　C——发育起点温度。

4. 多元回归预测法

多元回归预测法是指利用害虫发生期的变化规律与气候因子的相关性，建立回归预测式进行发生期预测。害虫预测指标可按式（3-12）计算。

$$Y = a_0 + a_1X_1 + a_2X_2 + \cdots + a_iX_i \qquad （3-12）$$

式中　　Y——害虫预测指标（发生期或发生量等）；

　　　　X_i——测报因子（气温、降水、相对湿度等）；

　　　　a_i——回归系数。

（二）发生量预测

1. 有效虫口基数预测法

有效虫口基数预测法是指根据上一世代的有效虫口基数、生殖力、存活率预测下一代的发生量。此法对一年发生世代少，特别是在林分、气候、天敌寄生率等较稳定的情况下应用效果好。预测的根据是害虫的发生数量往往与其前一世代的虫口基数有着密切关系，基数大，下一世代发生量可能就多；相反，下一世代发生量可能就少。

对上一世代的虫态，特别是对其越冬虫态，选择有代表性的，以面积、体积、长度、部位、株等为单位，调查一定的数量，统计虫口基数，然后再根据该虫繁殖能力、性比及死亡情况，推测下一代的发生量。下一代的发生量可按式（3-13）计算。

$$P = P_0 \left[e \times \frac{f}{m+f} \left(1 - M \right) \right] \qquad （3-13）$$

式中　　P——繁殖量，即下一代的发生量；

P_0——下一代虫口基数；

e——每只雌虫平均产卵数；

f——雌虫数量；

m——雄虫数量；

M——死亡率（包括卵、幼虫、蛹、成虫未生殖前）。

在式（3-13）中，（$1-M$）为生存率，可为（$1-a$）（$1-b$）（$1-c$）（$1-d$），其中a、b、c、d分别为卵、幼虫、蛹、成虫生殖前的死亡率。

2. 回归分析预测法

回归分析预测法是指分析害虫种群数量变化和气候及生物因子中的某些因素变化的相关关系，建立回归预测式的方法（参照发生期预测方法）。

（三）分布范围预测

分布范围预测是指根据森林害虫的生存条件及其赖以生存的寄主分布范围预测其可能或不可能分布的地区。根据现时病虫情调查资料，特别是现时森林害虫的危害程度和发生地的分布情况，以及影响该森林害虫扩散蔓延的主要因素（如害虫的扩散能力、寄主的流动、气候、交通条件等），预测森林害虫在某个时期内可能或不可能扩散蔓延的区域。

（四）危害程度预测

危害程度预测是指在发生量预测的基础上预测测报对象可能造成的危害。危害程度划分依据《林业有害生物发生及成灾标准》（LY/T 1681—2006）执行。

任务实施计划制订

对任务进行实施，并填写任务实施计划表，如表3-15所示。

表3-15 任务实施计划表

班 级		指导教师	
任务名称		日 期	
组 号		组 长	
组 员			
林业有害生物发生地监测			

练习题

03 项目三 林业
有害生物一般性
调查与监测预报
练习题

项目四 食叶害虫

任务一 松毛虫调查与防治

工作任务	松毛虫调查与防治
实施时间	植物生长季节均可
实施地点	有食叶害虫发生的林地或苗圃
教学形式	演示、讨论
学生基础	具有识别森林昆虫的基本技能；具有一定的自学和资料收集与整理能力
学习目标	熟知叶部害虫的发生特点及规律；具有叶部害虫的鉴别、调查与防治能力
知识点	马尾松毛虫、油松毛虫、赤松毛虫、落叶松毛虫分布与危害、虫态识别、生活习性、防治措施

知 识 准 备

松毛虫是历史性的森林大害虫，主要取食松树类针叶，属鳞翅目枯叶蛾科。目前全世界已知的松毛虫有1300多种，我国已记载的有29种，造成严重危害的有6种。其中，我国南方有马尾松毛虫、云南松毛虫、思茅松毛虫；北方主要是油松毛虫、赤松毛虫、落叶松毛虫。这些成灾的种类繁殖潜能大，可在短时间内迅速增殖，爆发成灾，突发性强，成灾迅速。由于松毛虫种群数量极大，可在短时间内将成片的松林食成一片枯黄，常因此造成巨大的经济损失。松毛虫是我国分布最广、危害最重的针叶类植物食叶害虫。

一、松毛虫调查

（一）松毛虫种类及识别

1. 马尾松毛虫

（1）分布与危害

马尾松毛虫主要分布于我国河南、陕西及南方各省。主要危害马尾松，也危害黑松、湿地松、火炬松。

（2）虫态识别

马尾松毛虫如图4-1所示。

①成虫。成虫体色变化较大，有深褐、黄褐、深灰和灰白

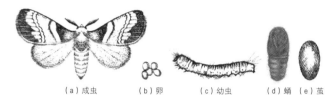

（a）成虫　　（b）卵　　（c）幼虫　　（d）蛹　（e）茧

图4-1　马尾松毛虫

等色。体长20～30mm，头小，下唇须突出，复眼为黄绿色。雌蛾触角呈短栉齿状，雄蛾触角呈羽毛状，雌蛾展翅60～70mm，雄蛾展翅49～53mm。前翅较宽，外缘呈弧形弓出，亚外缘斑列最后两斑斜位排列，如在两斑中点引一直线与翅外缘相交；中横线、外横线、亚外缘斑列内侧有白色斑。后翅呈三角形，无斑纹，暗褐色。

②卵。卵为近圆形，长1.5mm，粉红色，在针叶上呈串状排列。

③幼虫。幼虫体长60～80mm，深灰色，各节背面有橙红色或灰白色的不规则斑纹。背面有暗绿色宽纵带，两侧为灰白色，第二、三节背面簇生蓝黑色刚毛，腹面为淡黄色。

④蛹。蛹长20～35mm，暗褐色，节间有黄绒毛。茧为灰白色，后期为污褐色，有棕色短毒毛。

（3）寄主及危害特点

马尾松毛虫以幼虫取食松针，初龄幼虫群聚危害。松树针叶呈团状卷曲枯黄；四龄以上食量大增。它能将叶食尽，形似火烧，严重影响松树生长，甚至使其枯死。马尾松毛虫危害后容易招引松墨天牛、松纵坑切梢小蠹、松白星象等蛀干害虫的入侵，造成松树大面积死亡。

马尾松毛虫适应性强，繁殖快，灾害频繁，是我国南方重要的森林害虫。马尾松毛虫易大发生于海拔100～300m的丘陵地区、阳坡、10年左右生且密度小的马尾松纯林，凡是针阔叶树混交林，松毛虫危害较轻。在5月或8月，如果雨天多，湿度大，有利于松毛虫卵的孵化及初孵幼虫的生长发育，马尾松毛虫则容易大发生。

2. 油松毛虫

（1）分布与危害

油松毛虫主要分布于我国北京、河北、辽宁、山西、陕西、甘肃、山东、四川等地。主要危害油松，也能危害樟子松、华山松及白皮松。

（2）虫态识别

油松毛虫如图4-2所示。

①成虫。成虫雌蛾体长23～30mm，翅展57～75mm；雄蛾体长20～28mm，翅展45～61mm。体色有赤褐、

（a）成虫　　　（b）卵　　　　（c）幼虫　　　　　（d）蛹

图4-2　油松毛虫

棕褐、淡褐三种色型。雌蛾触角呈栉齿状，前翅中室有一不明显的白点，横线为褐色，内横线不明显，中线弧度小，外横线弧度大且略呈波状纹，中横线内侧和外横线外侧有一条颜色稍淡的线纹，亚外缘斑列黑色，各斑近似新月形，内侧衬有淡棕色斑，前六斑列呈弧状，七、八、九斑斜列，最后一斑由两个小斑组成；后翅呈淡棕色至深棕色。雄蛾触角呈羽毛状，色深，前翅中室白点较明显，横线花纹明显，亚外缘黑斑列内侧呈棕色。

②卵。卵为椭圆形，长1.75mm，宽1.36mm。精孔一端为淡绿色，另一端为粉红色，孵化前呈紫色。

③幼虫。老熟幼虫体长55～72mm。初孵幼虫头部呈棕黄色，体背为黄绿色。老龄时体为灰黑色，额区中央有一块深褐斑，体侧具长毛。胸部背面毒毛带明显，身体两侧各有一条纵带，中间有间断，各节纵带上的白斑不明显，每节前方由纵带向下一斜斑伸向腹面，腹部背面无倒伏鳞片。

④蛹。雌蛹长24～33mm，雄蛹长20～26mm。暗红色，臀棘短，末端稍弯曲。茧为长椭圆形，灰白色，表面有黑色毒毛。

（3）生活习性

油松毛虫在我国山东、辽宁地区为一年一代；在北京地区每年发生一至两代，以两代居多；在四川地区一年二至三代，多以四至五龄幼虫在树干基部的树皮裂缝、树干周围的枯枝落叶层、杂草或石块下越冬。一年一代地区，次年春3月末4月初越冬幼虫出蛰，先啃食芽苞，后取食针叶，危害至6月幼虫老熟在树冠下部枝杈或枯枝落叶中结茧化蛹，7月上旬羽化成虫。当晚或次日晚交尾、卵成堆产于树冠上部当年生的松针上，每块上的卵为10～500粒。成虫有趋光性，个别还具有从受害严重的林分向周围未受害林分迁飞产卵的习性，卵期为7～12天。幼虫孵化后有取食卵壳的习性。一至二龄幼虫有群聚性，并能吐丝下垂，三龄后分散取食，9月以后开始越冬。一年二至三代者，幼虫一直危害至11月。

3. 赤松毛虫

（1）分布与危害

赤松毛虫主要分布于我国辽宁、河北、山东、江苏北部的沿海地区。主要危害赤松，其次危害黑松、油松、樟子松等。

（2）虫态识别

赤松毛虫如图4-3所示。

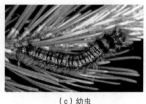

（a）成虫　　（b）卵　　（c）幼虫　　（d）蛹　　（e）茧

图4-3　赤松毛虫

①成虫。成虫体色为灰白色或灰褐色，体长22～35mm，翅展46～87mm。前翅中横线与外横线为白色，亚外缘斑列黑色，呈三角形；雌蛾亚外缘线列内侧和雄蛾亚外缘斑列外侧有白斑，雌蛾前翅狭长，外缘较倾斜，横线条纹排列较稀，小抱针消失，或仅留针状遗迹，中前阴片接近圆形。

②卵。卵长1.8mm，为椭圆形，初为翠绿色，渐变为粉红色，近孵化时为紫红色。

③幼虫。老熟幼虫体长80～90mm，呈深黑褐色，额区中央有狭长深褐色斑。体背二、三节丛生黑色毒毛，毛束片明显，体侧有长毛，中后胸毒毛带明显，体侧贯穿一条纵带，每节前方由纵带向下有斜纹伸向腹面。初孵幼虫体长约4mm、体背呈黄色、头呈黑色，二龄幼虫体背出现花纹，三龄体背呈黄褐色、黑褐色或黑色花纹，体侧有长毛，无显著花纹。

④蛹。蛹体长30～45mm，为纺锤形，呈暗红褐色。茧为灰白色，其上有毒毛。

（3）生活习性

赤松毛虫一年一代，以幼虫越冬。在山东半岛，3月上旬开始上树危害，7月中旬结茧化蛹，7月下旬羽化和产卵，盛期为8月上、中旬；8月中旬卵开始孵化，盛期为8月底至9月初，10月下旬幼虫开始越冬。

成虫多集中在17:00～23:00羽化，羽化当晚或次日晚开始交尾。成虫寿命为7～8天，以18:00～23:00产卵最多，大多产卵一次，少数产卵二至三次，未交尾的产卵少而分散，卵不能孵化，每雌产卵241～916粒，平均产卵622粒。卵期约为10天，初孵幼虫先吃卵壳，然后群集于附近的松针上啃食，一、二龄幼虫有受惊吐丝下垂习性；二龄末开始分散，至三龄始啃食松针叶，老龄幼虫不取食时多静伏在松枝上；幼虫为八至九龄，雌性常比雄性幼虫多一龄。幼虫取食至10月底至11月初，即沿树干下爬蛰伏于树皮翘缝或地面石块下及杂草堆内越冬，多蛰伏于向阳温暖处。15年生幼龄松林因树皮裂缝少，因此全部下树越冬。老熟幼虫结茧于松针丛中，预蛹期约2天，蛹期为13～21天。

赤松毛虫在山东地区多发生在海拔500m以下的低山丘陵林内；在河北地区300m以下的山区松林被害最重，500～600m受害显著减轻，800m以上不受害，纯林受害重于混交林。

4. 落叶松毛虫

（1）分布与危害

落叶松毛虫在我国的分布北自大兴安岭，南至北京延庆区，包括东北三省、内蒙古、河北北部、新疆北部阿尔泰等地的针叶、针叶落叶及针阔叶混交林区。落叶松及红松为该害虫的嗜食树种。

（2）虫态识别

落叶松毛虫如图4-4所示。

（a）成虫　　（b）卵　　（c）幼虫　　（d）蛹

图4-4　落叶松毛虫

①成虫。成虫由灰白到灰褐色，雄蛾体长25～35mm，翅展57～72mm；雌蛾体长28～38mm，翅展69～85mm。前翅外缘较直，亚外缘斑列最后两斑相互垂直排列，中横线与外横线间距离跟外横线与亚外缘线间距离几乎相等。

②卵。卵长约2.27mm，宽约1.75mm，呈粉绿色或淡黄色。

③幼虫。老熟幼虫体长63～80mm，体色有烟黑色、灰黑色和灰褐色三种，头部呈褐黄色，额区中央有三角形深褐斑，中后胸节背面毒毛带明显，腹部各节前亚背毛簇中窄而扁平的片状毛小而少，先端无齿状突起，只有第八节上较发达，体侧由头至尾有一条纵带，各节带上的白斑不明显，每节前方由纵带向下有一斜斑伸向腹面。

④蛹。蛹长27～36mm，臀棘细而短。

（3）生活习性

落叶松毛虫在东北两年一代或一年一代；在新疆以两年一代为主，一年一代占15%，幼虫为七至九龄。一年一代的以三至四龄幼虫，两年一代的以二至三龄、六至七龄幼虫在浅土层或落叶层下越冬，次年5月可同时见到大小相差悬殊的幼虫，其中大幼虫老熟后于7～8月在针叶间结茧化蛹、羽化、产卵、孵化，后以小幼虫越冬（一年一代）；而小幼虫当年以大幼虫越冬，第二年7～8月化蛹、羽化；如此往复，年代数多由一年一代转为两年一代，两年一代的则有部分转为一年一代。一至三龄幼虫日取食针叶0.5～8根，四至五龄幼虫日取食12～40根，六至七龄幼虫日取食168～356根。成虫羽化后昼伏夜出，可随风迁飞至10km以外。卵堆产于小枝及针叶上，每雌产卵128～515粒，平均产卵361粒。

落叶松毛虫危害具有周期性，多发生于背风、向阳、干燥、稀疏的落叶松纯林。在新疆地区约13年大发生一次，常在连续2～3年干旱后猖獗危害，猖獗后由于天敌大增、食料缺乏，虫口密度陡降。多雨的冷湿天气及出蛰后的暴雨和低温对该虫的大发生有显著的抑制作用。

（二）松毛虫防治原则及措施

1. 划分发生类型区

在虫情调查的基础上，综合考虑林分状况、林内植物多样性和个体数量、天敌及其控制害虫能力以及人为破坏轻重、松毛虫发生特点等因素，按相对集中的原则，将松毛虫发生区划分为三种不同的类型区，即常发区、偶发区和安全区，如表4-1所示。

表4-1　松毛虫发生类型区划分标准

划分依据	常发区	偶发区	安全区
发生特点	在一个大发生周期内频繁发生	偶然发生，发生年间隔在两年以上	虫口密度在自然调控下对松林不造成损害的水平
林分状况	中幼林、人工纯林集中连片在5000亩以上	纯林集中连片在5000亩以下	针阔混交林
植被覆盖率	60%以下	60%～90%	90%以上
天敌	种类和数量低于本地区松林内的平均值，控制能力低	种类和数量高于本地区松林内的平均值，有一定控制能力	种类和数量丰富
人为破坏	管理粗放，人为破坏严重	人为破坏较轻	人为破坏很少
多样性指数	低于本地区松林内的平均值	高于本地区松林内的平均值	高
海拔	400m以下	400～600m	600m以上

2. 分类施策

对于不同的发生类型区，因其松林状况、地理气候环境、人为活动以及监测防治技术水平等因素有较大差异，制定防治措施时应区别对待。原则上将常发区划为重点治理区，偶发区划为一般治理区，安全区划为生态保护区。各区采取的防治策略如下：

对于常发区，应以林分改造和封山育林为基本策略，加强监测预报，采取措施控制虫口密度，使其生态环境不断得到改善，逐步向偶发区过渡。具体措施如下：

①全面封山育林。

②改造虫源地。

③对于松毛虫重度、中度危害林分，喷施苏云金芽孢杆菌、白僵菌、松毛虫病毒制剂、阿维菌素、仿生药剂等压低虫口密度，有限度地在小范围内使用触杀性的低毒化学药剂。

④对于轻度危害、有一定自控能力的林分，采用封山育林、施放白僵菌等生物药剂、招引益鸟等措施或几种措施相结合。

对于偶发区，应注重虫情监测，严密监视虫源，定期调查，实行林农查虫报虫制度。采取预防为主，重点除治的策略。实施封山育林措施，加大管护力度，培育混交林，保护利用天敌，稳定虫口密度，提高林分自控能力，逐步实现由偶发区向安全区转化。对偶发区大面积的治理主要采用施放白僵菌、招引益鸟、释放（招引）寄生蜂等预防性措施；若发现虫源中心，应及时用仿生制剂、松毛虫病毒、苏云金芽孢杆菌、阿维菌素等控制。

对于安全区，应加强林木保护管理和合理经营利用，保持并完善森林生态环境，防止现有的生态环境受到破坏。应加强监控，不轻易施以药剂防治。

3. 科学确定防治指标

松毛虫防治指标以发生虫口密度（虫情级）为主，结合林间天敌状况和林分被害情况而定。一般虫情级为三级以上，当代可能造成松针损失30%以上，而目前松林未出现严重危害的发生区作为当代防治重点；越冬代防治的虫情级可适当低1~2级；对于蛹、卵期天敌寄生率达80%以上，或松针被害已超过80%的林分，可暂不考虑除治。应根据防治区情况，选择最可行的防治措施，措施应经济、有效，不杀伤天敌，能确保控制当代或下代不成灾。

4. 防治效果要求

防治后应做好效果检查及评估，一般要求生物防治的有效防治面积和杀虫效果均达到80%以上；仿生物及化学防治效果应达到95%以上。

5. 防治措施

（1）营林措施

①营造混交林。在常灾区的宜林荒山，遵照适地适树的原则营造混交林；对于常灾区的疏残林，应保护利用原有地被物，补植阔叶树种。在南方地区，可选用栎类、栗类等壳斗科和豆科植物，以及木荷、木莲、木楠、樟、桉、檫、枫香、紫穗槐、杨梅、相思树等。混交方式采用株间、带状、块状均可。在北方地区，可选用刺槐、沙棘、山杏、大枣等。林间应合理密植，以形成适宜的林分郁闭度，创造不利于松毛虫生长发育的生态环境，建立自控能力强的森林生态系统。

②封山育林。对于林木稀疏、下木较多的成片林地，应进行封山育林，禁止采伐放牧，并培育阔叶树种，逐步改变林分结构，保护冠下植被，丰富森林生物群落，创造有利于天敌栖息的环境。

③抚育、补植、改造。对于郁闭度较大的松林，应加强松林抚育管理，适时抚育间伐，保护阔叶树及其他植被，增植蜜源植物如山矾花、白栎花。对于现有纯林、残林和疏林，应保护林下阔叶树或适时补植速生阔叶树种，逐步诱导、改造为混交林。

（2）生物防治措施

①白僵菌防治。在各类型区中，均可使用白僵菌防治。南方应用白僵菌防治马尾松毛虫可在越冬代的11月中、下旬或次年2~4月放菌，其他世代（或时间）一般不适宜使用白僵菌防治。施菌量为每亩1.5万亿~5.0万亿个孢子。北方应用白僵菌防治油松毛虫或赤松毛虫，需要温度24℃以上的连雨天或露水较大的条件，施菌量应适当增加3~4倍。采用飞机或地面喷粉、低量喷雾、超低量喷雾；地面人工放粉炮。预防性措施也可采用人工敲粉袋、放带菌活虫等方法。

②苏云金芽孢杆菌防治。应用苏云金芽孢杆菌防治松毛虫，一般防治三至四龄幼虫。施药林分适宜温度为20~32℃。施菌量为每亩40万~80万国际单位（IU）。多雨季节慎用。采用喷粉、地面常规或低量喷雾、飞机低量喷雾。喷雾可同时加入一定剂量的洗衣粉或其他增效剂。

③质型多角体病毒（CPV）防治。用围栏或套笼集虫、集卵增殖病毒、人工饲养增

殖病毒、离体细胞增殖病毒或林间高虫口区接毒增殖等方法，收集病死虫，提取多角体病毒，制成油乳剂、病毒液或粉剂。使用时可在病毒液中加入0.06%的硫酸铜或每毫升含0.1亿个孢子的白僵菌作为诱发剂，提高杀虫率。每亩用药量为50亿～200亿个病毒晶体。采用飞机或地面低量喷雾、超低量喷雾或喷粉作业。

④招引益鸟。在虫口密度较低且林龄较大的林分，可设置人工巢箱招引益鸟。布巢时间、数量、巢箱类型应根据招引的鸟类而定。

⑤释放赤眼蜂。繁育优良蜂种，在松毛虫产卵始盛期，选择晴天无风的天气分阶段林间施放，每亩3万～10万只。也可使赤眼蜂同时携带病毒，提高防治效果。

（3）物理机械防治

可采用人工摘除卵块或使用黑光灯诱集成虫的方法降低下一代松毛虫虫口密度。

（4）植物杀虫剂防治

采用1.2%烟参碱喷烟防治幼虫，烟参碱与柴油的比例为1∶20，每亩使用的药量为0.4L。

（5）仿生药剂防治

在必要情况下，采用灭幼脲（每亩30g）、杀铃脲（每亩5g）等进行飞机低容量、超低容量喷雾，地面背负机低容量、超低容量喷雾，重点防治小龄幼虫。在松树被害严重、生长势弱的林地，可一并喷施灭幼脲和少量尿素（约每亩50g）。

（6）化学药剂防治

松毛虫的防治，原则上不使用化学农药喷雾、喷粉、喷烟。若必须采用，则应选择药剂，在大发生初期防治小面积虫源地，迅速压低虫口。在北方地区，对于下树越冬的松毛虫，在春季上树和秋季下树前，可采取在树干上涂、缚拟除虫菊酯类药剂制成的毒笔、毒纸、毒绳等毒杀下树越冬和上树的幼虫。

（7）自然防治法

当虫口密度虽然大，松叶被害率达70%以上，但松毛虫寄生率高，虫情处于下降趋势时，不进行药物防治。安全区发生松毛虫危害而偶发区小面积发生时不进行药物防治，任其自然消长。

二、松毛虫调查与防治计划制订

以小组为单位，进行松毛虫调查与防治计划制订。每组4～6人，其中，设组长1名，操作员2～4名，记录员1名。

1. 备品准备

仪器：实体解剖镜、手动喷雾器或背负式喷雾喷粉机。

用具：望远镜、高枝剪、测绳、调查表、记录本、计数器、放大镜、毒瓶、捕虫器、标本采集箱、昆虫针、量筒、塑料桶、乙醇等。

材料：赤眼蜂、2.5%灭幼脲、0.6%清源保湿剂（苦参碱）、20%杀铃脲胶悬剂、苏云金芽孢杆菌制剂、白僵菌等。

2. 工作预案

根据任务资讯，查阅相关资料，结合松毛虫虫情监测与预测预报办法和防治技术规程制定工作预案。其中，调查预案包括调查时间、调查地点、调查树种、调查方法、数据处理等。防治预案包括防治原则和具体措施。

三、松毛虫调查与防治

（一）松毛虫及被害状识别

松毛虫成虫体多粗壮，鳞片厚，后翅肩角发达，静止时呈枯叶状；幼虫体多为足型，体粗壮，体侧具有毛丛。被害针叶枯黄，严重发生时大面积松针被吃光，状如火烧。

（二）松毛虫虫情调查

1. 幼虫期调查

①越冬幼虫下树调查。越冬幼虫下树开始前，将树干中部的树皮刮去，将剪成扇形的厚塑料薄膜沿树干绑成闭合卷，结合处用大头针固定，形成开口向上的塑料帽，其上方绑1～2圈毒绳或抹毒环，每天14:00～15:00检查记录塑料帽内幼虫数。计数后将虫体去除，待幼虫下树结束后统计单株下树虫口密度。

②越冬幼虫上树调查。越冬幼虫上树开始前，于树中部围毒绳，每天14:00～15:00检查幼虫数量。

2. 蛹期调查

在幼虫结茧盛期（结茧率达到50%）后2～5天进行剖茧，调查雌雄比、平均雄蛹重量、天敌计生率等。

3. 成虫期调查

从结茧盛期开始，观察雌蛹羽化率，每雌虫产卵量，雌雄性比及羽化始见期、高峰期、终止期和发生量。

4. 卵期调查

雌蛾羽化高峰后1～3天调查平均卵块数及每卵平均卵粒数，并连续观察孵化率和天敌寄生率。

（三）松毛虫除治作业

1. 毒绳防治法

毒绳防治法步骤如下：

①在使用前3～5天，用2.5%溴氰菊酯乳油或20%氰戊菊酯乳油、3号润滑油、柴油或机油，按1∶1∶8的比例加热混合均匀。

②将4号包装纸绳浸入药液中10 min，捞出控干装入塑料袋，将口扎紧备用。

③松毛虫或其他害虫上下树时，用绑毒绳的特制剪刀在每株树干胸径处将毒绳环树一周系好即可。

2. 施放赤眼蜂防治法

施放赤眼蜂防治法步骤如下：

①取卵卡在低温下冷藏。

②根据预测消息，在松毛虫开始产卵前2～3天，将卵卡置于适宜温度下培养，使出蜂时间与松毛虫产卵时间相吻合。

③在松毛虫产卵初期和盛期，分别按30%和70%的蜂量比例，选择微风或无风晴朗天气，以组为单位，在当地松毛虫产卵期到有松毛虫危害的林分挂卵卡。挂卵卡时，为了保持一定的湿度，用树叶卷包蜂卡，用大头针将蜂卡钉在树枝的背阴面或树干逆风向举手高处。按蜂的活动效能（放蜂半径10m），每亩设6～8个放蜂点即可，一般每公顷放75万～150万只。

④将机油和硫黄粉（3∶1）混合剂涂在枝条上，以防蚁害。

3. 药剂防治效果检查

防治作业实施12h、24h、36h，应到防治现场检查药剂防治效果。害虫死亡率可按式（4-1）计算。

$$害虫死亡率 = \frac{防治前活虫数 - 防治后活虫数}{防治前活虫数} \times 100\% \qquad （4-1）$$

● 任务实施计划制订

对任务进行实施，并填写任务实施计划表，如表4-2所示。

表4-2 任务实施计划表

班　级		指导教师	
任务名称		日　期	
组　号		组　长	
组　员			

续表

病害地点	
病害描述	
防治方案	

任务二 美国白蛾调查与防治

工作任务	美国白蛾调查与防治
实施时间	植物生长季节均可
实施地点	有食叶害虫发生的林地或苗圃
教学形式	演示、讨论
学生基础	具有识别森林昆虫的基本技能；具有一定的自学和资料收集与整理能力
学习目标	熟知叶部害虫的发生特点及规律；具有叶部害虫的鉴别、调查与防治能力
知识点	美国白蛾分布与危害、形态识别、生活习性、防治措施

知 识 准 备

一、美国白蛾调查

1. 分布与危害

美国白蛾又称秋幕毛虫，属鳞翅目灯蛾科，是重要的食叶害虫，多年来一直被世界上很多国家作为重点检疫害虫，也是我国植物运输重点检疫的有害生物之一，在我国部分省区已被列为安全领域重大预防处置事项。美国白蛾主要通过木材、木包装运输进行传播，也能够通过成虫飞翔进行扩散。该虫大发生时，几乎能将区域内果树木的叶子全部吃光，严重影响树木的生长。树叶被吃光后，常转移到农作物和蔬菜上，继续危害农作物和蔬菜叶片，从而给林木和农作物造成严重的经济损失，给人类正常生活带来较大的威胁。

美国白蛾在我国目前主要分布于北京、天津、河北、辽宁、山东、河南、陕西等地。寄主包括接骨木、悬铃木、葡萄、樱花、五角枫、刺槐、糖槭、白蜡、杨、栎、臭椿、桦、柳、连翘、榆、李、山楂、梨、桑、桃、樱桃、杏、丁香、苹果、海棠等100多种植物。美国白蛾食性杂，繁殖量大，适应性强，传播途径广，是危害严重的世界性检疫害虫，它喜爱温暖、潮湿气候，在春季雨水多的年份危害特别严重。叶部受害表现有缺刻、结网、食光等特征。

2. 虫态识别

美国白蛾如图4-5所示。

图4-5　美国白蛾

①成虫。成虫体色为白色，雄蛾体长9～13mm，翅展25～42mm，前翅具褐色斑点（可分不同斑型）或无斑点；雌蛾体长9.5～17mm，翅展30～46mm，前翅斑点少，越夏代大多数无斑点；复眼为黑褐色，下唇须小，侧面为黑色。

②卵。卵为圆球形，直径0.4～0.5mm，初产时呈黄绿色，不久后颜色渐深，孵化前呈灰黑色，点端为黑褐色，有光泽，卵面多凹陷刻纹；卵多产于叶背，呈块状，常覆盖雌蛾体毛（鳞片）。

③幼虫。幼虫根据其头壳颜色可分黑头型和红头型两个类型，我国仅有黑头型。幼虫体细长，老熟幼虫体长30～40mm，沿背中央有一条深色宽纵带，两侧各有一排黑色毛瘤，毛瘤上有白色长毛丛；腹足趾钩为单序异型，中间趾钩长，为10～14根，两侧趾钩短，为20～24根。

④蛹。茧为灰色，很薄，被稀疏丝毛组成的网状物；蛹长8～15mm，宽3～5mm，呈暗红色，臀棘10～15根；雄蛹的生殖孔位于第九腹节，呈一纵向小缝口，雌蛹生殖孔在第八腹节，在此节下有一个圆形产卵孔。

3. 生活习性

美国白蛾在我国一年发生两代，以蛹在树皮裂缝或枯枝层越冬。次年5月开始羽化，雄蛾比雌蛾羽化早2～3天。成虫具有趋光性，白天静伏在寄主叶背和草丛中，傍晚和黎明活动，交尾1～2h后，在寄主叶背上产卵，卵单层排列呈块状，覆盖有白色鳞毛，每卵块为500～600粒，最多可达2000粒。雌蛾产卵期间和产卵完毕后，始终静伏于卵块上，遇惊扰也不飞走，直至死亡。初孵幼虫有取食卵壳的习性，并在卵壳周围吐丝拉网，一至三龄群集取食寄主叶背的叶肉组织，留下叶脉和上表皮，使被害叶片呈白膜状；四龄开始分散，同时不断吐丝，将被害叶片缀合成网幕，网幕随龄期增大而扩展，有的长达1~2m；五龄以后开始抛弃网幕分散取食，食量大增，仅留叶片的叶柄和主脉；五龄以上的幼虫耐饥能力达8~12天，这一习性使美国白蛾很容易随货物或货物包装物，或附在交通工具上进行远距离传播。幼虫共七龄。6~7月为第一代幼虫危害盛期，8~9月为第二代幼虫危害盛期，9月以后老熟幼虫陆续化蛹越冬。

美国白蛾喜生活在阳光充足而温暖的地方，在交通线两旁、公园、果园、村落周围及庭院等处的树木常集中发生，林缘发生较重，尤其是光照与积温，可以决定此虫在一个地区能否存活以及可能完成的世代数。

二、美国白蛾调查与防治计划制订

1. 备品准备

害虫识别材料用具准备：放大镜、毒瓶、捕虫器、标本采集箱、昆虫针、乙醇等。

调查材料用具准备：望远镜、调查表、记录本、地形图等。

防治材料用具准备：塑料桶、量筒、高枝剪、周氏啮小蜂、2.5%灭幼脲、0.6%清源保湿剂（苦参碱）、20%杀铃脲胶悬剂、苏云金芽孢杆菌制剂、高射程喷雾器。

2. 工作预案

根据资讯学习，查阅相关资料及工作任务单要求，结合国家美国白蛾虫情监测及防治标准，制定美国白蛾工作预案。

美国白蛾防治预案在体现实行分类施策、分区治理原则的基础上，具体措施应从以下方面考虑：

（1）人工物理防治

①剪除网幕。在美国白蛾幼虫三龄前，每隔2~3天仔细查找一遍美国白蛾幼虫网幕。若发现网幕，用高枝剪将网幕连同小枝一起剪下。

②围草诱蛹。围草诱蛹适用于防治困难的高大树木。在老熟幼虫化蛹前，在树干离地面1.5m左右处，用谷草、稻草把或草帘上松下紧围绑起来，诱集幼虫化蛹。

③灯光诱杀。利用诱虫灯在成虫羽化期诱杀成虫。诱虫灯应设在上一年美国白蛾发生比较严重、四周空旷的地块，可获得较理想的防治效果。在距设灯中心点50~100m的范围内进行喷药毒杀灯诱成虫。

（2）生物防治

①苏云金芽孢杆菌。对四龄前幼虫喷施每毫升含1亿个孢子的苏云金芽孢杆菌。

②美国白蛾周氏啮小蜂。在美国白蛾老熟幼虫期，按一只白蛾幼虫释放3~5只周氏

啮小蜂的比例，选择无风或微风时，于10:00～17:00进行放蜂。

（3）仿生制剂防治

对四龄前幼虫使用25%灭幼脲Ⅲ号胶悬剂5000倍液、24%米满胶悬剂8000倍液、卡死克乳油8000～10000倍液、20%杀铃脲胶悬剂8000倍液进行喷洒防治。

（4）植物杀虫剂防治

植物杀虫剂防治适用于低龄幼虫，使用1.2%烟参碱乳油1000～2000倍液进行喷雾防治。

（5）化学防治

于幼龄幼虫期喷施2.5%敌杀死乳油2000～2500倍液或90%敌百虫晶体1000倍液。

（6）性信息素引诱

利用美国白蛾性信息素，在轻度发生区成虫期诱杀雄性成虫。春季世代诱捕器设置高度以树冠下层枝条（2.0～2.5m）处为宜，在夏季世代以树冠中上层（5～6m）处设置最好。每100m设一个诱捕器，诱集半径为50m。在使用期间，诱捕器内放置的敌敌畏棉球每3～5天更换一次，以保证熏杀效果。

（7）植物检疫

检疫技术部分依照《美国白蛾检疫技术规程》（GB/T 23474—2009）执行。

三、美国白蛾调查与防治

（一）美国白蛾现场识别

美国白蛾现场识别如下：

①被害状识别。观察树冠外缘是否有网幕，网幕内幼虫群集取食寄主叶背的叶肉组织，留下叶脉和上表皮，使被害叶片呈白膜状。

②各虫态识别。根据前述形态识别特点进行各虫态识别。

（二）美国白蛾虫情调查（幼虫网幕期）

1. 调查时间

美国白蛾虫情调查的最适时期是其幼虫网幕期，不同地区调查时间有所不同。例如，在辽宁第一代网幕期为6月20日至7月10日，第二代为8月20日至9月10日。

2. 调查地点

调查地点可在监测范围内，或在美国白蛾发生区周围城乡绿化带和人们日常活动场所的四旁树；与发生区有货物运输往来的车站、码头、机场、旅游点及货物存放集散地周围的树木；沿公路、铁路及沿途村庄的树木。

3. 调查树种

美国白蛾主要喜食树种包括糖槭、桑、榆、臭椿、花曲柳、山楂、杏、法国梧桐、泡桐、白蜡、胡桃、樱花、枫杨、苹果、樱桃、杨等；一般喜食树种包括柳、桃、胡桃楸、梨、刺槐、柿、紫荆、丁香、金银木、葡萄等。

4. 调查方法

每个调查单位应抽查10%～30%的树木，观察树上网幕。第一代幼虫网幕集中在树冠中下部外缘；第二代幼虫网幕多集中在树冠中上部外缘。

若发现了新的疫情，应立即对疫情发生区进行详细调查。调查有虫（网）株数和林木被害程度。将被害程度分为轻、中、重三个等级，标准如下：

①轻。有虫（网）株率0.1%～2%为轻度发生区（＋）。

②中。有虫（网）株率2%～5%为中度发生区（＋＋）。

③重。有虫（网）株率5%以上为重度发生区（＋＋＋）。

5. 虫情监测

虫情监测部分参照《美国白蛾监测规范》（NY/T 2057—2011）执行，具体步骤如下：

①以小组为单位，根据任务量确定调查的树木数量和调查路线。

②根据被害状识别，检查有虫（网）的树木数量，计算每株树有虫（网）的数目，并将结果填入美国白蛾幼虫虫口密度调查表（表4-3）。

表4-3　美国白蛾幼虫虫口密度调查表

调查时间	调查地点	调查株数/株	有虫株数/株	有虫株率/%	总网幕数/个	单株平均网幕数/（个/株）
合计						
平均						

③计算有虫株率和单株平均网幕数。

④根据方案中的标准预测害虫的危害程度。

（三）美国白蛾除治作业

1. 人工剪网幕法

人工剪网幕法步骤如下：

①仔细检查树冠，若发现网幕，用高枝剪连同小枝一起剪下。

②剪下的网幕应立即集中烧毁或深埋，散落在地下的幼虫应立即杀死。

2. 围草诱蛹法

围草诱蛹法步骤如下：

①将稻草扎成草帘。

②在老熟幼虫化蛹前，在树干离地面1.5m左右处，将草帘上松下紧围绑在树干一周，诱集幼虫化蛹。

③每隔7～9天更换一次草帘，将换下的草帘集中烧毁。

3. 施放周氏啮小蜂法

施放周氏啮小蜂步骤如下：

①根据虫情监测的结果，选择在老熟幼虫和化蛹盛期为放蜂时间。

②根据调查结果和放蜂时间，按蜂∶虫为（3～5）∶1的比例施放小蜂。

③选在晴天10∶00～17∶00，布点距离40～50m，打开培育好的装蜂瓶的瓶塞，将装蜂瓶放在平稳的地方，让蜂自行飞出，寻找寄主。

4. 药剂防治法

药剂防治法步骤如下：

①农药选择。每组根据防治对象选择一种合适药剂。

②药量计算。根据喷雾器流量和作业面积计算总药液量，再根据总药液量和稀释倍数计算原药的用量。

③药剂稀释。根据计算结果，按方案规定的倍数进行农药稀释。

④将配制好的药剂用背负式喷雾器进行药剂喷施，注意喷洒要均匀。

5. 药剂防治效果检查

防治作业实施12h、24h、36h，应到防治现场检查药剂防治效果，并将检查结果填入害虫药效检查记录表（表4-4）。

表4-4　害虫药效检查记录表

检查日期	检查地点	取样方法	标准树	处理方法（药剂、名称、浓度、数量）	检查虫数						活虫数/只	死亡数/只	死亡率/%
					12h		24h		36h				
					总虫数/只	死亡数/只	总虫数/只	死亡数/只	总虫数/只	死亡数/只			

四、其他食叶害虫及防治

叶部害虫种类很多，为了全面掌握林木叶部害虫的防治技术，可通过自学、收集资料，识别其他食叶害虫。

任务实施计划制订

对任务进行实施，并填写任务实施计划表，如表4-5所示。

表4-5 任务实施计划表

班 级		指导教师	
任务名称		日 期	
组 号		组 长	
组 员			
病害地点			
病害描述			
防治方案			

任务三 舞毒蛾调查与防治

工作任务	舞毒蛾调查与防治
实施时间	植物生长季节均可
实施地点	食叶害虫发生的林地或苗圃
教学形式	演示、讨论
学生基础	具有识别森林昆虫的基本技能；具有一定的自学和资料收集与整理能力
学习目标	熟知叶部害虫的发生特点及规律；具有叶部害虫的鉴别、调查与防治能力
知识点	舞毒蛾分布与危害、形态识别、生活习性、防治措施

一、舞毒蛾调查

1. 虫态识别

舞毒蛾如图4-6所示。

①成虫。雄成虫体长约20mm，前翅为

（a）成虫　　（b）卵　　（c）幼虫　（d）蛹

图4-6 舞毒蛾

茶褐色，有4～5条波状横带，外缘呈深色、带状，中室中央有一黑点。雌成虫体长约25mm，前翅为灰白色，每两条脉纹间有一个黑褐色斑点。腹末有黄褐色毛丛。

②卵。卵为圆形稍扁，直径1.3mm，初产为杏黄色，数百粒至上千粒产在一起成为卵块，其上覆盖有很厚的黄褐色绒毛。

③幼虫。幼虫老熟时体长50～70mm，头为黄褐色且有八字形黑色纹。前胸至腹部第二节的毛瘤为蓝色，腹部第三至九节的七对毛瘤为红色。

④蛹。蛹体长19～34mm，雌蛹大，雄蛹小。体色呈红褐色或黑褐色，被有锈黄色毛丛。

2. 寄主及危害特点

舞毒蛾主要分布于我国河北、山西、内蒙古、辽宁、吉林、黑龙江、江苏、山东、河南、湖北、四川、贵州、陕西、甘肃、青海、宁夏、新疆、台湾等地。幼虫主要危害叶片。该虫食量大，食性杂，严重时可将全树叶片吃光。其幼虫可取食500多种植物，以杨、柳、榆、栎、桦、落叶松、云杉受害最重。

3. 生物学特性

舞毒蛾为一年一代，以卵越冬。次年4月底至5月上旬，幼虫孵出后上树取食幼芽及叶片。幼龄幼虫可借风力传播，二龄后白天潜伏于枯叶或树皮裂缝内，黄昏时上树危害，受惊扰后吐丝下垂。6月中旬，老熟幼虫于枝叶、树洞、树皮裂缝处、石块下吐少量丝缠固其身化蛹。6月底，成虫开始羽化。雄蛾白天在林间成群飞舞，雌蛾对雄蛾有较强的引诱力。卵产于树干、主枝、树洞、电线杆、伐桩、石块及屋檐下等处，每只雌蛾可产卵400～1000粒。

舞毒蛾的主要天敌，卵期有舞毒蛾卵平腹小蜂、大蛾卵跳小蜂；幼虫和蛹期有毒蛾绒茧蜂、中华金星步甲、蝎蝽、双刺益蝽、暴猎蝽、核型多角体病毒、山雀、杜鹃等。这些天敌对舞毒蛾的种群数量有明显的控制作用。此外，舞毒蛾的发生与环境条件也有一定关系。舞毒蛾在非常稀疏并且没有下木的阔叶林或新砍伐的阔叶林内易发生，在林层复杂、树木稠密的林内很少发生。

二、舞毒蛾防治措施

1. 人工防治

卵期可人工刮除树干、墙壁上的卵块，集中烧毁。

2. 物理防治

成虫羽化期可安装杀虫灯诱杀成虫。

3. 生物防治

通过施放天敌昆虫或使用白僵菌（每克含孢子100亿个，活孢率90%以上）、舞毒蛾核型多角体病毒（每单位加水3000倍，三龄虫前使用）、苏云金芽孢杆菌（菌粉200～300g/亩）兑水喷雾可有效防治舞毒蛾危害。

4. 化学防治

5月上旬，在幼虫三至四龄开始分散取食前喷洒20%灭幼脲Ⅲ号，用药量30～40mL/亩；25%杀铃脲胶悬剂，用药量10～20mL/亩；0.36%苦参碱，用药量150mL/亩；1.8%阿维菌素乳油，用药量7～10mL/亩。在幼虫四至六龄期喷洒2.5%溴氰菊酯乳油，用药量40mL/亩。

● 任务实施计划制订

对任务进行实施，并填写任务实施计划表，如表4-6所示。

表4-6 任务实施计划表

班　　级		指导教师	
任务名称		日　　期	
组　　号		组　　长	
组　　员			
病害地点			
病害描述			
防治方案			

● 练习题

04 项目四 食叶
害虫 练习题

项目五

吸汁害虫

任务一 松突圆蚧调查与防治

工作任务	松突圆蚧调查与防治
实施时间	调查时间为春季越冬虫体开始活动时和秋季落叶后虫体越冬前；防治最佳时间为幼虫（若虫）危害初期或成虫羽化初期
实施地点	有枝干害虫发生的林地或苗圃
教学形式	演示、讨论
学生基础	具有识别森林昆虫的基本技能；具有一定的自学和资料收集与整理能力
学习目标	熟知吸汁害虫的发生特点及规律；具有吸汁害虫的鉴别、调查与防治能力
知识点	松突圆蚧分布与危害、形态识别、生活习性、防治措施

知 识 准 备

一、松突圆蚧调查

1. 虫态识别

取松突圆蚧生活史玻片标本，置于显微镜下观察成虫、若虫形态。

①成虫。如图5-1所示，雄成虫为体架形，体外被有介壳，雄介壳为圆形或精圆形，呈灰白色或浅灰黄色，背面稍隆起，壳点位于中心或略偏，介壳上有三圈明显轮纹；雌成虫二至四腹节侧边精突出；触角为瘤状，上有一根毛。雄成虫呈橘黄色，长约0.8mm，翅一对，膜质，上有翅脉两条，体末端交尾器发达，长而稍弯曲。

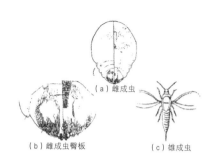

（a）雌成虫

（b）雌成虫臀板　　（c）雄成虫

图5-1 松突圆蚧

②若虫。松突圆蚧若虫泌蜡，蜡丝封盖全身后增厚变白，形成圆形介壳；触角呈不规则的圆锥形。

2. 分布与危害

松突圆蚧主要分布于我国福建、台湾、广东、香港、澳门等地。主要危害马尾松、醒地松、加勒比松、黑松等松属植物，其中马尾松受害最重。

3. 生物学特性

松突圆蚧在广东一年五代，以四代为主，3月中旬至4月中旬为第一代若虫出现的高峰期。以后各代依次为：6月初至6月中旬；7月底至8月中旬；9月底至11月中旬。3～6月是全年虫口密度最大、危害最严重的时期。其世代重叠，任何一个时间都可见到各虫态的不同发育阶段。以成虫和若虫越冬，越冬种群中以二龄若虫为主。其自然传播依靠初孵若虫随风力传播。远距离传播方式以成虫、若虫、卵随盆景、苗木、球果、新鲜枝杈的调运而传播。其天敌种类很多，主要有红点唇瓢虫、圆果大赤螨、花角蚜小蜂等。

二、松突圆蚧调查与防治计划制订

1. 备品准备

害虫识别材料用具准备：放大镜、毒瓶、捕虫器、标本采集箱、昆虫针、乙醇等。
调查材料用具准备：测绳、围尺、测高器、望远镜、调查表、记录本、地形图等。
防治材料用具准备：喷雾器、注射器及所需的防治药剂。

2. 工作预案

根据任务单要求查阅相关资料，结合国家和地方松突圆蚧防治技术标准拟定工作预案。

对松突圆蚧的防治，应以加强检疫为基础，严格控制松突圆蚧的传播和扩散。在虫害发生地应综合人工防治、化学防治和生物防治等防治措施，特别应积极引进和释放天敌，将松突圆蚧发生控制在较低水平。具体措施应从以下方面考虑：

（1）加强检疫

强化检疫措施，对引进和调出的苗木、接穗、果品等植物材料进行严格检疫，防止松突圆蚧的传入或传出。对于带虫的植物材料，应立即进行消毒处理。常用的熏蒸杀虫剂有溴甲烷，用药量20～30g/m³，时间为24h。

（2）林业技术措施

在松突圆蚧危害的松林，应适当进行修枝间伐，保持冠高比为2∶5，侧枝保留六轮以上，以降低虫口密度，增强树势。修剪下的带蚧枝条应集中销毁。

（3）生物防治

在疫情发生区，采用林间繁殖松突圆蚧花角蚜小蜂种蜂，并在林间人工释放就地繁育的种蜂，同时加强对天敌的保护和促进，实现可持续控制该蚧目标。引进和释放天敌也是控制危害的有效方法。

（4）化学防治

在松突圆蚧发生高峰期，采用50%杀扑磷、25%喹硫磷药剂，500倍液林间喷雾的防治效果均达80%以上，它们对雄蚧的杀伤力也远远优于其他农药。使用松脂柴油乳剂可在10~11月进行飞机喷洒，或在4~5月进行地面喷洒。幼龄蚧虫发生期，可在树干刮去粗皮，在环带上涂内吸性杀虫剂，也可在树干基部打孔注药。

三、松突圆蚧调查与防治

（一）松突圆蚧现场识别

1. 被害状识别

松突圆蚧群栖于松针基部叶鞘内，吸食松针汁液，致使受害处变色发黑，缢缩或腐烂，从而使针叶枯黄、脱落，严重影响树木的生长。

2. 成虫识别

松突圆蚧死虫、活虫虫体特征如表5-1所示。

表5-1　松突圆蚧死虫、活虫虫体特征

死虫	活虫
介壳外表干燥，褐色微带白色	介壳背面隆起，灰白或淡黄色
结构较疏松	结构较紧密
虫体不饱满或干瘦，或霉烂针	虫体饱满，体表光滑
针尖触及虫体不动	针尖触及虫体微动
体褐色或黑褐色	体色鲜艳，蛋黄或黄色，色泽均一
体液清稀无黏性	体液较稠有黏性

3. 各虫态识别

松突圆蚧各虫态主要特征如表5-2所示。

表5-2　松突圆蚧各虫态主要特征

虫态	形态特征
初孵若虫	无介壳包被，体型小，长0.2~0.3mm，淡黄色，活体爬动寻找寄生位置
一龄若虫	介壳圆形，白色，边缘半透明
二龄若虫	性分化前为圆形，介壳中央可见橘红色的一龄蜕皮；性分化后，雌若虫体型增大，雄若虫介壳变为长卵形。浅褐色，壳点突出一端，虫体前端出现眼点
雄蛹、成虫	离蛹，附肢明显，介壳与二龄雄若虫相似，雄虫有翅，体长0.8mm
雌成虫	体较大，长0.7~1.1mm，梨形，附肢全退化，介壳有三圈明显轮纹

（二）松突圆蚧虫情调查

1. 标准地的设置

在松突圆蚧分布区内选择5～10块5～10年生的松林地。每块观察地选择1～2个林业作业小班（或山头）作为固定观察点，定小班（或山头），不定树进行观察，按二类资源档案和虫情资料建立观察点内所有小班资料档案，建立松突圆蚧虫情调查表（表5-3）。

表5-3　松突圆蚧虫情调查表

乡镇名称		乡镇代码	
村名称		村代码	
标准地代码		地点描述	
林班（小班）号		林班（小班）面积／亩	
主要树种		林木组成	
树龄／年		胸径／cm	
树高／m		枝条盘数／条	
冠幅／m		郁闭度（0～1.0）	
坡向（阴、阳、平）		坡度／°（0°～90°）	
其他病虫		土层厚度／cm	
土壤质地		调查株数／株	
植被种类		调查虫态	
调查面积（代表面积）／亩		有虫株率／%	
有虫株数／株		虫情等级（轻、中、重）	
虫口密度／（只／针束）		发现时间	
是否新扩散		调查时间	
调查人			

注：1. 该统计表可用于虫情监测的临时标准地和系统观察的固定标准地的虫情调查，每年调查两次，每块标准地调查只填一张表。

2. 乡镇代码：01～99，以县为单位统一编码；村代码：01～99，以乡为单位统一编码；标准地代码：001～999。标准地号由7位数字组成，头两位为乡镇代码，中间两位为村代码，后三位为标准地代码。

3. 用于系统观察的固定标准地号一经确定，不得随意更改。

2. 观察内容与方法

应定期观察，在标准地固定小班内于每月采样观察一次。在标准地内选择20株标准树，在每株树冠中部的东、南、西、北四个方向各取一枝条，随机抽取各枝条上二年生的针叶10束，带回室内镜检。分别统计各种若虫、雄蚧（含蛹和成虫，下同）、雌成虫及活虫、死虫和被寄生数，其中死虫数不包含寄生数。总虫口密度是指每针束平均各虫态的活虫总数，雌蚧密度是指每针束平均活雌蚧的数量。

3. 资料汇总

将定期观察的结果按观察地分别汇总，分三种虫态（若虫、雄蚧、雌蚧）统计，各种虫态合计是指将上述三种虫态合计，分别计算出存活率、寄生率和虫口密度。

4. 定期收集寄生蜂

于每年5～6月中旬，在进行虫情调查的同时，采集一定数量有松突圆蚧的枝梢在室内进行收蜂观察，每天记录收蜂情况（包括每天蜂羽化数），分别记录蜂的种类，至15天后进行解剖，统计松突圆蚧被寄生数和雌蚧、雄蛹数并计算寄生率。

（三）松突圆蚧除治作业

1. 生物防治

可利用花角蚜小蜂进行松突圆蚧的防治，步骤如下：

①收蜂。在花角蚜小蜂繁育基地收集花角蚜小蜂，可用指形管收集。

②进行林间放蜂点的选择。先根据松林分布情况，在林业基本图上规划放蜂小班，再实地调查松突圆蚧的虫口密度，选择交通便利、立地条件和生态环境良好、松林郁闭度高、松突圆蚧有虫针束率大、林下有花植物丰富、避风的山林作为花角蚜小蜂林间放蜂点。选择冠幅较大、虫口密度较高、松针茂密、树势较好、高度适中、便于伸手操作的松树作为放蜂树。

③放蜂。林间放蜂宜选择在晴朗的早晨或傍晚，最好避开雨天。放蜂时，先用绳子把放蜂管固定在松针较密集、松突圆蚧虫口密度较大的松枝上，若管口向光，可用手捂住管口遮光。使花角蚜小蜂集中于管底，再将棉花塞取出。由于花角蚜小蜂趋光性强，很快就从管内弹跳至松针上。每一放蜂点一次放蜂数量应不少于200只。对放蜂点应建立保护规划，防止森林火灾、化学药物污染、乱砍滥伐和人为修枝等破坏，以保护花角蚜小蜂种群的繁衍和正常扩散，有效发挥其对害虫的控制作用。

2. 营林措施

营林措施防治步骤如下：

①选择修枝或疏伐的松林。应选择密度较大的、松突圆蚧发生中等或严重程度的、较易开展修枝或疏伐的松林。

②进行疏伐或修枝。对松林进行疏伐，增加松林透光度，其最佳郁闭度为0.5；对于密度不大但树冠较大的松林，采取修枝措施，将郁闭度调整至0.5，通过疏伐或修枝，以降低虫口密度，增强松林的抗性。修剪下的带蚧枝条应集中销毁。

3. 化学防治

化学防治步骤如下：

①农药的准备。选择50%杀扑磷乳油，按500倍液配制好喷雾药液。

②选择施药点。选择松突圆蚧发生中等或严重程度的松林，作为开展化学防治的林分。

③开展喷雾法处理。用背负式喷雾器进行喷雾处理，尽量做到均匀喷洒，至全部针叶湿润而药液不下滴为止。

4. 防治效果调查

（1）寄生蜂定居的调查

放蜂3个月后，在放蜂点周围的树上采集200束以下、雌蚧100只以下的松针，带回室内镜检。若发现有释放的寄生蜂种类的蛹或卵、幼虫，则表明定居成功。

（2）寄生蜂防治效果调查

放蜂半年后，分别在距放蜂点10m、50m、100m处选设固定标准树5～10株，每隔半年在标准树上采样一次。每个样本在解剖镜下解剖检查雄蚧50只，记录寄生其上的、由释放的寄生蜂种类产生的卵、幼虫、蛹和羽化孔的数量，同时检查记录100束松针的松突圆蚧雌蚧的死虫、活虫数，计算寄生率和雄蚧密度。

（3）营林措施防治效果调查

在样地马尾松林分郁闭度调整前，对每块样地进行虫口密度调查，郁闭度调整后第二年的同一时间再进行不同郁闭度下虫口密度变化情况调查。虫口密度的调查方法如下：每块样地抽取样株5株，每样株的树冠中层位置按东、南、西、北方向各采一条侧枝，从每条侧枝上摘下10针束老针叶，剥开叶鞘，在双筒解剖镜下镜检，用昆虫针剥开松突圆蚧的外壳检查其存活、雌雄、虫态等情况，统计活虫的虫口密度。

（4）化学防治效果调查

在化学防治前，对每块样地进行虫口密度调查。在喷雾防治后21天，对虫口密度变化情况进行调查。

● 任务实施计划制订

对任务进行实施，并填写任务实施计划表，如表5-4所示。

表5-4 任务实施计划表

班　级		指导教师	
任务名称		日　期	
组　号		组　长	
组　员			
病害地点			
病害描述			
防治方案			

任务二　日本松干蚧调查与防治

工作任务	日本松干蚧调查与防治
实施时间	调查时间为春季越冬虫体开始活动时和秋季落叶后虫体越冬前；防治最佳时间为幼虫（若虫）危害初期或成虫羽化初期
实施地点	有枝干害虫发生的林地或苗圃
教学形式	演示、讨论
学生基础	具有识别森林昆虫的基本技能；具有一定的自学和资料收集与整理能力
学习目标	熟知吸汁害虫的发生特点及规律；具有吸汁害虫的鉴别、调查与防治能力
知识点	日本松干蚧分布与危害、形态识别、生活习性、防治措施

知识准备

一、日本松干蚧调查

1. 虫态识别

取日本松干蚧生活史玻片标本，置于显微镜下观察各虫态。

①成虫。如图5-2所示，雌成虫为卵圆形，体长2.5～3.3mm，橙褐色，体壁柔弱，体节不明显，头端较窄，腹端肥大，胸足有三对，胸气门两对，腹气门七对，在第二至七腹节背面有圆形的背疤排成横列，全身的背、腹面皆有双孔腺分布。雄成虫体长约2mm，头、胸部呈黑褐色，腹部呈淡褐色。前翅发达，半透明，具有明显的羽状纹，后翅退化为平衡棒，腹部第八节背面有一马蹄形的硬片，其上生有柱状管腺10～18根，可分泌白色长蜡丝。

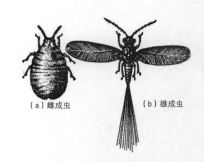

（a）雌成虫　（b）雄成虫

图5-2　日本松干蚧

②若虫。初孵若虫为长椭圆形，橙黄色，胸足发达，腹末有长短尾毛各一对。一龄寄生若虫为梨形或心脏形，也为橙黄色。二龄无肢若虫触角和足消失，口器特别发达，虫体周围有长的白色蜡丝。三龄雄若虫为长椭圆形，口器退化，触角和胸足发达，外形与雌成虫相似。

2. 寄主及危害特点

日本松干蚧主要危害赤松、油松、马尾松，也危害黄山松、千山赤松及黑松等，以5～15年生松树受害最重。松树被害后生长不良，树势衰弱，针叶枯黄，芽梢枯萎，皮层组织破坏形成污烂斑点，树皮增厚硬化，卷曲翘裂。

3. 生物学特性

日本松干蚧一年两代，以一龄寄生若虫越冬或越夏，各代的发生期因我国南北方气候不同而有差异。成虫一般在晴朗、气温高的天气羽化数量较多，雄成虫羽化后，多沿树干爬行或进行短距离飞行，寻觅雌成虫交尾。雌成虫交尾后，第二天开始在轮生枝节、树皮裂缝、球果鳞片、新梢基部等处产卵，雌成虫分泌丝质包裹卵形成卵囊。孵出若虫沿树干上爬活动1～2天后，即潜于树皮裂缝和叶腋等处固定寄生，成为寄生若虫。此时虫体小，隐蔽，难于发现与识别。寄生若虫蜕皮后，触角和足等附肢全部消失，雌、雄分化，虫体迅速增大而显露于树皮裂缝外，是危害最为严重的时期。日本松干蚧天敌种类有很多，如异色瓢虫、蒙古光瓢虫、盲蝽蛉、松干蚧花蝽等。

二、日本松干蚧防治原则及措施

1. 加强植物检疫

严禁疫区苗木、原木向非疫区调运。

2. 营林措施

封山育林，迅速恢复林分植被，改善生态环境；营造混交林，补植阔叶树或抗日本松干蚧较强的树种，如火炬松、湿地松等；及时修枝间伐，以清除有虫枝、干，创造不利于日本松干蚧繁殖的条件。

3. 生物防治

保护利用天敌，如蒙古光瓢虫、异色瓢虫对日本松干蚧均有较强的抑制作用，应加以保护和利用。

4. 化学防治

在日本松干蚧两个集中出现期的显露期间喷施25%蛾蚜灵可湿性粉剂1500～2000倍液，也可采用内吸性杀虫剂打孔注药、刮皮涂药、灌根施药等措施。

● 任务实施计划制订

对任务进行实施，并填写任务实施计划表，如表5-5所示。

表5-5　任务实施计划表

班　级		指导教师	
任务名称		日　期	
组　号		组　长	
组　员			
病害地点			
病害描述			
防治方案			

● 练习题

05 项目五 吸汁
害虫 练习题

地下害虫

项目六

任务一 金龟子类地下害虫调查与防治

工作任务	金龟子类地下害虫调查与防治
实施时间	播种前期或地下害虫活动盛期
实施地点	有地下害虫发生的苗圃地
教学形式	演示、讨论
学生基础	具有识别森林昆虫的基本技能；具有一定的自学和资料收集与整理能力
学习目标	熟知地下害虫的发生特点及规律；掌握地下害虫的鉴别、调查与防治能力
知识点	金龟子类地下害虫分布与危害、形态识别、生活习性、防治措施

知 识 准 备

一、金龟子类地下害虫调查

（一）种类与危害

金龟甲属鞘翅目金龟总科，通称金龟子。成虫体粗壮；鳃片状触角，末端三至八节呈鳃片状；前足为开掘式，跗节五节；腹部可见五至六节。幼虫为寡足型，体呈"C"形弯曲，肥胖，多皱褶，俗称蛴螬。

金龟子成虫和幼虫均能对林木造成危害，且多为杂食性。蛴螬主要在苗圃及幼林地危害幼苗的根部，除咬食侧根和主根外，还能将根皮剥食尽，造成缺苗断条。由于蛴螬上颚强大坚硬，故咬断部位呈刀切状。成虫以取食阔叶树叶居多，有的则取食针叶或花。其个体数量多，可在短期内造成严重危害。常发生的种类有东北大黑鳃金龟、铜绿金龟、黑绒金龟。

（二）发生规律

1. 东北大黑鳃金龟

东北大黑鳃金龟如图6-1所示，以成虫和幼虫在土中越冬。次年5月上、中旬幼虫上移表土危害，幼虫三龄，均有相互残杀习性。7～8月在约30cm深的土中化蛹，成虫羽化后即在原处越冬。越冬成虫在4月中、下旬出土活动，5月中旬至7月下旬为活动盛期，6月上旬至7月下旬为产卵盛期。成虫白天在土中潜伏，黄昏活动；有多次交尾和陆续产卵习性；有假死及趋光性。卵散产于6～15cm深的湿润土中，每雌虫平均产卵102粒，卵期为19～22天。老熟幼虫化蛹于土室中，蛹期为15天左右。

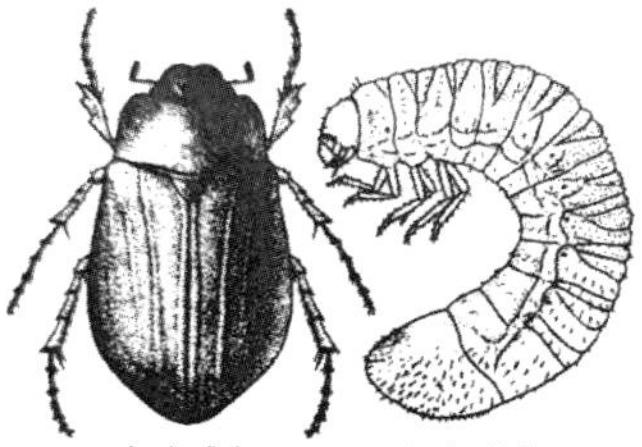

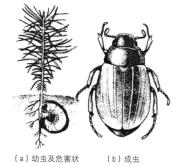

（a）成虫　　（b）幼虫

图6-1　东北大黑鳃金龟

2. 铜绿金龟

铜绿金龟如图6-2所示。在东北一年一代，多以三龄（少数以二龄）幼虫在土中越冬。次年4月越冬幼虫上升表土危害，5月下旬至6月上旬化蛹，7月上、中旬至8月是成虫发育期，7月中旬是产卵期，7月中旬至9月是幼虫危害期，10月以后陆续进入越冬。成虫白天在土中潜伏，夜间活动，有多次交尾习性；趋光性和假死性强；平均寿命为28天左右。产卵于6～16cm深的土中，每只平均产卵约40粒，卵期为10天。幼虫多在清晨和黄昏由土壤深层爬到表层咬食，被害苗木根茎弯曲，叶枯黄甚至枯死，一年中有春、秋两次幼虫危害期。在14～26cm的土层中化蛹，预蛹期为13天，蛹期为9天。

（a）幼虫及危害状　　（b）成虫

图6-2　铜绿金龟

3. 黑绒金龟

黑绒金龟在东北一年发生一代，以成虫在土中越冬，次年4月中旬出土活动，4月末至6月上旬为成虫盛发期，6月末虫量减少，7月很少见成虫。成虫大量出土前多有降雨，其活动适温为20～25℃，成虫在日落前后从土中爬出活动，飞翔力强。傍晚取食，一般在21：00～22：00又飞回土内潜伏。成虫有假死性，还有较强的趋光性，嗜食杨、柳、榆的芽、叶，可利用此习性进行诱杀。幼虫在土内取食植物根。

（三）调查方法

调查时间应在春末至秋初，地下害虫多在浅层土壤活动时期为宜。抽样方式多采用对角线法或棋盘式。样坑数量因地而异，应按深度段分不同层次分别进行调查，并填写地下害虫调查表（表6-1），并计算虫口密度。

表6-1　地下害虫调查表

调查日期	调查地点	土壤植被情况	样坑号	样坑深度/m	害虫名称	虫期	害虫数量/只	调查面积/m²	虫口密度/（只/m²）	备注

二、金龟子类地下害虫调查与防治计划制订

1. 备品准备

仪器：双目实体解剖镜、实体显微镜、手动喷雾器、频振式诱虫灯。

用具：放大镜、镊子、采集箱、标本瓶、铁锹、修枝剪、天平、量筒、塑料桶、筛子。

材料：本地区苗圃主要地下害虫种类的生活史标本、幼虫浸渍标本、成虫针插标本及危害状标本；糖、醋、白酒；50%辛硫磷乳油、80%敌敌畏；搅拌器具、新鲜杨柳枝条。

2. 工作预案

根据任务单要求查阅相关资料，结合国家和地方地下害虫虫情监测与防治标准拟定工作预案。

对地下害虫的防治，遵循的原则是成虫与幼虫防治相结合、播种期和生长期防治相结合以及林业技术措施与其他防治措施相结合。具体措施应从以下方面考虑：

（1）林业技术措施

冬季深翻，可将越冬虫体翻至土表被冻死或被鸟食；苗圃地必须使用充分腐熟的厩肥作为底肥，追肥时尽量避免蛴螬活动期；苗圃地应及时清除杂草，以减低虫口密度；苗圃地的周围应种植蓖麻或紫穗槐，它们对金龟子成虫有诱食毒杀作用。

（2）物理机械防治

根据成虫的假死性，在成虫盛发期可发动人工捕捉；根据成虫的趋光性，可在成虫羽化期选择无风、温暖的前半夜设置诱虫灯进行诱杀成虫；根据大多数金龟子成虫喜食新鲜刚出芽的杨柳枝条的特征，可于成虫期用药枝进行诱杀。

（3）生物防治

保留苗圃和绿地周围的高大树木，以利于食虫鸟类栖息筑巢。在辽宁地区的调查表明，灰椋鸟、灰顶伯劳、灰喜鹊等多种食虫鸟类均能取食金龟子；还可以用蛴螬乳状杆菌、金龟子绿僵菌、金龟子白僵菌等防治金龟子。

（4）化学防治

播种前将种子与药剂按一定比例拌种、播种前用配制毒土的方法进行土壤处理等，可预防金龟子发生；出苗后发现蛴螬危害时，可用灌根法进行防治；成虫发生盛期，可

喷洒90%敌百虫、80%敌敌畏、40%氧化乐果、75%辛硫磷等农药1000～1500倍液毒杀。

三、金龟子类地下害虫调查与防治

（一）金龟子类地下害虫现场识别

对于金龟子成虫，应从体形、体色和前足胫节齿的着生情况进行识别；幼虫可从头部前顶刚毛的数量、臀节腹面刺毛列的有无及数量、肛门形态等方面加以区别。

（二）金龟子类地下害虫虫情调查

金龟子类地下害虫虫情调查步骤如下：

①根据苗圃地害虫调查技术规程和苗圃地实际面积确定样坑数量。一般每0.2～0.3hm²苗圃地设样坑一个，样坑大小为0.5m×0.5m或1m×1m。

②按对角线法或棋盘式抽样法设置样坑位置。

③按0～5cm、5～15cm、15～30cm、30～45cm、45～60cm深度段分不同层次分别进行调查，并填写苗圃地下害虫调查表，计算虫口密度。

（三）金龟子类地下害虫除治作业

根据调查结果和害虫发生的实际情况，选择性地实施防治作业。

1. 土壤处理防治法

土壤处理防治法步骤如下：

①将用土过筛成细土。

②以每亩用50%辛硫磷乳油200～250g，加细土25～30kg进行制作，先将药剂用10倍水加以稀释，然后将稀释药液喷洒于细土上拌匀，使充分吸附。

③播种前将药土撒在沟中或垫在苗床上，然后覆土或浅锄。

2. 药枝法诱杀成虫

药枝法诱杀成虫步骤如下：

①在成虫出土期将新鲜刚出芽的杨树枝条剪成1m长段，每6～7根捆成小把，阴干。

②将杨树枝条蘸入80%敌百虫200倍液。

③在当日20：00之前将杨树把插在田间或地边，每10～15m插一把，每亩插五把。

④第二天清晨检查杨树把，统计诱虫数量。

3. 灌根法防治害虫

灌根法防治害虫步骤如下：

①将50%辛硫磷乳油稀释200倍液，装入塑料桶中。

②在离幼树3～4cm处或在床（垄）上每隔20～30cm用棒插洞，灌入药液后，用土封

洞，以防苗根漏风。

4. 药剂防治效果检查

防治作业实施12h、24h、36h，应到防治现场检查防治效果，将调查结果填入地下害虫防治效果记录表（表6-2），并按式（6-1）计算虫口减退率。

表6-2　地下害虫防治效果记录表

调查日期	调查地点	土壤植被情况	样坑号	样坑深度/m	害虫名称	虫期	害虫数量/只	调查面积/m²	虫口减退率/%	备注

$$虫口减退率=\frac{防治前虫口密度-防治后虫口密度}{防治前虫口密度}\times100\% \qquad （6-1）$$

● 任务实施计划制订

对任务进行实施，并填写任务实施计划表，如表6-3所示。

表6-3　任务实施计划表

班级		指导教师	
任务名称		日期	
组号		组长	
组员			
病害地点			
病害描述			
防治方案			

任务二 其他地下害虫调查与防治

工作任务	其他地下害虫调查与防治
实施时间	播种前期或地下害虫活动盛期
实施地点	有地下害虫发生的苗圃地
教学形式	演示、讨论
学生基础	具有识别森林昆虫的基本技能；具有一定的自学和资料收集与整理能力
学习目标	熟知地下害虫的发生特点及规律；具有地下害虫的鉴别、调查与防治能力
知识点	蝼蛄类、地老虎类地下害虫分布与危害、形态识别、生活习性、防治措施

知 识 准 备

除了金龟子类，地下害虫还包括蝼蛄类、地老虎类等，它们都对苗木造成不同程度的危害。由于生活习性不同，其防治措施也有差异。

一、蝼蛄类

蝼蛄俗名拉拉蛄、土狗子，是苗圃地常见的地下害虫，对播种苗造成极大危害。在我国，蝼蛄分布有四种：台湾蝼蛄分布于我国台湾、广东和广西；欧洲蝼蛄只在新疆有分布，危害不重；华北蝼蛄和东方蝼蛄分布较普遍、危害较严重。华北蝼蛄和东方蝼蛄如图6-3所示。

（a）华北蝼蛄成虫　（b）华北蝼蛄前足　（c）华北蝼蛄后足

（d）东方蝼蛄成虫　（e）东方蝼蛄前足　（f）东方蝼蛄后足

图6-3 华北蝼蛄和东方蝼蛄

（一）蝼蛄种类及识别

1. 东方蝼蛄

（1）虫态识别

①成虫。成虫体长30～35mm，灰褐色，全身密布细毛。头为圆锥形，触角呈丝状。前胸背板为卵圆形，中间具有一个暗红色长心脏形凹陷斑。前翅为灰褐色，较短，仅达腹部中部。后翅为扇形，较长，超过腹部末端。腹末具有一对尾须。前足为开掘足，后足胫节背面内侧有四个距。

②若虫。若虫形似成虫，体较小，初孵时体乳白色，一龄以后变为黄褐色，五、六龄后基本与成虫同色。

③卵。卵为椭圆形。初产时为黄白色，后变为黄褐色，孵化前呈深灰色。

（2）寄主及危害特点

东方蝼蛄为重要地下害虫，以成虫、若虫均在土中活动，取食播下的种子、幼芽，或将幼苗咬断致死，受害的根部呈乱麻状，造成缺苗断垄。

（3）生物学特性

东方蝼蛄在我国华中、长江流域及其地区各省每年发生一代，华北、东北、西北地区两年一代。在黄淮地区，越冬成虫5月开始产卵，盛期为6、7两月，卵经15～28天孵化，当年孵化的若虫发育到四至七龄后，在40～60cm深土中越冬。第二年春季恢复活动，危害至8月开始羽化为成虫。若虫期超过400天。当年羽化的成虫少数可产卵，大部分越冬后，至第三年才产卵。在黑龙江省越冬的成虫活动盛期约在6月上、中旬，越冬若虫的羽化盛期约在8月中、下旬。

2. 华北蝼蛄

（1）虫态识别

①成虫。成虫体黄褐色至暗褐色，体长39～45mm。前胸背板中央有一个心脏形红色斑点。后足胫节背侧内缘有一个棘或消失。腹部近圆筒形，背面为黑褐色，腹面为黄褐色。

②若虫。若虫形似成虫，体较小，初孵时体乳白色，一龄以后变为黄褐色，五、六龄后基本与成虫同色。

③卵。卵为椭圆形。初产时为黄白色，后变为黄褐色，孵化前呈深灰色。

（2）寄主及危害特点

华北蝼蛄主要分布在北纬32°以北地区，在苗圃地常有发生，以成虫和幼虫取食苗木幼根和靠近地面的嫩茎，危害部位呈丝状残缺，也取食刚发芽的种子；在土壤开掘纵横交错的隧道，能够使幼苗须根与土壤脱离而枯萎，造成缺苗断垄。

（3）生物学特性

华北蝼蛄三年一代，多与东方蝼蛄混杂发生。华北地区成虫6月上、中旬开始产卵，当年秋季以八至九龄若虫越冬；第二年4月上、中旬越冬若虫开始活动，当年可蜕皮3～4次，以十二至十三龄若虫越冬；第三年春季越冬高龄若虫开始活动，8～9月最后一次蜕皮后以成虫越冬；第四年春天越冬成虫开始活动，于6月上、中旬产卵，至此完成一个世代。成虫具有一定的趋光性，白天多潜伏于土壤深处，晚上到地面危害，喜食幼嫩部位，危害盛期多在播种期和幼苗期。

（二）蝼蛄防治原则及措施

1. 肥料腐熟处理

施用厩肥、堆肥等有机肥料应充分腐熟，可减少蝼蛄的产卵。

2. 灯光诱杀成虫

可用灯光诱杀成虫，特别在闷热天气、雨前的夜晚更有效。可在19：00～22：00用黑光灯诱杀成虫。

3. 鲜马粪或鲜草诱杀

在苗床的步道上每隔20m左右挖一小土坑，将鲜马粪、鲜草放入坑内，次日清晨捕杀，或施药毒杀。

4. 毒饵诱杀

用40.7%乐斯本乳油或50%辛硫磷乳油0.5kg拌入50kg煮至半熟或炒香的饵料（麦麸、米糠等）中作为毒饵，傍晚均匀撒于苗床上。或用碎豆饼5kg炒香后用90%晶体敌百虫100倍液制成毒饵，傍晚撒入田间诱杀。

二、地老虎类

地老虎俗称地蚕、切根虫，危害幼嫩植物，切断根茎之间取食。地老虎主要有三种，其中以小地老虎最为重要，其次为黄地老虎、大地老虎。下面主要介绍小地老虎的调查与防治。

（一）虫态识别

小地老虎如图6-4所示。

①成虫。成虫体长17～23mm，翅展40～54mm。头、胸部背面呈暗褐色，足为褐色，前足胫、跗节外

（a）成虫　　（b）卵　　（c）幼虫　　（d）蛹

图6-4　小地老虎

缘呈灰褐色，中后足各节末端有灰褐色环纹。前翅为褐色，前缘区为黑褐色，外缘以内多为暗褐色；基线呈浅褐色，黑色波浪形内横线双线，黑色环纹内有一个圆灰斑，肾状纹为黑色且具有黑边、其外中部有一个楔形黑纹伸至外横线，中横线呈暗褐色波浪形，双线波浪形外横线为褐色，不规则锯齿形亚外缘线为灰色，其内缘在中脉间有三个尖齿，亚外缘线与外横线间在各脉上有小黑点，外缘线为黑色，外横线与亚外缘线间呈淡褐色，亚外缘线以外为黑褐色。后翅呈灰白色，纵脉及缘线为褐色，腹部背面为灰色。

②卵。卵为馒头形，直径约0.5mm，高约0.3mm，具有纵横隆线。初产为乳白色，渐变为黄色，孵化前卵一顶端具有黑点。

③幼虫。幼虫为圆筒形，老熟幼虫体长37～50mm，宽5～6mm。头部呈褐色，具有黑褐色不规则网纹；体灰褐色至暗褐色，体表粗糙、布大小不一而彼此分离的颗粒，背线、亚背线及气门线均为黑褐色；前胸背板为暗褐色，黄褐色臀板上具有两条明显的深褐色纵带；胸足与腹足呈黄褐色。

④蛹。蛹长18~24mm，宽6~7.5mm，赤褐有光。口器与翅芽末端相齐，均伸达第四腹节后缘。腹部第四至七节背面前缘中央为深褐色，且有粗大的刻点，两侧的细小刻点延伸至气门附近，第五至七节腹面前缘也有细小刻点；腹末端具一对短臀棘。

（二）生物学特性

小地老虎在我国各地均有分布，对农林木幼苗危害较大，在东北主要危害落叶松、红松、水曲柳等苗木，在南方危害马尾松、杉木、茶等苗木，在西北危害油松、果树等苗木。

小地老虎一年三至四代，老熟幼虫或蛹在土内越冬。早春3月上旬成虫开始出现，一般在3月中、下旬和4月上、中旬会出现两个发蛾盛期。成虫白天不活动，傍晚至前半夜活动最盛，喜食酸、甜、酒味的发酵物和各种花蜜，有趋光性。幼虫六龄，一、二龄幼虫先躲伏在杂草或植株的心叶里，昼夜取食，这时食量很小，危害不十分显著；三龄后白天躲到表土下，夜间出来危害；五、六龄幼虫食量大增，每只幼虫一夜能咬断幼苗4~5株，多的达10株以上。幼虫三龄后对药剂的抵抗力显著增加，因此，药剂防治一定要掌握在三龄以前。3月底至4月中旬是第一代幼虫危害的严重时期。其发生世代在西北地区为一年二至三代；长城以北一般一年二至三代；长城以南黄河以北则一年三代；黄河以南至长江沿岸为一年四代；长江以南一年四至五代。无论年发生代数多少，在生产上造成严重危害的均为第一代幼虫。南方越冬代成虫2月份出现，全国大部分地区羽化盛期在3月下旬至4月上、中旬，宁夏、内蒙古为4月下旬。

小地老虎成虫对黑光灯及糖、醋、酒等趋性较强。成虫多在15:00~22:00羽化，白天潜伏于杂物及缝隙等处，黄昏后开始飞翔、觅食，3~4天后交配、产卵。卵散产于低矮叶密的杂草和幼苗上，少数产于枯叶、土缝中，近地面处落卵最多，每雌产卵800~1000粒，多的可达2000粒；卵期约为5天，幼虫六龄，个别为七至八龄，幼虫期在各地相差很大，但第一代为30~40天。幼虫老熟后在深约5cm土室中化蛹，蛹期为9~19天。

（三）地老虎防治原则及措施

1. 林业技术防治

早春清除苗圃地及周围杂草，可减轻地老虎危害。清除的杂草应远离苗圃，沤粪处理。

2. 堆草诱杀

在播种前或幼苗出土前，以幼嫩多汁的新鲜杂草10kg拌90%敌百虫50g配成毒饵，于傍晚撒布地面，诱杀三龄以上幼虫。

3. 诱杀成虫

春季成虫出现时，使用黑光灯或糖醋液（糖6份、醋3份、白酒1份、水10份、90%敌百虫1份）诱杀成虫。

4. 化学防治

幼虫危害期用90%晶体敌百虫或75%辛硫磷乳油1000倍液喷洒幼苗或周围土面，也可用75%辛硫磷乳油1000倍液喷浇苗间及根际附近的土壤。

任务实施计划制订

对任务进行实施，并填写任务实施计划表，如表6-4所示。

表6-4　任务实施计划表

班　级		指导教师	
任务名称		日　期	
组　号		组　长	
组　员			
病害地点			
病害描述			
防治方案			

练习题

06 项目六 地下
害虫 练习题

项目七 蛀干害虫

任务一 杨树天牛调查与防治

工作任务	杨树天牛调查与防治
实施时间	调查时间为春季越冬虫体开始活动时和秋季落叶后虫体越冬前；防治最佳时间为幼虫（若虫）危害初期或成虫羽化初期
实施地点	有蛀干害虫发生的林地或苗圃
教学形式	演示、讨论
学生基础	具有识别森林昆虫的基本技能；具有一定的自学和资料收集与整理能力
学习目标	熟知蛀干害虫的发生特点及规律；具有蛀干害虫的鉴别、调查与防治能力
知识点	杨树天牛分布与危害、形态识别、生活习性、防治措施

知识准备

　　天牛属鞘翅目天牛科，种类有很多，全世界已知的有20000种以上，我国有2000多种。天牛主要以幼虫钻蛀植物茎干，在韧皮部和木质部蛀道危害，是森林植物重要的蛀茎干害虫。杨树以其适应性强，易繁殖，生长快等特点在全国各地广泛栽植，也是"三北"地区（我国的西北、华北和东北地区）防风固沙、水土保持、农田林网的重要树种，近20年来在我国大部分地区天牛危害严重，造成了巨大损失。更为严重的是，杨树天牛在"三北"地区总体上仍处于蔓延发展的趋势，杨树天牛的寄主种类也在不断增加，潜在威胁十分严重。若不采取有效措施加以防治，将会给林业生产带来严重经济损失。

一、杨树天牛种类及识别

（一）星天牛

1. 虫态识别

星天牛如图7-1所示。

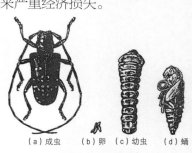

（a）成虫　（b）卵　（c）幼虫　（d）蛹

图7-1　星天牛

①成虫。成虫体长19~45mm，体宽6~13.5mm，体黑色，有光泽。头部和身体腹面被银白色和部分蓝灰色细毛。触角为鞭状。第一至二节为黑色，其他各节基部1/3有淡蓝色的毛环，其余部分为黑色。雌虫触角超出身体一至二节，雄虫触角超出身体四至五节。前胸背板中瘤明显，两侧具有尖锐粗大的侧刺突。鞘翅基部具有黑色颗粒状小突起，每翅具有大小白斑约20个，排成不整齐的五横行，第一至二行各四个，第三行五个斜形排列，第四行两个，第五行三个。

②卵。卵为长椭圆形，长5~6mm，初为乳白色，后渐变为黄白色。

③幼虫。老熟幼虫体长38~67mm，为扁圆筒形，乳白色至淡黄色。头部呈褐色。前胸背板后部有一个明显的"凸"字形，其前方有一对形似飞鸟的黄褐色斑纹，足略退化。

④蛹。蛹呈纺锤形，体长22~42mm，初为黄白色，羽化前逐渐变为黄褐色。翅芽超过腹部第三节后缘，形似成虫。

2. 寄主及危害特点

星天牛在我国主要分布于广西、广东、海南、台湾、福建、浙江、江苏、上海、山东、江西、湖南、湖北、河北、河南、北京、山西、陕西、甘肃、吉林、辽宁、四川、云南、贵州等地。其食性杂，危害的主要寄主有桉树、木麻黄、油茶、油桐、胡桃、龙眼、荔枝、柑橘、苹果、梨、李、枇杷、杨、柳、榆、槐、母生、乌桕、相思树、樱花、海棠、苦楝、罗汉松、月季等50多种林木、果树及花卉植物。成虫取食叶片，咬食嫩枝皮层，严重的可导致枝条枯死。它主要以幼虫蛀食近地面的主干及主根，破坏树体养分和水分运输，致使树势衰弱，降低树的寿命，影响产量和质量，重者整株枯死。

3. 生物学特性

星天牛在我国南方为一年一代，北方为二至三年一代，以幼虫在被害枝干内越冬。越冬幼虫次年3月开始活动，4月上、中旬陆续化蛹，蛹期为20~30天。4月下旬至5月上旬始见成虫，5~6月为成虫羽化盛期，8~9月仍有少量成虫出现，成虫寿命为40~50天。成虫羽化后取食叶片和幼枝嫩皮补充营养，产卵时先咬出一个"T"形或"人"字形刻槽，再将产卵管插入刻槽一边，产卵于树皮夹缝中，每处产一粒，每雌产卵20~80粒，多产于距地面10cm范围内的树干皮层中，产卵后分泌一种胶状物质封口，卵期为9~15天。初孵幼虫在产卵处皮层下盘旋蛀食，被害处有白色泡沫状胶质物或酱油状液体流出，2~3个月后蛀入木质部，开有通气孔1~3个，虫粪及木屑则从近地面处的通气孔排出，老熟幼虫化蛹前爬到近地面的蛀道内做一宽大蛹室，11月初开始越冬。幼虫期约10个月。星天牛主要危害一年生以上寄主树，郁闭度大、通风透光不良、管理粗放、周围有喜食寄主的林分受害较重。

（二）光肩星天牛

1. 分布与危害

光肩星天牛如图7-2所示。

光肩星天牛在我国主要分布于辽宁、河北、山东、河南、湖北、江苏、浙江、福建、安徽、陕西、山西、甘肃、四川、广西等地。主要危害杨、柳、榆、槭、刺槐、苦楝、桑等。成虫啃食嫩梢和叶脉，幼虫蛀食韧皮部和边材，并在木质部内蛀成不规则坑道，严重破坏植物生理机能，甚至导致全株死亡，是我国目前杨、柳等植物最主要害虫类群之一，能够造成毁灭性灾害。

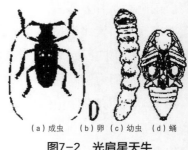

（a）成虫　（b）卵（c）幼虫　（d）蛹

图7-2　光肩星天牛

2. 生活习性

光肩星天牛在我国辽宁、山东、河南、江苏为一年一至两代。在辽宁，以一至三龄幼虫越冬的为一年一代；以卵及卵壳内发育完全的幼虫越冬的多为两年一代。越冬的老熟幼虫次年直接化蛹；其他越冬幼虫于3月下旬开始活动取食。4月底5月初开始在坑道上部做蛹室。6月中、下旬为化蛹盛期，蛹期为13～24天。成虫羽化后停留6～15天，咬出10mm左右圆形羽化孔并从中飞出。成虫于6月上旬开始出现，盛期为6月中旬至7月上旬。成虫啃食叶柄、叶片及嫩表皮补充营养，2～5天后交尾，3～4天后开始产卵。在枝、干上咬一半椭圆形刻槽在韧皮部与木质部之间产卵一粒，并分泌胶状物涂抹产卵孔。产卵部位主要集中在树干枝杈和有萌生枝条的地方，卵经12天左右孵化。初龄幼虫取食刻槽边缘腐烂变质部分，并从产卵孔向外排出虫粪及木屑；二龄开始横向取食树干边材部分；三龄开始蛀入木质部，并向上方蛀食。常由蛀孔排出虫粪、木屑及树液等。坑道不规则，长6.2～11.6cm，末端常有通气孔。两年一代的幼虫于10～11月越冬。在9～10月产的卵一直到第二年才孵化。有的幼虫孵出后，在卵壳内越冬。

光肩星天牛成虫主动迁飞能力不强，且往往只在邻近的寄主上危害、繁殖。其扩散蔓延，除与嗜食树种有关外，主要是因为带虫源木扩散，以及未能及时清除、控制虫源木。

除星天牛、光肩星天牛外，杨树天牛还有青杨天牛等种类。

二、杨树天牛调查与防治计划制订

1. 备品准备

仪器：打孔注药机、实体解剖镜、背负式喷雾机等。

用具：放大镜、镊子、锤子、毛刷、天平、量筒、塑料桶、木板等。

材料：本地区蛀干害虫标本及所需农药等。

2. 工作预案

根据任务单要求查阅相关资料，结合国家和地方杨树天牛防治技术标准拟定工作预案。

对天牛的防治，应以林业措施为基础，充分发挥树种的抗性作用及天敌的抑制作用，进行区域的宏观控制，辅以物理、化学的方法，进行局部、微观治理，将灾害控制在可以忍受水平之下。具体措施应从以下方面考虑：

（1）加强营林栽培管理

选用抗虫、耐虫树种，营造混交林，加强管理，增强树势，及时清除虫害木。

（2）保护利用天敌

注意保护利用啄木鸟、寄生蜂、蚂蚁、螳螂等天敌。

（3）人工物理防治

5～6月成虫盛发期，利用成虫羽化后在树冠补充营养、交尾的习性，人工捕杀成虫。6～7月寻找产卵刻槽，可用锤击、刀刮等方法消灭其中的卵及初孵幼虫。此外，还可用铁丝钩杀幼虫。

（4）药剂防治

成虫期在寄主树干上喷施威雷（8%氯氰菊酯、45%高效氯氰菊酯触破式微胶囊水悬剂）、2.5%溴氰菊酯乳油或20%菊杀乳油等500～1000倍液。对尚在韧皮部下、危害未进入木质部的低龄幼虫，可用20%益果乳油或50%杀螟松乳油等100～200倍液喷涂树干，防治效果显著。对于已进入木质部的大龄幼虫，可用50%辛硫磷防治。将乳油或40%乐斯本乳油20～40倍液用注射器注入或用药棉蘸药塞入蛀道毒杀幼虫。树干基部涂白，可防产卵。生石灰10份、硫黄1份、食盐1份、水20份，搅拌均匀即可配成涂白剂。

三、杨树天牛调查与防治

（一）杨树天牛现场识别

1. 被害状识别

枝条有一椭圆形或唇形产卵刻槽，从产卵孔排出白色木屑粪便，隧道形状不规则，呈"S"形或"V"形的为光肩星天牛；枝条有马蹄形产卵刻槽，幼虫危害造成纺锤状虫瘿的是青杨天牛。

2. 成虫识别

现场若看到体黑色有光泽，前胸两侧各有一个刺状突起，鞘翅上有20个左右大小不同的白色绒毛斑的是光肩星天牛；与前者非常相似，但在鞘翅基部密布黑色小颗粒的是星天牛；体长28～37mm，全体黑色有光泽，前胸为棕红色，体长11～14mm，密布金黄色绒毛，前胸上面有三条纵向黄色带，鞘翅上各有四个距离几乎相等的黄色绒毛斑的是青杨天牛。

3. 幼虫识别

光肩星天牛初孵化幼虫为乳白色，老熟后体长约50mm，呈淡黄褐色。前胸背板为黄白色，后半部有"凸"字形硬化的黄褐色斑纹。胸足退化，一至七腹节背腹面各有步泡突一个。青杨天牛老熟幼虫体长10～15mm，胸部背面有"凸"字形纹。

4. 蛹的识别

杨树天牛的蛹为离蛹，一般为乳白色。

5. 卵的识别

杨树天牛的卵一般为乳白色，两端略弯曲。

（二）杨树天牛虫情调查

杨树天牛虫情调查方法如下：

①在欲调查的林分进行踏查，记载林分状况因子及蛀干害虫分布状况和危害程度。其中，受害株率10%以下为轻，10%～20%为中，20%以上为重。

②在危害轻、中、重的地段，先设标准地，其要求与食叶害虫标准地设置要求相同，每块标准地应有50株以上树木。

③在标准地内，分别调查健康木、衰弱木、濒死木和枯立木各占的百分率。如有必要，可从被害木中选3～5株样树，伐倒，量其树高、胸径，从干基至树梢剥一条10cm宽的树皮，分别记载各种害虫侵害的部位及范围，绘出草图。虫口密度的统计，则在树干南北方向及上、中、下部、害虫居住部位的中央截取0.2m×0.5m的样方，查明害虫种类、数量、虫态，并统计每平方米和单株虫口密度，分别填写蛀干害虫调查表（表7-1）和蛀干害虫危害程度调查表（表7-2）。

表7-1　蛀干害虫调查表

调查日期	调查地点	样地号	总株数/株	健康木		卫生状况	虫害木						害虫名称	备注
				株数/株	比例/%		衰弱木		濒死木		枯立木			
							株数/株	比例/%	株数/株	比例/%	株数/株	比例/%		

表7-2　蛀干害虫危害程度调查表

样树号	样树因子			害虫名称	虫口密度/[只/（0.1m²）]				其他
	树高/m	胸径/cm	树龄/年		成虫	幼虫	蛹	虫道	

（三）杨树天牛除治作业

1. 制作空心木段招引啄木鸟

制作空心木段招引啄木鸟步骤如下：

①每组截取直径20～30cm、长0.5m的木段五个。

②将木段从一端用刀对半劈开，挖长20cm、内径10cm的空槽（不能凿洞口）。

③将木段再合拢，两端用铁丝绑实，不留缝隙，木段上端钉一个大于木段直径的方形板。将木段用绿铅油编号。

④每组选择30hm²的杨柳树林分，在林地中以150m的间距选择悬挂的林木。用木柱升降器攀到树高8～10m处，用铁丝将招引木段竖向捆绑于树上。

2. 药剂堵虫孔法

药剂堵虫孔法步骤如下：

①选择有蛀干幼虫危害的林分，找到新鲜虫孔。

②将有效成分含量为56%的磷化铝片剂（每片3.3g）用刀分成0.1～0.3g的小颗粒（如果用0.1g或0.3g的可塑性丸剂就不必切割）。

③将0.1～0.3g的小颗粒塞入虫孔，用泥土封口。

3. 毒签防治

毒签防治步骤如下：

①寻找杨树天牛幼虫危害新鲜虫孔。

②最好先用铁丝类的工具将杨树天牛幼虫最新鲜的排粪孔掏通5cm，并探准蛀孔方向。

③将毒签从探准的蛀孔中插入木质部（以药头全部插入蛀孔内为准）。

④取泥土封堵毒签四周及其他所有陈旧的蛀孔。

4. 打孔注药防治

打孔注药防治步骤如下：

①安装好打孔注药机，加好90号汽油和药剂。

②将使用的药剂按药：水=1：（1～3）的比例进行配制后，装入药桶中备用。

③在杨树主干基部距地面30cm处钻孔，钻头与树干呈45°。胸径在15cm以下的，钻1～2个孔洞；15cm以上、30cm以下的，钻2～3个孔洞；30cm以上的，钻4～5个孔洞。孔深6～8cm，不宜用力压，应时刻注意拔钻头，孔径为10mm或6mm，孔深30～50mm。如果钻头卡在树中时，应马上松开油门控制开关，使机器处于怠速状态，然后停机，左旋旋出钻头。

④用注射器将一定量的药液注入孔中，外用泥土封口。

5. 药剂防治效果检查

防治作业实施12h、24h、36h，应到防治现场检查药剂防治效果，并将检查结果填入害虫药效检查记录表（表7-3）。

表7-3 害虫药效检查记录表

检查日期	检验地点	取样方法	标准树	处理方法（药剂名称、浓度、用量）	检查虫数						活虫数/只	死亡数/只	死亡率/%
					12h		24h		36h				
					总虫数/只	死亡数/只	总虫数/只	死亡数/只	总虫数/只	死亡数/只			

● 任务实施计划制订

对任务进行实施，并填写任务实施计划表，如表7-4所示。

表7-4 任务实施计划表

班 级		指导教师	
任务名称		日 期	
组 号		组 长	
组 员			
病害地点			
病害描述			
防治方案			

其他蛀干害虫调查与防治

工作任务	其他蛀干害虫调查与防治
实施时间	调查时间为春季越冬虫体开始活动时和秋季落叶后虫体越冬前；防治最佳时间为幼虫（若虫）危害初期或成虫羽化初期
实施地点	有蛀干害虫发生的林地或苗圃
教学形式	演示、讨论
学生基础	具有识别森林昆虫的基本技能；具有一定的自学和资料收集与整理能力
学习目标	熟知蛀干害虫的发生特点及规律；具有蛀干害虫的鉴别、调查与防治能力
知识点	红脂大小蠹、杨干象、芳香木蠹蛾东方亚种、白杨透翅蛾、松梢螟分布与危害、形态识别、生活习性、防治措施

知识准备

林木蛀干害虫除杨树天牛之外，小蠹虫类、象甲类、木蠹蛾类、蝙蝠蛾类、透翅蛾类、螟蛾类、茎蜂类的许多害虫种类也对林木枝干造成严重危害。

一、红脂大小蠹

1. 虫态识别

①成虫。成虫体长5.3～9.6mm。初羽化时呈棕黄色，后变为红褐色。额面有不规则突起，其中有三个高点，排成"品"字形；额面上有黄色绒毛。口上突边缘隆起，表面光滑有光泽。前胸背板上密被黄色绒毛。鞘翅的长宽比为1.5，翅长与前胸背板长宽比为2.2；鞘翅斜面中度倾斜、隆起。红脂大小蠹额面如图7-3所示。

②卵。卵为圆形，0.9～1.1mm，乳白色，有光泽。

③幼虫。幼虫为白色，老熟时体长平均11.8mm。腹部末端有胴痣，上下各具有一列刺钩，呈棕褐色。虫体两侧有一列肉瘤，肉瘤中心有一根刚毛，呈红褐色。

④蛹。蛹体长6.4～10.5mm。初为乳白色，渐变为浅黄色或暗红色，腹末端具有一对刺突。

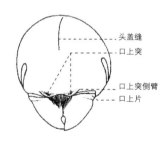

图7-3 红脂大小蠹额面

头盖缝
口上突
口上突侧臂
口上片

2. 寄主及危害特点

红脂大小蠹主要分布于我国河北、山西、河南、陕西等地。主要危害油松，还危害白皮松，偶见侵害华山松、樟子松、华北落叶松。该虫主要危害胸径10cm以上松树的主干和主侧根，以及新鲜油松的伐桩、伐木，侵入部位多在树干基部至1m处。以成虫或幼虫取食韧皮部、形成层。当虫口密度较大、受害部位相连形成环剥时，可造成整株树木死亡。该虫在2004年和2013年均被列入全国林业检疫性有害生物名单。

3. 生物学特性

红脂大小蠹一般为一年一代，较温暖地区一年两代。以成虫和幼虫以及少量的蛹在树干基部或根部的皮层内越冬。越冬成虫于4月下旬开始出孔，5月中旬为盛期；成虫于5月中旬开始产卵；幼虫始见于5月下旬，6月上、中旬为孵化盛期；7月下旬为化蛹始期，8月中旬为盛期；8月上旬成虫开始羽化，9月上旬为盛期。成虫补充营养后，即进入越冬阶段。

越冬老熟幼虫于5月中旬开始化蛹，7月上旬为盛期；7月上旬开始羽化，下旬为盛期；7月中旬为产卵始期，8月上、中旬为盛期；7月下旬卵开始孵化，8月中旬为盛期。8～9月越冬代的成虫、幼虫与子代的成虫、幼虫同时存在，世代重叠现象明显。

越冬成虫出孔以9:00～16:00最多。出孔后，雌成虫首先寻找寄主，危害胸径10cm以上的健康油松以及新鲜伐桩，然后引诱雄成虫侵入，两成虫共同蛀食坑道。母坑道为直线形，一般长30～65cm，宽1.5～2cm。侵入孔到达树干形成层之后，大部分先向上蛀食一小段，然后拐弯向下蛀食，也有一些直接向下蛀食。坑道内充满红褐色粒状虫粪和木屑混合物，这些混合物随松脂从侵入孔溢出，形成中心有孔的红褐色漏斗状或不规则凝脂块。侵入孔直径为5～6cm，一般位于树干基部至1m左右处，距地面30～50cm范围最多。

雌、雄成虫分别在坑道内交尾和产卵。雌成虫边蛀食边产卵，卵产于母坑道的一侧，产卵量为35～157粒，平均100粒左右。此时，雄成虫继续开掘坑道或从侵入孔飞出。卵期为10～13天，幼虫孵出后在韧皮部内背向母坑道群集取食，形成扇形共同坑道，坑道内充满红褐色细粒状虫粪。幼虫沿母坑道两侧向下取食可延伸至主根和主侧根，将韧皮部食尽，仅留表皮。幼虫共四龄，老熟后，在沿坑道外侧边缘的蛹室内化蛹。蛹室在韧皮部内，由蛀屑构成。蛹期为11～13天。初羽化成虫在蛹室停留6～9天，待体壁硬化后蛀羽化孔飞出。

4. 防治措施

红脂大小蠹的防治，应以加强检疫为主，合理经营森林，提高林分抗性。应做好疫区的疫情监测，及时控制虫灾发生。具体措施应从以下方面考虑：

①在疫情发生区或毗邻林内，设置红脂大小蠹引诱剂诱捕器，对其种群动态进行监测。也可进行大量诱杀，以降低种群数量。

②在疫情发生区，利用新鲜油松伐根诱集成虫，然后进行塑料布密闭磷化铝片剂

（3.2g/片）熏杀。

③在疫情发生区，也可采用40%氧化乐果乳油、80%敌敌畏乳油5倍液在主干上用注射器进行虫孔注药（每孔注药5mL），成虫防治效果可达90%以上。

④在红脂大小蠹成虫扬飞期间，在寄主树干下部喷洒25倍缓释微胶囊（绿色威雷）药剂，可杀死其成虫。

二、杨干象

1. 虫态识别

杨干象及其危害状如图7-4所示。

①成虫。成虫体长8～10mm，为长椭圆形，呈黑褐色；喙、触角及跗节为赤褐色。全体密被灰褐色鳞片，其

（a）成虫　　（b）卵　　（c）幼虫　　（d）蛹　　（e）危害状

图7-4　杨干象及其危害状

间散生白色鳞片，形成不规则横带，前胸背板两侧和鞘翅后端1/3处及腿节上的白色鳞片较密；黑色束在喙基部有三个横列，前胸背板前方两个、后方横列三个，鞘翅第二刻及第四刻点沟间部六个。喙弯曲，中央具有一条纵隆线；前胸背板短宽，前端收窄，中央有一条细纵隆线；鞘翅后端1/3向后倾斜，逐渐收缩成一个三角形斜面。

②卵。卵为椭圆形，长1.3mm，宽0.8mm，呈乳白色。

③幼虫。老熟幼虫体长约9mm，呈乳白色，被稀疏短黄毛。头部为黄褐色，前缘中央有两对刚毛，侧缘有三个粗刚毛，背面有三对刺毛。胸足退化，退化痕迹处有数根黄毛。气门为黄褐色。

④蛹。蛹体长8～9mm，呈乳白色。前胸背板有数个刺突，腹部背面散生许多小刺，末端具有一对向内弯曲的褐色小钩。

2. 寄主及危害特点

杨干象主要分布于我国东北及陕西、甘肃、新疆、河北、山西、内蒙古等地。主要危害杨、柳、桤木和桦，是杨树的毁灭性害虫。幼虫取食木栓层，然后逐渐深入韧皮部及木质部之间，环绕树干蛀食，形成圆形坑道。蛀孔处的树皮常裂开呈刀砍状，部分掉落而形成伤疤。该虫已被列入全国林业检疫性有害生物名单。

3. 生物学特性

杨干象在辽宁为一年一代，以卵和初孵幼虫在枝干韧皮部内越冬。次年4月中旬幼虫开始活动，越冬卵也相继孵化。初孵幼虫先取食韧皮部，后逐渐深入韧皮部与木质部之

间环绕树干蛀食。5月下旬在蛀道末端筑室化蛹,蛹期为10~15天。成虫6月中旬开始羽化,出现盛期为7月中旬。新羽化成虫约经5~7天补充营养后交尾,继续补充营养约1周后方能产卵。卵产于叶痕或裂缝的木栓层中,多选择三年生以上的幼树或枝条。每个产卵孔有一粒卵,并以分泌物堵孔。雌成虫一生产卵40余粒,卵期为14~21天,幼虫孵化后即越冬或以卵直接越冬。

4. 防治措施

杨干象的防治,应以严格检疫和营林技术为主。充分保护利用天敌,因地制宜,运用多种相辅相成的预防和除治措施。具体措施应从以下方面考虑:

(1)严格检疫

严禁带虫苗木及原木外运,或彻底处理后放行。

(2)选用抗虫品种

选用小叶杨、龙山杨、白城杨、赤峰杨等高抗品种;加强管理措施,增强树势,减少被侵害的机会;利用杨干象的非寄主植物与寄主植物混合搭配,营造混交林。

(3)物理防治

在成虫期,利用成虫振落下地后的假死性,进行人工捕杀。或在初孵幼虫期,用刀片将虫挖出后消灭。

(4)生物防治

保护鸟类天敌,采取人工招引啄木鸟等,以保护和促进其天敌资源,抑制虫害的发生。

(5)化学防治

在幼虫二至三龄时,采用2.5%溴氰菊酯乳油或20%氰戊菊酯乳油30~50倍液点涂枝干受害部位防治,或用100~200倍液喷干防治。对于老龄幼虫,采用磷化铝颗粒剂塞入排粪孔防治,剂量为每孔0.05g。在成虫期,可用25%灭幼脲油剂或15%~25%灭幼脲油胶悬剂或1%抑食肼油剂进行喷雾防治,可以降低产卵量。

三、芳香木蠹蛾东方亚种

芳香木蠹蛾东方亚种及其危害状如图7-5所示。

1. 虫态识别

①成虫。成虫体灰褐色,粗壮。雌虫体长28.1~41.8mm,雄虫体长

(a)成虫　　(b)幼虫　　(c)蛹　(d)危害状

图7-5　芳香木蠹蛾东方亚种及其危害状

22.6~36.7mm。雌虫翅展61.1~82.6mm,雄虫翅展50.9~71.9mm。触角为栉齿状。头顶毛丛和领片为鲜黄色,翅基片和胸背面为土褐色,中胸前半部为深褐色,后半部为白、

黑、黄相间；后胸有一条黑横带，其前为银灰色，腹部为灰褐色，有不明显的浅色环。前翅为灰色，仅前缘有八条短黑纹，中室内3/4处及稍外有两条短横线，中室端部的横脉为白色，翅端半部为褐色，条纹变化较大。后翅中室为白色，其余为暗褐色，端半部有波状横纹。后翅反面中室之外有一个明显的暗斑。中足胫节一对距；后足胫节两对距。

②卵。卵为椭圆形，呈灰褐色或黑褐色。长径1.18～1.60mm，短径0.86～1.34mm，卵壳有纵行隆脊，脊间具横行刻纹。

③幼虫。幼虫为扁圆筒形，胸部背面为紫红色，略显光泽；其腹部呈黄色或桃红色。前胸背板有一个"凸"字形黑斑，中间有一白色纵条纹，伸达黑斑中部；中胸背板有一个深褐色长方形斑；后胸背板有两块褐色圆斑。老熟幼虫体长58～90mm。腹足趾钩为三序环状；臀足趾钩为双序横带。

④蛹。蛹体向腹面略弯曲，呈红棕色或黑棕色。雌蛹体长30.4～45.5mm，雄蛹体长26～45.4mm。雌蛹腹背二至六节，雄蛹二至七节，每节上有两行刺列，其余各节仅有一行刺列。臀部有三对齿突，腹面的一对较粗大。茧为土质，肾形。

2. 寄主及危害特点

芳香木蠹蛾东方亚种主要分布于我国黑龙江、吉林、辽宁、内蒙古、河北、北京、天津、山东、河南、山西、陕西、宁夏、甘肃、新疆、青海等地。主要危害杨、柳、榆、槐、刺槐、桦、山荆子、白蜡、稠李、梨、桃、丁香、沙棘、栎、榛、胡桃、苹果等。幼虫蛀入枝、干和根颈的木质部内危害，蛀成不规则的坑道，造成树木的机械损伤，破坏树木的生理机能，使树势减弱，形成枯梢或枝、干遇风折断，甚至导致整株枯死。

3. 生物学特性

芳香木蠹蛾东方亚种在山东和辽宁沈阳均为两年一代，跨三年，第一年以幼虫在树干内越冬；第二年老熟后离树干入土越冬；第三年5月化蛹，6月出现成虫，成虫寿命为4～10天，有趋光性。卵产于离地1～1.5m的主干裂缝为多，多成堆、成块或成行排列。幼虫孵化后，常群集十余只至数十只在树干粗枝或根际爬行，寻找被害孔、伤口或树皮裂缝处蛀入，通常先取食韧皮部或边材。其中，树龄越大的受害越重。

4. 防治措施

芳香木蠹蛾东方亚种的防治，应根据虫口密度分类施策。在虫口密度较大的林分，以化学防治为主，辅以灯诱；在虫口密度中等的林分，则以灯诱及人工合成性诱剂诱杀为主，辅以人工捕捉成虫等措施；在虫口密度最大或最小的林分，以营林措施为主，包括改建及保护啄木鸟等。具体措施应从以下方面考虑：

（1）林业技术措施

培育抗性品种；营造多树种的混交林；加强抚育管理，避免在芳香木蠹蛾东方亚种产卵前修枝，其他时期剪口要平滑，防止机械损伤，或在伤口处涂防腐杀虫剂；对被害严重、树势衰弱、主干干枯的林木进行平茬更新或伐除；在成虫产卵期，对树干进行涂白，防止成虫产卵。

（2）物理防治

利用成虫的趋光性，在成虫的羽化盛期，夜间用黑光灯诱杀成虫；由于其卵多产于树干高度1.5m以下的区域，且卵块明显，可于7月用锤敲击杀死卵和幼虫。

（3）生物防治

①将白僵菌黏膏涂在排粪孔口，或在蛀孔注入每克含$5 \times 10^8 \sim 5 \times 10^9$个孢子的白僵菌液。

②用每毫升1000只的斯氏属线虫防治幼虫。

③用芳香木蠹蛾东方亚种人工合成性诱剂B种化合物，在成虫羽化期采用纸板粘胶式诱捕器，以滤纸芯或橡皮塞芯作为诱芯，每芯用量0.5mg，每晚18:00～21:00按间距30～150m将诱捕器悬挂于林带内即可。

（4）化学防治

①喷雾防治初孵幼虫。可用50%辛硫磷乳油1000～1500倍液，2.5%溴氰菊酯乳油、20%氰戊菊酯乳油3000～5000倍液喷雾毒杀。

②药剂注射虫孔毒杀幼虫。对于已蛀入干内的中老龄幼虫，可用50%马拉硫磷乳油、20%氰戊菊酯乳油100～300倍液注入虫孔。

③树干基部钻孔注药。春季可在树干基部钻孔灌入35%甲基硫环磷内吸性杀虫剂原液。先在树干基部距地面约30cm处交错打1～3个10～16mm的斜孔，然后按每1cm胸径用药1～1.5mL，将药液注入孔内，用湿泥封口。将磷化铝片剂（每片3g）研碎，每虫孔填入1/20～1/30片后封口。这种方法的杀虫率可达90%以上。

四、白杨透翅蛾

1. 虫态识别

白杨透翅蛾及其危害状如图7-6所示。

①成虫。成虫体长11～20mm，翅展22～38mm。头为半球形。下唇须基部为黑色，密布黄色绒毛。头和胸部之间有橙色鳞片围绕，头

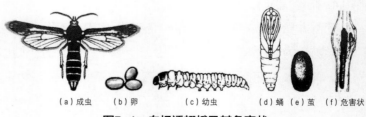

(a) 成虫　(b) 卵　(c) 幼虫　(d) 蛹 (e) 茧　(f) 危害状

图7-6　白杨透翅蛾及其危害状

顶有一束黄色毛簇，其余密布黄白色鳞片。胸部背面有黑色且有光泽的鳞片覆盖，中后胸肩板各有两簇橙黄色鳞片。前翅窄长，为褐黑色，中室与后缘略透明；后翅全部透

明。腹部为青黑色，有五条橙黄色环带。雌蛾腹末有一束黄褐色鳞毛，两边各镶有一簇橙黄色鳞毛；雄蛾腹末全为青黑色粗糙毛覆盖。

②卵。卵为椭圆形，长径0.62～0.95mm，短径0.53～0.63mm。卵呈黑色，有灰白色不规则的多角形刻纹。

③幼虫。初龄幼虫呈淡红色；老熟幼虫体长30～33mm，呈黄白色。臀节略骨化，背面有两个深褐色的刺，略向背上前方钩起。

④蛹。蛹体长12～23mm，近纺锤形，呈褐色。腹部第二至七节背面各有两排横列的刺，第九、十节各具一排刺，腹末具臀棘。

2. 寄主及危害特点

白杨透翅蛾主要分布于我国东北、华北、西北、华东等地。主要危害杨、柳科植物，以银白杨、毛白杨受害最重。幼虫危害枝干和嫩芽，由嫩芽侵入时能穿透整个组织，使嫩芽由被害处枯萎下垂或徒生侧枝，形成秃梢；若侵入侧枝和主干，则在木质部与韧皮部之间围绕枝干蛀隧道危害，形成虫瘿，极易被风折断。

3. 生物学特性

白杨透翅蛾为一年一代，以幼虫在被害枝干内越冬，次年4月中旬越冬幼虫恢复取食，5月上旬幼虫开始化蛹，6月初成虫开始羽化，6月底7月初为羽化盛期。成虫羽化时，蛹体穿破堵塞的木屑将身体的2/3伸出羽化孔，遗留下的蛹壳经久不掉，极易识别。成虫飞翔能力较强，且极为迅速，白天活动，交尾产卵，夜晚静止于枝叶上不动。卵多产于一至二年生幼树叶柄基部、有绒毛的枝干、旧虫孔内、伤口及树干裂缝处。幼虫孵化后迅速爬行，以寻找适宜的侵入部位侵入。近9月下旬，幼虫停止取食，在虫道末端吐丝作薄茧越冬，次年继续钻蛀危害。化蛹前，老熟幼虫吐丝缀木屑将蛹室下部封堵。

4. 防治措施

白杨透翅蛾的防治，应以注意森林经营、严格检疫为主，加强对林木的检查，发现虫瘿应及时采取物理、化学方法处理。具体措施应从以下方面考虑：

（1）林业技术措施

培育抗性品种，如沙兰杨、小叶杨等；加强苗木管理，如苗木的机械损伤常引起成虫产卵和幼虫侵入，因此在成虫产卵和幼虫孵化期不宜修枝；在重灾区，可栽植银白杨或毛白杨诱集成虫产卵，待幼虫孵化后将其彻底销毁。

（2）物理防治

①人工剪除虫瘿。苗木和枝条引进或输出前应严格把关，及时剪除虫瘿。为了防止传播和扩散，冬季应剪掉虫枝，消灭越冬幼虫。

②铲除虫疤。幼虫初蛀入时，若发现树干或枝条上有蛀屑或小的瘤状突起，应及时用小刀削掉以消灭幼虫。

③钩杀幼虫。对于四旁绿化树，若发现枝干上有虫瘿，可在虫瘿上方2cm左右处钩出或刺杀幼虫。

（3）生物防治

用蘸白僵菌、绿僵菌的棉球堵塞虫孔；在成虫羽化期，用性信息素诱杀成虫。

（4）化学防治

①成虫羽化盛期，喷洒2.5%溴氰菊酯乳油4000倍液，毒杀成虫。

②幼虫孵化盛期，在树干下部每间隔7天喷洒2~3次40%氧化乐果1000~1500倍液。

③幼虫侵害期，若发现枝干部上有新虫粪，应立即用50%杀螟硫磷乳油与柴油的1：5倍液滴入虫孔，或用50%杀螟硫磷乳油16~20倍液在被害处1~2cm范围内涂刷药环。

五、松梢螟

1. 虫态识别

松梢螟及其危害状如图7-7所示。

①成虫。雌虫体长10~16mm，翅展20~30mm，雄虫略小。成虫呈灰褐色。触角为丝状，雄虫触角有细毛，基部有鳞片状突起。前翅为暗褐

（a）成虫　（b）幼虫　（c）蛹　（d）危害状

图7-7　松梢螟及其危害状

色，中室端部有一个灰白色肾形斑，翅基部及白斑两侧有三条灰白色波状横带，后缘近内横线内侧有一个黄斑，外缘为黑色。后翅为灰白色，无斑纹。

②卵。卵为椭圆形，有光泽，长约0.8mm，为黄白色，将孵化时变为樱红色。

③幼虫。幼虫体为淡褐色，少数为淡绿色。头及前胸背板为褐色，中、后胸及腹部各节有四对褐色毛片，背面的两对较小，呈梯形排列，侧面的两对较大。

④蛹。蛹为黄褐色，体长11~15mm。腹端有一块狭长的黑褐色骨化皱褶，其上生有六根端部卷曲的细长臀棘，中央两根较长。

2. 寄主及危害特点

松梢螟主要分布于我国东北、华北、西北、西南、南方地区。主要危害马尾松、油松、黑松、赤松、黄山松、华山松、火炬松、湿地松、雪松等松类。以幼虫钻蛀主梢，引起侧梢丛生，树冠呈扫帚状，严重影响树木生长。幼虫蛀食球果，影响种子产量，也可蛀食幼树枝干，造成幼树死亡。

3. 生物学特性

松梢螟在吉林为一年一代，在辽宁、北京、河南、陕西为一年两代，在南京为一年二至三代，在广西为一年三代，均以幼虫在被害枯梢及球果中越冬，部分幼虫在枝干伤口皮下越冬。越冬幼虫于4月初至4月中旬开始活动，继续蛀食危害，向下蛀到二年生枝

条内，一部分转移到新梢危害。其越冬代为5月中旬至7月下旬，第一代为8月上旬至9月下旬，第二代为9月上旬至10月中旬，11月幼虫开始越冬。各代成虫期较长，其生活史不整齐，有世代重叠现象。

成虫羽化时，蛹壳仍留在蛹室内，不外露。羽化多在11：00左右，成虫白天静伏于树梢顶端的针叶茎部，19：00～21：00飞翔活动，并取食补充营养，具有趋光性。雌蛾产卵量最多为78粒，最少为14粒，平均44粒。卵散产，产在被害梢针叶和凹槽处，每梢1～2粒，还有的产在被害球果鳞脐或树皮伤疤处。卵期为6～8天，成虫寿命为3～5天。幼虫五龄，初孵化幼虫迅速爬到旧虫道内隐蔽，取食旧虫道内的木屑等。4～5天蜕皮一次，从旧虫道内爬出，吐丝下垂，有时随风飘荡，有时在植株上爬行，爬到主梢或侧梢进行危害，也有幼虫危害球果。危害时，先啃食嫩皮，形成约指头大小的伤痕，被害处有松脂凝聚；以后蛀入髓心，大多蛀害直径0.8～1cm的嫩梢，从梢的近中部蛀入。蛀孔为圆形，蛀孔外有蛀屑及粪便堆积。三龄幼虫有迁移习性，从原被害梢转移到新梢危害。老熟幼虫化蛹于被害梢虫道上端。蛹期平均16天左右。

松梢螟多发生于郁闭度小、生长不良的四至九年生幼林中。在一般情况下，国外松受害比国内松严重，以火炬松被害最重。

4. 防治措施

防治时，应遵循以适地适树、合理混交、良好的抚育管理等营林措施为主的原则，必要时可辅以物理、生物、化学等防治措施。

（1）加强林区管理

加强幼林抚育，促使幼林提早郁闭，可减轻危害；修枝时留茬要短，切口要平，减少枝干伤口，防止成虫在伤口产卵；利用冬闲时间，组织人员摘除被害干梢、虫果，集中处理，可有效压低虫口密度。

（2）物理防治

利用成虫的趋光性，用黑光灯或高压汞灯诱杀成虫。

（3）生物防治

保护与利用天敌。幼虫期的主要天敌有长足茧蜂，寄生率为15%～20%；蛹期主要有寄生于蛹的广大腿蜂。

（4）化学防治

在母树林、种子园，可用50%杀螟松乳油1000倍液喷雾防治幼虫。

● 任务实施计划制订

对任务进行实施，并填写任务实施计划表，如表7-5所示。

表7-5 任务实施计划表

班 级		指导教师	
任务名称		日 期	
组 号		组 长	
组 员			
病害地点			
病害描述			
防治方案			

● **练习题**

07 项目七 蛀干
害虫 练习题

项目八 叶部病害

任务 林木叶部病害调查与防治

工作任务	林木叶部病害调查与防治
实施时间	调查时间为3～6月；防治时间一般在孢子散发之前
实施地点	有叶部病害发生的林地或苗圃
教学形式	演示、讨论
学生基础	具备识别林木叶部病害的基本技能；具有一定的自学和资料收集与整理能力
学习目标	熟知叶部病害的发生规律；具有叶部病害鉴别、调查与防治能力
知识点	杉木炭疽病、青杨叶锈病、梨—桧柏锈病、松针锈病、板栗白粉病分布与危害、识别、发病规律及防治措施

知 识 准 备

一、杉木炭疽病

（一）杉木炭疽病调查

杉木炭疽病是杉木重要的病害，在杉木栽培区都有发生，以低山丘陵地区人工幼林病害较严重。病原菌为胶孢炭疽菌，病菌可侵染寄主出土部分的任何器官。病斑能无限扩展，常引起叶枯、梢枯、芽枯、花腐、果腐和枝干溃疡等，可对苗木造成毁灭性损失。炭疽病症状主要表现在病部有各种形状、大小、颜色的坏死斑，有的在叶、果斑上有轮斑，在枝梢上形成棱形或不规则形溃疡斑，扩展后造成枝枯。发病后期有黑色小点，即病菌的分生孢子盘，在潮湿条件下多数产生胶黏状的带粉红色的分生孢子堆，这是诊断炭疽病的标志。

1. 分布与危害

杉木炭疽病主要分布于我国江西、湖北、湖南、福建、广东、广西、浙江、江苏、四川、贵州及安徽等地，尤以低山丘陵地区较为常见，严重的地方常成片枯黄，对杉木幼林生长造成很大的威胁。另外，该病菌也危害油茶、八角、泡桐、柳、山楂、苹果、海棠及梨等。

2. 病原

杉木炭疽病的病原为半知菌门的胶孢炭疽菌。病叶上有分生孢盘，尤以叶背白色气孔线为多，分生孢子盘上有黑褐色有分隔的刚毛，分生孢子梗无色，分生孢子单胞无色，为长圆形。杉木炭疽病病原菌如图8-1所示。

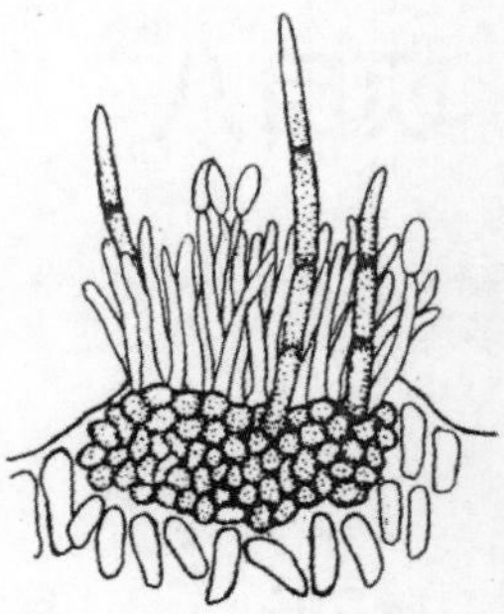

图8-1 杉木炭疽病病原菌

3. 发病规律

病菌以菌丝体在病组织内越冬。次年3月中旬分生孢子成熟进行初侵染，4月中旬至5月下旬为发病盛期。6月高温阶段病害停止流行，9~10月病害再度发生，危害当年新梢，但不及春季严重。该病在低丘台地或低洼地等立地条件较差、管理粗放的人工幼林内发生普遍且较为严重，在水肥条件较好、气候适宜区的杉木老产区发病不严重。

（二）杉木炭疽病调查与防治计划制订

1. 备品准备

仪器：生物显微镜、手动喷雾器或背负式喷雾喷粉机。

用具：放大镜、镊子、采集袋、标本盒、修枝剪、天平、量筒、载玻片、盖玻片等。

材料：杉木炭疽病新鲜标本、生石灰、硫酸铜、80%代森锰锌可湿性粉剂、25%嘧菌酯悬浮剂、50%甲基托布津可湿性粉剂、70%百菌清可湿性粉剂等。

2. 工作预案

根据任务单要求查阅相关资料，结合国家和地方林木叶部病害防治技术标准拟定工作预案。

杉木炭疽病的预防与控制以营林技术为主，其防治总体策略如下：

①适地适树。选择适合本地的杉木良种和符合杉木生长条件的立地造林。

②加强抚育管理。采取深翻整理、深挖抚育、开沟培土、农林间作、绿肥压青、松土除草等措施，促进杉木健壮生长，提高抗病力。

③做好炭疽病发生预防。

④进行化学防治。在发病中心区，杉木抽春梢或秋梢时，喷施保护型和治疗型杀菌剂混配喷雾进行防治。

具体措施应从以下方面考虑：

①选择深厚、疏松、湿润和肥沃的土壤造林，透水性和透气性良好的基质育苗。

②对于丘陵红壤地区的杉木幼林，采取开沟培土、除萌打蘗、清除病枝、深翻抚育、间种绿肥等措施。

③对于黄化的杉木幼林，每株施氯化钾0.1kg或树冠喷0.3%~0.4%硫酸钾液4~5次，每10天喷施一次，促进林木恢复健康生长。

④在春梢、秋梢生长期，喷施1∶2∶200倍波尔多液、80%代森锰锌可湿性粉剂500倍与25%嘧菌酯悬浮剂2000倍等保护型和治疗型杀菌剂混配喷雾，防止炭疽病菌侵染。

⑤在发病中心区，喷施50%甲基托布津可湿性粉剂1200倍与70%百菌清可湿性粉剂600倍混配药液，每隔10~15天喷一次，连续2~3次。

（三）杉木炭疽病调查与防治

1. 杉木炭疽病识别

（1）现场典型症状识别

现场典型症状识别步骤如下：

①观察杉木炭疽病病梢症状，最典型的症状是"颈枯"，即在枝梢顶芽以下10cm左右的茎叶发病。其次是整个梢头枯，即幼茎和针叶可能同时受侵发病。

②观察杉木炭疽病病针叶症状，针叶叶尖变褐枯死或叶上出现不规则形斑点，甚至整个针叶变褐枯死。

③观察杉木炭疽病病茎症状，幼茎变为褐色。

④观察杉木炭疽病病茎与病针叶上病征，枯死不久的幼茎与针叶上，尤以针叶背面中脉两侧可见到稀疏的小黑点；杉木炭疽病经保温培养后，病针叶小黑点上涌出粉红色分生孢子堆。

（2）室内病原菌鉴别

室内病原菌鉴别步骤如下：

①在杉木炭疽病的病叶小黑点明显处切取病组织小块（5mm×3mm），然后将病组织材料置于小木板或载玻片上，左手手指按住病组织材料，右手持单面刀片将材料横切成薄片（薄片厚度<0.8mm），取现有小黑点的薄片3~5片制片镜检。

②在杉木炭疽病叶小黑点上涌出的粉红色分生孢子堆处，用尖头镊子刮取病菌，置于洁净的载玻片上制片镜检。

③在显微镜下分别镜检观察，并查阅相关资料。

2. 杉木炭疽病调查

杉木炭疽病调查步骤如下：

①林地踏查。详细记载林地环境因子、危害程度、危害面积等，填写杉木炭疽病踏查记录表（表8-1）。

②设置样地。在发病林地按发病轻、中、重选择有代表性地段设标准地。按林地发病面积的0.1%~0.5%计算应设样地面积，每个样地林木不少于100株，计算应设样地数。按抽行或大五点式设置样地。

③样株分级调查。确定杉木炭疽病病级划分（表8-2），在标准地内按随机或隔行隔株、对角线等法抽取30株样株调查，统计健康株及各病级感病株数量。

④计算各样地发病株率及感病指数，填写杉木炭疽病危害程度调查表（表8-3）。

⑤结果分析。将调查、预测的资料进行统计整理分析，确定防治指标及防治技术。

⑥将调查原始资料装订、归档；标本整理、制作和保存。

表8-1　杉木炭疽病踏查记录表

县_____乡（场）_____村地名_____林班号_____小班号_____

调查地编号_____林分总面积/亩_____被害面积/亩_____

林木组成_____优势树种_____平均林龄/年_____平均树高/m_____平均胸径/cm_____

郁闭度_____生长势_____植被覆盖率_____植被种类_____林地卫生状况_____其他_____

土壤种类_____土壤质地_____土层厚度/cm_____坡向_____坡度_____海拔/m_____

树种	受害面积/亩	病害种类	危害部位	危害程度		
				轻（+）	中（++）	重（+++）

调查人：　　　　　　　　　　　　　　　　　调查时间：_____

表8-2　杉木炭疽病病级划分　　　　　　　　　　　　　　单位：株

病害级别	分级标准	代表数值	株数
Ⅰ	植株健康无感病枝叶	0	
Ⅱ	植株发病枝叶25%以下	1	
Ⅲ	植株发病枝叶25%～50%	2	
Ⅳ	植株发病枝叶50%～75%	3	
Ⅴ	植株发病枝叶75%以上	4	

调查株数/株：_____发病株树/株：_____发病率/%：_____感染指数：_____

调查人：　　　　　　　　　　　　　　　　　调查时间：_____

表8-3　杉木炭疽病危害程度调查表

调查日期	调查地点	样方号	感病株率/%	样株号	总叶数	病叶数	叶发病率/%	病害分级					感病指数/%	备注
								Ⅰ	Ⅱ	Ⅲ	Ⅳ	Ⅴ		

3. 杉木炭疽病防治作业

（1）林苗木的检查及消毒

林苗木的检查及消毒所用的药剂为65%代森锌可湿性粉剂药剂，稀释倍数为500～800倍。具体步骤如下：

①根据已知的用苗量和稀释倍数，计算原药和稀释剂的重量。

②先用20%的水量将药剂溶解，然后倒入80%的水中搅拌均匀。

③用喷雾器将稀释的药剂均匀喷洒在造林用的苗木上。

（2）喷洒波尔多液保护剂

喷洒波尔多液保护剂步骤如下：

①根据防治面积和波尔多液的配比量计算所需原材料量。

②按要求配制成1：2：200的波尔多液。

③感病前，将配好的波尔多液均匀喷洒在植株上。

（3）配制80%代森锰锌500倍与25%嘧菌酯悬浮剂2000倍混合液

80%代森锰锌500倍与25%嘧菌酯悬浮剂2000倍混合液配制步骤如下：

①配制80%代森锰锌500倍液。根据已知的用药面积和稀释倍数，计算原药和稀释剂的重量，先用20%的水量将药剂溶解，然后倒入80%的水中搅拌均匀。

②配制25%嘧菌酯悬浮剂2000倍液。配制方法同上一步。

③感病前，将配好的80%代森锰锌500倍液与25%嘧菌酯悬浮剂2000倍液混合均匀，喷洒在植株上。

（4）配制50%甲基托布津可湿性粉剂1200倍液与70%百菌清可湿性粉剂600倍液

50%甲基托布津可湿性粉剂1200倍液与70%百菌清可湿性粉剂600倍液配制步骤如下：

①配制50%甲基托布津可湿性粉剂1200倍液。根据已知的用药面积和稀释倍数，计算原药和稀释剂的质量，先用20%的水量将药剂溶解，然后倒入80%的水中搅拌均匀。

②配制70%百菌清可湿性粉剂600倍液。配制方法同上一步。

③将50%甲基托布津可湿性粉剂1200倍液与70%百菌清可湿性粉剂600倍液混合。

④用背负式喷雾喷粉机均匀地将药液喷洒在植株上，每半个月喷洒一次，可达到一定的效果。

（5）林业技术防治措施

林业技术防治措施如下：

①对于丘陵红壤地区的杉木幼林，采取开沟培土、除萌打蘖、清除病枝、深翻抚育、间种绿肥等措施。

②对于黄化的杉木幼林，每株施氯化钾0.1kg或树冠喷0.3%～0.4%硫酸钾液4～5次，

间隔10天喷施一次，促进林木恢复健康生长。

4. 施药后防治效果调查

最后一次施药后，在3天、5天、7天、10天，应到防治现场检查防治效果，具体做法如下：

①在防治区和对照区分别设置样地，各取样株30株分级调查。

②统计样地发病率、病情指数，计算相对防治效果，并填写杉木炭疽病施药后防治效果调查表（表8-4）。

相对防治效果可按式（8-1）计算。

$$相对防治效果 = \frac{对照区病情指数或发病率 - 防治区病情指数或发病率}{对照区病情指数或发病率} \times 100\% \quad （8-1）$$

表8-4　杉木炭疽病施药后防治效果调查表　　　　单位：株

病害级别	对照区			病害级别	防治区		
	防治前		防治后		防治前		防治后
	株数		株数		株数		株数
I				I			
II				II			
III				III			
IV				IV			
V				V			
合计				合计			

对照区：

防治前发病率/%：_____感病指数：_____

防治后发病率/%：_____感病指数：_____

防治区：

防治前发病率/%：_____感病指数：_____防治后发病率/%：_____

感病指数：_____防治效果/%：_____相对防治效果/%：_____

调查人：_____调查时间：_____

③结果整理分析，撰写防治效果调查报告。

二、青杨叶锈病

（一）青杨叶锈病调查

由锈菌引起的针阔叶树叶部病害统称为叶锈病类，它是林木中最常见的病害类型之一。病菌都是专性寄生菌，依赖寄主植物活体获取营养而生存。寄生分为单主寄生和转主寄生。单主寄生即锈菌在同一寄主上完成整个发育过程，如玫瑰锈病；而转主寄生是锈菌必须在两个分类上并不相近的两种寄主植物上才能完成其生活。典型锈菌生活史一般会产生五种不同类型的孢子，因此在不同时期表现的症状也不相同。性孢子器多为蜜黄色至暗褐色点状物，锈孢子器（或锈孢子堆）常表现为黄白色各型的孢子器，少数只有黄色粉堆，夏孢子表现为黄色粉堆，冬孢子堆表现为锈褐色。多数锈菌有转主寄生性，青杨叶锈病就是其中的一种。

1. 分布与危害

青杨叶锈病又称为落叶松—杨锈病，在我国主要分布于东北三省、内蒙古东北部、河北和云南等地。主要危害兴安落叶松、长白落叶松及中东杨、小青杨、大青杨、加拿大杨、响叶杨、北京杨等多种杨树。从小苗到大树都能发病，但以小苗和幼树受害较为严重。青杨叶锈病是苗圃和幼林中的常见病害之一。

2. 病原

青杨叶锈病病原为担子菌门锈菌目的松杨栅锈菌。落叶松针叶面有性孢子器，性孢子为单胞无色球形；针叶背面有锈孢子器，锈孢子为鲜黄色，表面有细疣，呈球形。杨树叶背上有夏孢子堆，夏孢子呈椭

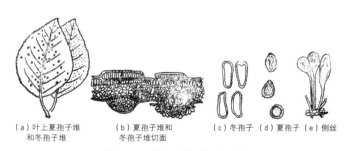

（a）叶上夏孢子堆
和冬孢子堆 （b）夏孢子堆和
冬孢子堆切面 （c）冬孢子 （d）夏孢子 （e）侧丝

图8-2 青杨叶锈病病原菌

圆形，表面有疣刺；叶面有略突起角状褐色冬孢子堆，冬孢子在叶表皮下呈栅栏状排列，长筒形，棕褐色；担孢子为球形。青杨叶锈病病原菌如图8-2所示。

3. 发病规律

早春，杨树病落叶上的冬孢子遇水或潮气萌发，产生担孢子，并由气流传播到落叶松上，由气孔侵入。经7~8天潜育后，在叶背面产生锈黄色锈孢子堆。锈孢子不侵染落叶松，由气流传播到转主寄主杨树叶上萌发，由气孔侵入叶内，经7~14天潜育后在叶正面产生黄绿色斑点，然后在叶背形成黄色夏孢子堆。夏孢子可以反复多次侵染杨树，故在7、8月份锈病往往非常猖獗。到8月末以后，杨树病叶上便形成冬孢子堆，病叶落地越冬。

在落叶松不能生长的温暖地方，青杨叶锈病病原菌能以夏孢子越冬。即晚秋产生的夏孢子至次年春仍有致病力，因此没有中间寄主也能继续危害。该菌夏孢子能保持生活力及致病性达10个月，越冬无须转主寄主。夏孢子可以安全越冬，第二年春季在温室接种，仍具有较高的侵染力。研究发现，远离落叶松的杨树，夏孢子越冬后于5月中、下旬

遇湿萌发，侵染杨树叶片。

树种间对青杨叶锈病的抗病性有明显差异。兴安落叶松和长白松都可发病，但不严重；中东杨、小青杨、大青杨感病重；加拿大杨、北京杨等中等感病；山杨、新疆杨、格尔黑杨等最抗病。幼树比大树感病，幼嫩叶片易发病。

（二）青杨叶锈病调查与防治计划制订

1. 备品准备

仪器：实体显微镜、手动喷雾器或背负式喷雾喷粉机。

用具：放大镜、镊子、采集袋、标本盒、修枝剪、天平、量筒、载玻片、盖玻片等。

材料：各种叶部病害标本及防治所需药剂等。

2. 工作预案

根据任务单要求查阅相关资料，结合国家和地方林木叶部病害防治技术标准拟定工作预案。

青杨叶锈病的防治总体策略如下：加强管理，改善环境条件，提高植物对叶病的抗病能力；清除侵染来源，采取人工烧毁或在地面喷铲除剂等方式清除病落叶和落果；去除叶锈病的转主寄主；在植物生长季节喷药保护叶片不受侵染。具体措施应从以下方面考虑：

①选育抗病杨树品种。

②不要营造落叶松与杨树混交林，至少不要营造同龄的混交林。

③防止苗木生长过密或徒长，提高抗病力。

④落叶松发病期，可用0.5°Bé石硫合剂、15%粉锈宁、25%敌锈钠等喷洒树冠。

⑤杨树发病期，可用15%粉锈宁600倍液或25%粉锈宁800倍液喷雾。

（三）青杨叶锈病调查与防治

1. 青杨叶锈病识别

（1）现场典型症状识别

现场典型症状识别步骤如下：

①观察落叶松针叶症状，针叶上出现黄绿色病斑，并有肿起的小疱。

②观察杨树叶片症状，叶片背面出现橘黄色小疱，疱破后散出黄粉。秋初于叶正面出现多角形的锈红色斑，有时锈斑连结成片。

（2）室内病原菌鉴别

室内病原菌鉴别步骤如下：

①在青杨叶锈病的病斑症状明显处切取病组织小块（5mm×3mm），然后将病组织材料置于小木板或载玻片上，左手手指按住病组织材料，右手持刀片将材料横切成薄片

（薄片厚度<0.8mm），再将切好的材料制成玻片标本镜检。

②镜检。在青杨叶锈病叶背上症状明显处用解剖针挑取病菌置于洁净的载片上，制片镜检。

③在显微镜下分别镜检观察，并查阅相关资料。

2. 青杨叶锈病调查

青杨叶锈病调查步骤如下：

①沿苗圃或林地踏查。详细记载林地环境因子、危害程度、危害面积等。参照表8-1，填写青杨叶锈病踏查记录表。

②设置样地。

③确定青杨叶锈病病级划分（表8-5），在标准地内逐株调查健康株数和感病株数。

④在样地设样株10株进行病叶调查，每株调查100~200个叶片，应从树冠的不同方位采集。统计健康叶片及各病级感病叶片数量。

⑤计算各样地发病株率、样株病叶发病率及感病指数，填写青杨叶锈病样地调查表。

⑥结果分析。将调查、预测的资料进行统计整理分析，确定防治指标及防治技术。

⑦将调查原始资料装订、归档；标本整理、制作和保存。

表8-5 青杨叶锈病病级划分   单位：株

病害级别	分级标准	代表数值	株数
Ⅰ	植株健康无感病叶片	0	
Ⅱ	植株发病叶片在20%以下	1	
Ⅲ	植株发病叶片在20%~30%	2	
Ⅳ	植株发病叶片在30%~40%	3	
Ⅴ	植株发病叶片在40%以上或有越冬病芽的病株	4	
Ⅵ	叶枯死或苗枯死	5	

3. 青杨叶锈病防治指标

青杨叶锈病防治指标如下：

①插条苗杨叶锈病防治指标。经济阈值的病情指数为14，防治指标的病情指数应大于14。考虑到收益情况，病情指数在15~18时为重点防治，大于18时应全面防治。

②平茬苗杨叶锈病防治指标。经济阈值的病情指数为21，防治指标的病情指数应大于21。考虑到收益情况，病情指数在22~23时为重点防治，大于23时应全面防治。

③杨一至三年生苗叶锈病防治指标。经济阈值的病情指数为24，防治指标的病情指

数应大于24。考虑到收益情况，病情指数在25～26时为重点防治，大于26时应全面防治。

4. 青杨叶锈病防治作业

（1）造林苗木的检查及消毒

造林苗木的检查及消毒所用的药剂为65%代森锌可湿性粉剂药剂，稀释倍数为500～800倍。具体步骤如下：

①根据已知的用苗量和稀释倍数计算原药和稀释剂的重量。

②先用20%的水量将药剂溶解，然后倒入80%的水中搅拌均匀。

③用喷雾器将稀释的药剂均匀喷洒在造林用的苗木上。

（2）喷洒波尔多液保护剂

波尔多液保护剂的配置步骤如下：

①根据防治面积和波尔多液的配比量计算所需原材料量。

②按要求配制成1∶1∶160的波尔多液。

③感病前，将配好的波尔多液均匀喷洒在植株上。

（3）药剂防治

药剂防治步骤如下：

①选择药剂。常用的喷洒药剂有25%粉锈宁1000倍液、70%甲基托布津1000倍液、65%可湿性代森锌500倍液、敌锈钠200倍液等。

②药剂配制。药剂配制方法同杉木炭疽病。

③用背负式喷雾喷粉机均匀地将药液喷洒在植株上，每半个月喷洒一次，可达到一定效果。

（4）林业技术防治措施

林业技术防治措施如下：

①适当控制苗木栽植密度，定株行距8cm（或15cm）。

②可降低湿度，控制病害发生。

5. 施药后防治效果调查

最后一次施药后，在3天、5天、7天、10天，应到防治现场检查防治效果，具体做法如下：

①在防治区和对照区取样调查。

②统计样地发病率、病情指数，计算相对防治效果，参照表8-4，填写青杨叶锈病施药后防治效果调查表。

③结果整理分析，撰写防治效果调查报告。

三、梨—桧柏锈病

1. 分布与危害

梨—桧柏锈病又称为赤星病，是苹果树和梨树栽培区常见病害，特别是果园附近栽有桧柏的地区危害尤为严重。除苹果、梨外，山楂、海棠等都能发生锈病。梨—桧柏锈病常引起早期落叶或幼苗枯死。受害的果实变畸形，不能食用。它在桧柏上主要危害嫩梢和针叶，使桧柏上开出杏黄色胶质的"花朵"，严重时使针叶大量枯死，甚至造成小枝死亡。

2. 症状识别

梨—桧柏锈病发生在叶、果、嫩枝上。叶表面有黄绿色小斑点，逐渐扩大为橙黄色圆形大斑，后产生鲜黄色渐变为黑色的小粒点（性孢子器），病斑背面形成黄白色隆起，其上生有很多黄色的毛状物（锈孢子器）。幼果受害后也产生黄色毛状的锈孢子器；病果生长受阻变畸形；果柄受害则引起早期落果；嫩枝受害时病部凹陷，龟裂易断。桧柏受害后于针叶叶腋间产生黄褐色冠状的冬孢子角。

3. 病原

梨—桧柏锈病病原菌为担子菌门的梨胶锈菌或山田胶锈菌。

在梨（苹果）树叶、果上产生性孢子器近圆形埋生，性孢子无色，单胞纺锤形。叶背产生锈孢子器，锈孢子呈黄褐色，单胞球形或多角形，膜厚，微带瘤状突起，有数个发芽孔。

在桧柏的小枝上出现黄色胶质状冬孢子堆，冬孢子双胞，无色，卵为圆形或椭圆形，具有长柄，分隔处稍缢缩。萌发时每个细胞生一个分隔的担子，担孢子为圆形，单胞，淡黄褐色。

（a）桧柏枝上的 （b）冬孢子萌发 （c）梨叶上的症状 （d）性孢子器 （e）锈孢子器
冬孢子角

图8-3　梨—桧柏锈病病原菌

梨—桧柏锈病病原菌如图8-3所示。

4. 发病规律

病菌以菌丝在桧柏罹病组织内越冬，次年春形成冬孢子并萌发产生担孢子，借风传播侵染梨树。先在正面生性孢子器，后在叶背生锈孢子器，锈孢子成熟侵染桧柏针叶及嫩梢，形成菌瘿，约经一年半形成冬孢子。完成一次侵染循环约需要两年。孢子传播距离一般为5～10km。气温、降水和风力是决定病害流行的三个要素。

5. 防治技术要点

防治技术要点如下：

①在梨园周围5km范围内，不应种植桧柏，且应铲除转主寄主。

②冬末或初春在桧柏上喷洒1~2°Bé石硫合剂。春天梨放叶时及幼果期喷洒0.5~1°Bé石硫合剂保护。

③选育和栽植抗病品种。

四、松针锈病

1. 分布与危害

松针锈病在我国北方各地均有分布，危害华山松、油松、红松等，常引起苗木或幼树的针叶枯死。

2. 症状识别

以油松针叶锈病为例，松针受害初期产生淡绿色斑点，后变暗褐色点粒状疱疱为性孢子器，几乎等距排成一列；在疱疱的反面，产生黄色疱囊状锈孢子器。囊破后散出黄粉，即锈孢子。最后在松针上残留白色膜状物，为锈孢子器的包被。病针萎黄早落，春旱时新梢生长极慢，若连续发病2~3年，病树即枯死。

3. 病原

危害油松的病原菌为担子菌门锈菌目的黄檗鞘锈菌，是一种长循环型转主寄生菌。0、Ⅰ阶段产生在油松针叶上，Ⅱ、Ⅲ阶段产生在黄波椤叶部。红松的针叶锈病由风毛菊鞘锈菌所致，锈孢子阶段寄生于针叶上，夏孢子和冬孢子阶段寄生于风毛菊属植物叶片上。松针锈病病原菌如图8-4所示。

(a) 性孢子器 　(b) 锈孢子堆（散生）　(c) 松针横切面　　(d) 锈孢子堆　　(e) 夏孢子型锈孢子堆　　(f) 冬孢子堆及担孢子
及锈孢子器　　　及冬孢子堆（集生）　　上的性孢子器

图8-4　松针锈病病原菌

4. 发病规律

黄檗鞘锈菌的冬孢子当年8月末至9月上、中旬萌发产生担孢子，担孢子借风雨传播，落到油松针叶上，遇湿生芽管，由气孔侵入，以菌丝体在针叶中越冬。次年4月末开始产生性孢子器，5月初产生锈孢子器，6月初孢子成熟，由风传播到黄波椤叶片上。萌发侵入后先生夏孢子堆，8月下旬至9月上、中旬产生冬孢子堆。

统计表明，四至十年生的油松发病严重；病害在坡顶较坡脚严重；迎风面较背风面严重；树冠下部较上部严重。油松和黄波椤混交时病害严重；7～8月细雨连绵的年份病害最容易流行。

5. 防治技术要点

防治技术要点如下：

①避免营造油松和黄波椤混交林；造林时两个树种距离应在2km以上；夏季应清除其他的转主寄主。

②用1：1：170波尔多液、0.3～0.5°Bé石硫合剂、97%敌锈钠200倍液及50%三福美500倍液，间隔15天喷药1～3次。8月中、下旬向油松上喷，6月下旬开始向黄波椤叶上喷，防止侵染。

③重视苗木来源，严格检疫，防止该病传入新发展松林基地。

五、板栗白粉病

1. 分布与危害

板栗白粉病广泛分布于板栗产区，危害板栗叶、嫩梢，常造成苗木早期落叶，嫩梢枯死，影响生长。

2. 症状识别

病叶初期有不明显褪绿斑块，后在叶背面出现灰白色菌丝层及粉状分生孢子堆。秋天，在病叶上可同时看到许多黄色、黑色小颗粒，即病菌的有性阶段子实体，称为闭囊壳。受害严重的嫩芽，常皱缩变形而枯死。

3. 病原

板栗白粉病病原菌为半知菌门的榛球针壳菌。挑取板栗白粉病病叶上白色的粉状物制片，在显微镜下观察，可看到有无色分隔的菌丝、直立不分枝的分生孢子梗和单胞椭圆形单生或串生的分生孢子。也可挑取板栗白粉病病叶上黑色小颗粒制片，在显微镜下观察，可看到球形闭囊壳及球针状附属丝。

4. 发病规律

病菌以闭囊壳在病枝、叶越冬，次年春天闭囊壳破裂，放出子囊孢子，由气孔侵入进行初侵染。病菌还可以菌丝体在芽内越冬，次年在病芽生出的叶、花上生分生孢子。以分生孢子进行再侵染，一年中再侵染的次数可以很多。白粉菌可分三种类型：一种是耐旱类，主要发生在荒漠植物上，主要分布在内蒙古、青海、新疆、宁夏；另一种是喜潮湿类，主要发生在沂蒙山区等地的植物上；第三种是中间型。板栗白粉病在低洼潮湿、通气不良的环境或苗木过密、纤细幼嫩、光照不足时发病严重。

5. 防治技术要点

防治技术要点如下:

①利用白粉菌菌丝多束生的特点,喷施对白粉菌敏感的药剂,能起到铲除和治疗的效果。一般以硫素剂效果较好,在萌芽发叶前喷3~5°Bé的石硫合剂,在生长期喷0.2~0.3°Bé石硫合剂,或70%甲基托布津可湿性粉剂1000倍液,15天喷一次,连喷2~3次。

②冬季烧毁落叶,剪去病枝,减少侵染来源。

③对经济林和苗圃加强管理,如施肥应注意低氮高钾,可以减轻白粉病发生。

● 任务实施计划制订

对任务进行实施,并填写任务实施计划表,如表8-6所示。

表8-6　任务实施计划表

班　级		指导教师	
任务名称		日　期	
组　号		组　长	
组　员			
病害地点			
病害描述			
防治方案			

● 练习题

08 项目八 叶部
病害 练习题

项目九 枝干病害

任务一 杨树烂皮病病害调查与防治

工作任务	杨树烂皮病病害调查与防治
实施时间	调查时间宜安排在春末夏初或秋初；防治时间一般在春季和夏季
实施地点	有枝干病害发生的林地
教学形式	演示、讨论
学生基础	具有识别苗木枝干病害的基本技能；具有一定的自学和资料收集与整理能力
学习目标	熟知苗木枝干病害的发生特点及规律；具有枝干病害的鉴别、调查与防治能力
知识点	杨树烂皮病分布与危害、症状特点、病原及发病规律

知 识 准 备

一、杨树烂皮病

杨树烂皮病为溃疡病类，病原主要是真菌，少数由细菌和非侵染因素所致。此类病菌大多为弱寄生菌，只能侵染生长势变弱的林木。发病具有明显的年周期性，一般每年有两个发病期，病害的消长与寄主树皮含水量有密切关系，病害的扩展则与寄主生长的节律密切相关。侵入途径有伤口、皮孔，此类病原有潜伏侵染现象。

杨树烂皮病主要有水泡型溃疡病、大斑型溃疡病、腐烂型溃疡病和细菌型溃疡病等，是杨树主要的枝干病害。杨树从苗木、幼树到大树均可感染这类病害，以苗木和幼树受害最重，能够造成枯梢或全株枯死。因此，防治杨树枝干病害应适地适树，改善经营管理条件，增强树势，消除诱因，提高杨树的生命力。危害严重时，应以化学防治辅助治疗。

1. 分布与危害

杨树烂皮病危害杨属各树种，在我国主要分布于黑龙江、吉林、辽宁、内蒙古、河北、山西、陕西、新疆、青海等杨树栽培地区，是公园、绿地、行道树和苗圃杨树的常见病和多发病，常引起防护林和行道树大量枯死，新移栽的杨树发病尤重，发病率可达90%以上。除危害杨属树种外，也危害柳、槭、樱、接骨木、花楸、桑、木槿等。

2. 症状识别

杨树烂皮病发生在主干和侧枝上，表现为干腐和枝枯两种类型。

（1）干腐型

干腐型主要发生在主干、大枝及分岔处。病斑初期呈暗褐色水浸状，微隆起，病皮层腐烂变软，手压病部有水渗出，随后失水下陷，病部呈现浅砖红色，有明显的黑褐色边缘，病变部分分界明显。后期在病部产生许多针头状小突起，即病菌的分生孢子器。雨后或潮湿天气，从针头状小突起处挤出橘黄色卷丝状物（分生孢子角）。腐烂的皮层、纤维组织分离如麻状，易与木质部剥离。条件适宜时，病斑很快向外扩展，纵向扩展比横向扩展速度快。病斑包围树干后，导致树木死亡。秋季，在死亡的病组织上会长出黑色小点，即病菌的子囊壳。

（2）枯枝型

枯枝型主要发生在小枝上。小枝染病后迅速枯死，无明显的溃疡症状。病枝上也产生小颗粒点和分生孢子角。

3. 病原

引起杨树烂皮病主要病原菌是子囊菌门球壳菌目的污黑腐皮壳菌，其无性型为半知菌门球壳孢目的金黄壳囊孢菌。子囊壳多个埋生于子座内，呈长颈烧瓶状；子囊呈棍棒状，中部略膨大，子囊孢子

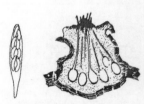

（a）分生孢子器 （b）分生孢子 （c）子囊及子囊孢子 （d）子囊壳假子座

图9-1　杨树烂皮病病原菌

4~8枚，两行排列，单孢腊肠形，分生孢子器埋生于子座内，为不规则形，分为多室或单室，具有长颈，呈黑褐色，分生孢子为单细胞，无色，腊肠形。杨树烂皮病病原菌如图9-1所示。

引起成年树枯枝型的还有子囊菌门的*Leucostoma nivea*，称为白杨类胴炫菌。子囊壳初埋生后突出表皮，在孔口周围有一圈灰白色粉状物，基部有一明显黑色带状结构。该菌在PDA培养基上菌丝初为白色后渐变为墨绿色。

4. 发病规律

病菌以菌丝和分生孢子器及子囊壳在病组织内越冬。次年春天，孢子借雨水和风传播，从伤口及死亡组织侵入寄主，潜育期为6~10天。病害每年3~4月开始发生，5~6月为发病盛期，病斑扩展很快，7月后病势渐缓，至9月基本停止。病菌分生孢子器4月开始形成，5~6月大量产生，以后减少。子囊壳于11~12月在枯枝或病死组织上可以见到。

病菌在4～35℃均可生长，但以25℃生长最适宜。菌丝生长最适pH为4。分生孢子和子囊孢子萌发的适温为25～30℃。

杨树烂皮病的发生和流行与气候条件、树龄、树势、树皮含水量、栽培管理措施等密切相关。病菌只能危害生长衰弱的树木或濒临死亡的树皮组织。如果立地条件不良、栽培管理措施不善等因素削弱了树势，可促进病害大发生。冬季受冻害或春季干旱、夏季发生日灼伤，也易诱发此病。杨树苗木移栽前假植时间太长、移栽时伤根过多、移栽后溉不及时或不足、行道树修剪过度等均易造成病害严重发生。一般认为，小叶杨、加杨、美国白杨较抗腐烂，而小青杨、北京杨、毛白杨较易感病。当年移植的幼树和六至八年生幼树发病较重。另有研究表明，病菌有潜伏侵染现象，苗木中带菌率很高，一旦条件适宜，病害突然大发生。

二、杨树烂皮病病害调查与防治计划制订

1. 备品准备

仪器：实体显微镜、手动喷雾器或背负式喷雾喷粉机。

用具：放大镜、镊子、采集袋、标本盒、铁锹、修枝剪、天平、量筒、载玻片、盖玻片、塑料桶、板刷、注射器、电工刀等。

材料：本地林区主要蛀干害虫标本、生石灰、盐、硫酸铜、动物油、70%甲基托布津可湿性粉剂、10%双效灵可湿性粉剂、40%福美砷、50～100ppm赤霉素、2% 843康复剂、10%腐烂敌、70%甲基托布津、50%退菌特可湿性粉剂等。

2. 工作预案

根据任务单要求查阅相关资料，结合国家和地方枝干病害防治技术标准拟定工作预案。

对于杨树烂皮病的防治，应根据其发生规律，找出薄弱环节，制定控制对策。一般应以加强检疫、林业技术措施为主，化学防治为辅，根据造林地生态环境选用抗病优良品种。应适地适树，加强管理，清除严重病株，减少侵染来源及传播媒介，提高树木对病害的自控能力。具体措施应从以下方面考虑：

①育苗时，插条应贮于2.7℃以下的阴冷处，以防止病菌侵染插条；移栽时，应减少伤根，缩短假植期；移栽后，应及时灌足水，以保证成活。

②选用抗病品种。抗性由大到小依次为：美洲黑杨＞欧洲杨＞黑杨派与青杨派的杂种＞青杨派品种。

③加强抚育，增强树势。栽植后，应适时进行中耕除草，灌水施肥，禁止放牧，防治蛀干害虫，保证树木健康成长；初冬及早春应对树干涂白；营造混交林，修枝应合理，剪口平滑。

④全面清理病死树。发病较重的林分，应及时清理病树，无保留价值的林分应全面伐除，并妥善处理病死树。

⑤对于发病程度较轻的林分，采用腐烂敌或70%甲基托布津可湿性粉剂或40%福美砷可湿性粉剂50～200倍液涂抹病斑，涂前先用小刀将病组织划破或刮除老病皮。涂药5天后，再用50～100μg/g赤霉素涂于病斑周围，可促进产生愈合组织，阻止复发。

三、杨树烂皮病病害调查与防治

（一）杨树烂皮病识别

1. 现场典型症状识别

现场典型症状识别步骤如下：

①若主干有凹陷的病斑出现并生有许多针头状黑色小突起物，遇潮湿、雨水溢出橘红色卷须状物，为分生孢子角，此症状为干腐型。

②枝条枯死后散生许多黑色小点，即为枯枝型症状。

2. 室内病原菌鉴别

室内病原菌鉴别步骤如下：

①在杨树烂皮病的病斑症状明显处切取病组织小块（5mm×3mm），然后将病组织材料置于小木板或载玻片上，左手手指按住病组织材料，右手持刀片将材料横切成薄片（厚度＜0.8mm），再将切好的材料制成玻片标本。

②在显微镜下识别病原，并查阅相关资料。

（二）杨树烂皮病病情调查

1. 踏查

杨树多为防护林、行道树和栽植用的苗木等，所以踏查可以沿林班线或林间大小道路进行。踏查路线之间的距离随调查精度而异，一般为250～1000m，通常尚应深入道路线两侧50～100m调查。踏查路线应通过有代表性的地段及不同的林分，在环境条件不利于林木生长的地方，更应仔细调查，一般每1000亩设置1～3个调查点，每点选10～15株树木（苗木）进行调查。调查情况必须详细记载，病害的分布按单株、点状（2～9株）、块状（10株以上，0.25hm²以下）、片状（林木0.25～0.5hm²；苗木0.02hm²以上）记载。

调查时，将病害分为"轻""中""重"三级，分别用"+""++""+++"符号表示。杨树烂皮病感病株率在5%～10%以下为轻（+）；感病株率在10%～20%为中（++）；感病株率在20%以上为重（+++）。杨树枝干烂皮病成灾标准定为受害株率30%以上；树木死亡率3%以上。划分依据参考《林业有害生物发生及成灾标准》（LY/T 1681—2006）。

踏查采用目测法边走边查，应注意各项因子的变化，绘制主要病虫害分布草图并填写杨树烂皮病踏查记录表，如表9-1所示。

表9-1 杨树烂皮病踏查记录表

县_____ 乡（场）_____ 村地名_____ 权属_____

调查地编号_____ 林分总面积/亩_____ 被害面积/亩_____

林木组成_____ 优势树种_____

平均树龄/年_____ 平均树高/m_____ 平均胸径/cm_____

郁闭度_____ 生长势_____ 地形地势_____

林地卫生状况_____ 其他_____

树种	受害面积/亩	病害种类	危害部位	危害程度		
				轻（+）	中（++）	重（+++）

2. 标准地调查

在发病林地按发病轻、中、重选择有代表性地段设置标准地。按林地发病面积的0.1%～0.5%计算应设样地面积，按每个样地林木不少于100株计算应设样地数。

圃地的植株应全部调查，取样方法如图9-2所示。应根据林木病虫害及林木在田间的分布形式确定取样方法，如在人工林地、圃地中进行病害调查，一般用抽行式、大五点式等取样方法选定样地。

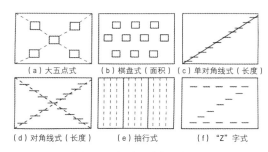

图9-2 调查取样示意图

3. 确定杨树烂皮病病级划分

在标准地内逐株调查健康株数、各病害等级感病株数，确定杨树烂皮病病级划分（表9-2）。

表9-2 杨树烂皮病病级划分　　　　　　　　　　　　单位：株

病害级别	分级标准	代表数值	株数
I	健康	0	
II	病斑的大小占病部树干周长比例的1/5以下	1	
III	病斑的大小占病部树干周长比例的1/5～2/5	2	
IV	病斑的大小占病部树干周长比例的2/5～3/5	3	
V	病斑的大小占病部树干周长比例的3/5以上或濒死木	4	

4. 统计和记录

计算各样地发病株率、感病指数，填写杨树烂皮病样地调查表，如表9-3所示。在样地统计杨树烂皮病的发病率和病情指数，用于表示危害程度。

表9-3　杨树烂皮病样地调查表

调查日期	调查地点	样方号	树种	病害名称	总株数/株	发病株数/株	发病率/%	病害分级					感病指数	备注
								I	II	III	IV	V		

（三）杨树烂皮病防治作业

1. 加强抚育管理

修枝应合理，全面清理病死树，并妥善处理病死树。

2. 生长季节防水分蒸发

生长季节栽植胸径5cm左右的幼树时，为防止水分快速蒸发，应将梢头截掉（横截面要平滑），然后涂上一层45%石硫合剂晶体30～50倍液，再涂一层沥青或铅油。

3. 防止冻害与灼伤

4～5月或10月在树干刷白涂剂，防止冻害与灼伤。

4. 发病初期涂药两次

在4月、6月发病初期涂药两次，用10%腐烂敌复合剂10～20倍液或70%甲基托布津可湿性粉剂50～80倍液涂抹。

技术要点：计算好药剂、稀释剂的用量，分别称取，然后加入容器中搅拌均匀待用。涂药前用小刀将病皮组织顺树干纵向划破为条状，病健处延长1cm或刮除病斑老皮再涂药。涂药后第5天，再用50～100倍赤霉素涂于病斑周围。

（四）防治效果调查

最后一次施药后，在3天、5天、7天、10天、15天，应到防治现场检查防治效果，具体做法如下：

①防治调查。在防治区和对照区取样（参照杨树烂皮病调查方法）。

②样地杨树烂皮病病株分级调查。统计样地发病率、病情指数，计算相对防治效果。

任务实施计划制订

对任务进行实施，并填写任务实施计划表，如表9-4所示。

表9-4　任务实施计划表

班　级		指导教师	
任务名称		日　期	
组　号		组　长	
组　员			
病害地点			
病害描述			
防治方案			

任务二　松材线虫病害调查与防治

工作任务	松材线虫病害调查与防治
实施时间	调查时间宜安排在春末夏初或秋初；防治时间一般在春季和夏季
实施地点	有枝干病害发生的林地
教学形式	演示、讨论
学生基础	具有识别苗木枝干病害的基本技能；具有一定的自学和资料收集与整理能力
学习目标	熟知苗木枝干病害的发生特点及规律；具有枝干病害的鉴别、调查与防治能力
知识点	松材线虫分布与危害、症状特点、发病规律、防治措施

知识准备

一、松材线虫

1. 分布与危害

松材线虫病又称为松枯萎病，是松树的毁灭性病害。该病在日本、韩国、美国、加拿大、墨西哥等国均有发生，但危害程度不一，其中以日本受害最重。1982年，此病在我国南京市中山陵首次发现，后来又相继在安徽、广东、山东、浙江、辽宁等地局部地区发现并流行成灾，导致大量松树枯死，对我国的松林资源、自然景观和生态环境造成了严重破坏，而且有继续扩散蔓延之势。在我国主要危害黑松、赤松、马尾松、海岸松、火炬松、黄松等树木。

2. 症状及病原

松材线虫主要借助媒介昆虫松墨天牛传播或经主动侵染进入松树体内，多数存在于木射线内，取食松木木质部管胞和薄壁细胞，阻碍水分运输，造成松树失水萎蔫，生长势减弱，甚至死亡。国外研究显示，松材线虫侵染松树表皮细胞时，形成气泡（气栓筛），阻止木质部的水分运动，造成松树萎蔫，迅速枯死。病原线虫侵入树体后，松树的外部症状表现为针叶陆续变色（5～7月），松脂停止流动、萎蔫，而后整株干枯死亡（9～10月），枯死的针叶呈红褐色，当年不脱落。松材线虫侵入树体后，不仅使树木蒸腾作用降低、失水、木材变轻，而且还会引起树脂分泌急速减少和停止。当病树在开始显露出外部症状之前的9～14天，松脂流量下降，量少或中断，在这段时间内病树不显其他症状。因此，泌脂状况可以作为早期病害诊断的依据。松材线虫如图9-3所示。

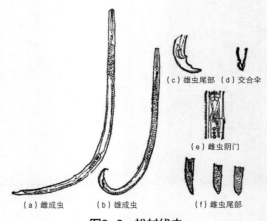

（c）雄虫尾部　（d）交合伞

（e）雌虫阴门

（a）雌成虫　　（b）雄成虫　　（f）雌虫尾部

图9-3　松材线虫

松材线虫属于线虫门的侧尾腺纲滑刃目滑刃科伞滑刃属。松材线虫的雌、雄虫均呈蠕虫状，体长约1mm。头部唇区高，缢缩明显，口针细长。基部略微增厚。中食道球为卵球形、占体宽的2/3以上。食道腺细长，为长叶状。排泄孔的开口大致与食道和大肠交界处平行。半月体在排泄孔后约2/3体宽处。雌虫尾部为亚圆锥形，末端盾圆，少数有微小尾尖突。卵巢前伸，卵单行排列，阴门开口于虫体后部73%处，上覆以宽的阴门盖。雄虫交合刺大，弓状。喙突显著，远端膨大如盘状。雄虫尾部似鸟爪，向腹部弯曲，尾端被小的交合伞所包被。

拟松材线虫的特征与松材线虫十分相似，区别如下：

①雌虫尾部。松材线虫尾部为亚圆锥形，末端盾圆。少数可见微小的尾尖突不超过 2μm，一般为1μm；拟松材线虫尾部为圆锥形，末端有明显的尾尖突，长度在3.5μm以上。

②雄虫尾部。松材线虫雄虫交合刺远端有盘状突，交合伞为卵形；拟松材线虫交合刺远端无盘状突，交合伞近方形。

3. 发病规律

松材线虫病的发生与流行与寄主树种、环境条件、媒介昆虫密切相关。苗木接种实验中，火炬松、海岸松、黄松、云南松、乔松、红松、樟子松也能感病，但在自然界尚未发生成片死亡的现象。低温能限制病害的发展，干旱可加速病害的流行。

松材线虫病多发生在7～9月份。在我国，传播松材线虫的媒介昆虫主要是松墨天牛。南京地区松墨天牛每年发生一代，于5月下旬至6月上旬羽化。从罹病树中羽化的天牛几乎100%携带松材线虫。天牛体中的松材线虫均为耐久型幼虫，主要在天牛的气管中，一只天牛可携带上万只，多者可达28万只。2月前后分散型松材线虫幼虫聚集到松墨天牛幼虫蛀道和蛹室周围，在天牛化蛹时，分散型幼虫蜕皮变为耐久型幼虫，并向天牛成虫移动，从气门进入气管，这样天牛从羽化孔飞出时就携带了大量线虫。当天牛补充营养时，耐久型幼虫从天牛取食造成的伤口进入树脂道，然后蜕皮变为成虫。感染松材线虫病的松树往往是松墨天牛产卵的对象，次年松墨天牛羽化时又会携带大量的线虫，并"接种"到健康的松树上，导致病害的扩散蔓延。

4. 防治原则及措施

切断松材线虫、松墨天牛和松树之间的联系，是防治松材线虫病的根本策略。具体措施如下：

①松材线虫SCAR标记与分子检测技术监测。只需在树干上钻四个孔，将放有线虫引诱剂的引诱管插入小孔内，2h后每个插管可引诱10～20只线虫，完成松材线虫快速取样，并且可以通过松材线虫SCAR标记与分子检测技术直接进行检查和鉴定。

②检验中发现有携带松材线虫的松木及包装箱等，应采取溴甲烷熏蒸处理或将其浸泡于水中5个月以上，或切片后用作纤维板、刨花板或纸浆等工业原料，以及用作烧炭等燃料。

③新发现的感病松林，应立即采取封锁扑灭措施。小块的林地应砍除全部松树；集中连片的松林，应将病树全部伐除，同时刨出伐根，连同病树的枝、干一起运出林外，进行熏蒸或烧毁处理。对于利用价值不大的小径木、枝杈等可集中烧毁，严禁遗漏。在焚烧过程中应加强防火管理，特别是余火的处理。

④松墨天牛发生盛期，利用直径5cm以上、长1.5m的新鲜柏木，去掉枝叶，每10根

一堆，放在有虫林间，引诱成虫产卵，于5月底至6月底将皮揭掉，集中消灭幼虫。

⑤释放肿腿蜂，也可配合施用白僵菌感染松墨天牛。

⑥加强松林抚育，增强树势，保持林木旺盛生长。

⑦于3～10月，松墨天牛幼虫活动盛期，配制来福灵或敌敌畏或速灭杀丁30倍液，用针管注入排粪孔或换气孔，用黄泥将虫孔封严。

⑧松墨天牛成虫羽化盛期，喷洒80%敌敌畏乳油1000倍液，或喷洒12%倍硫磷150倍液＋4%聚乙烯醇10倍液＋2.5%敌杀死2000倍液的混合液，有效期可达20天。

二、松材线虫病害调查与防治计划制订

1. 备品准备

（1）调查、取样备品

松褐天牛植物引诱剂诱捕器和诱芯（XL-Ⅱ型或其他类型诱捕器）、望远镜、航空航天遥感航片、手摇钻、木锯、钳子、镊子、皮尺、分规、卷尺、测绳、搪瓷盘、广口瓶、乙醇、来苏儿、耐腐蚀的标签条、油漆、野外记录本等。

（2）分离线虫备品

漏斗架两台、漏斗（口径12～15cm）两个、乳胶管（25cm长）两根、水止两个、培养皿（直径6cm）四套（其中两套在底部上划0.5cm的小方块）、吸管（有橡皮头）两支、200mL烧杯一个、纱布两块（长50cm、宽16cm）、盛样品的沙袋、铜纱网、剪刀一把、药物天平、标签。

三乙醇胺，38%～40%甲醛，蒸馏水，高锰酸钾，500mL广口瓶一个，10mL、5mL、200mL量筒各一个，接种针一把。

（3）鉴定线虫仪器和用品

无菌培养室及相关设备、PCR仪、数码相机、解剖镜、光学显微镜、温控电热板、载玻片、盖玻片、酒精灯、棉兰－酚乳油、蜂蜡等。

2. 工作预案

根据任务单要求查阅相关资料，结合国家和地方松材线虫病害防治技术标准拟定工作预案。

三、松材线虫病害调查与防治

（一）实施主体

松材线虫病的调查监测与防治工作主要依托各级林业部门开展，主要核心工作依托各级林业有害生物检疫站或森防检疫站。松材线虫病调查监测工作包括松材线虫病日常监测、松材线虫病专项普查（每年两次）、疑似松材线虫病病死木取样、松材线虫鉴定

分离、疫情确认、疫情报告等步骤；疫情防治工作主要包括确定防治方案、疫木除治、媒介昆虫防治和疫情封锁。

（二）工作流程

监测调查松材线虫病工作流程如下：

制定调查方案→编制调查用表→准备调查用品和材料→制定调查的管理制度、落实调查人员→布置调查任务→培训调查人员、现场作业→质量跟踪→调查资料收集与审核→在踏查的基础上确定松材线虫病危害的确切地点（精确到小班）→遥感技术调查→诱捕器调查→详细调查→松材线虫的野外取样、分离、鉴定→调查结果上报。

（三）实施模式

由于媒介天牛和松材线虫因全国不同地区发生情况不同，调查涉及林区面积大、时间跨度大，松材线虫分离、制片技术、分类鉴定难度较大等，因此调查与防治实训时以分离出并初步鉴定到松材线虫、会正确使用天牛诱捕器为基本目标，统计出松材线虫的危害率、林木受害程度。并根据松墨天牛和松材线虫生活史及侵染特性，设计防治方案。

调查与防治选择应在充分普查的基础上，会同相关部门，选择危害症状明显典型的林分，确定典型林班或标准地。进行详细调查和防治作业，最好结合项目进行。

（四）实施内容与方法

1. 松材线虫病调查

（1）调查时间

根据松墨天牛的活动习性，5～8月调查为佳，松材线虫病发病高峰为9～10月，因此调查松材线虫病危害率和松墨天牛的危害率最好每年分两次分别进行。

（2）调查方法

踏查采取目测法或者使用望远镜等方法观测，根据松树的典型症状记载发病情况，并填写松材线虫病踏查记录表（表9-5）。

松材线虫病程度划分表如表9-6所示。

表9-5　松材线虫病踏查记录表

时间：＿＿＿＿＿＿＿＿＿　　　　　　　　　　　　　　　地点：＿＿＿＿＿＿＿＿＿

踏查林分							调查总株数/株
单位	小班名称	踏查林地面积/hm²	森林类型及树种组成	松材线虫病典型症状株数/株	松墨天牛危害痕迹	分布面积/hm²	
总被害率/%	总被害率=各小班危害总株数/调查总株数×100%						

表9-6　松材线虫病程度划分表

受害程度	轻	中	重
被害株率/%	<1	1.1~2.9	>3

此外，还可采用遥感调查、诱捕器调查等方法。

①遥感调查。航空航天遥感技术手段可以对大面积松林进行监测调查，根据遥感图像的卫星定位信息，若有松树枯死和针叶异常情况，应开展人工地面调查和取样鉴定。

②诱捕器调查。在林间寄主上设置诱捕器，诱捕器顶部距地面1.5~2.0m。操作时，根据实际情况，可将诱捕器悬挂在透风的林地松树更高处，提高诱捕效率。

（3）详细调查

上述调查方法中取样的松树和松墨天牛一旦分离出并确定有松材线虫时，应立即进行详细调查。

以小班为单位统计，不能以小班统计发生面积的以实际发生面积统计，四旁松树和风景林的发生面积以折算方式统计。对病死松树进行精准定位，绘制疫情分布示意图和疫情小班详图。调查病死树数量时，应将疫情发生小班内的非疫病死亡的树（如火灾、其他病虫害、人畜破坏等造成的枯死松树、濒死松树）除外，只对典型松材线虫病症状的可疑松树病死松树进行调查和统计，并对这些可疑树进行定位、贴标签，便于追踪调查。

2. 松材线虫病取样

（1）取样对象

取样对象为具有典型症状的松树。

（2）取样部位

抽取尚未完全枯死或刚枯死的优势木，一般在树干下部、上部（主干与主侧枝交界处）、中部（上、下部之间）三个部位取样。其中，对于仅部分枝条表现症状的，在树干上部和死亡枝条上取样；对于树干内发现松墨天牛虫蛹的，优先在蛹室周围取样。

（3）取样方法

在取样部位剥净树皮，用砍刀或者斧头直接砍取100~200g木片；或者剥净树皮，从木质部表面至髓心钻取100~200g木屑；或者将枯死松树伐倒，在取样部位分别截取2cm厚的圆盘。所取样品应当及时贴上标签，标明样品号、取样地点（须标明地理坐标）、树种、树龄、取样部位、取样时间和取样人等信息。

（4）取样数量

对需要调查疫情发生情况的小班进行取样时，总数10株以下的应全部取样；总数10株以上的先抽取10株进行取样检测，如果没有检测到松材线虫，应当继续取样检测，再抽取其余数量的1%~5%。

（5）样品的保存与处理

采集的样品应及时分离鉴定，样品分离鉴定后须及时销毁。样品若需要短期保存，可将样品装入塑料袋内，扎紧袋口，在袋上扎若干小孔（若为木段或者圆盘，则无须装入塑料袋），放入冰箱，在4℃条件下保存。若需要较长时间保存，应定期在样品上喷水保湿，保存时间不宜超过一个月。

3. 松材线虫病分离（贝尔曼线虫分离法）

将直径10~15cm的漏斗末端接一段长约10cm的乳胶管后置于漏斗架上，并在乳胶管上装一止水夹，然后在漏斗中铺上大小适当的两层纱布；分离木屑时，两层纱布之间放一张纸巾。

将带回实验室的样木去皮后劈成长3~4cm、直径2~3mm的细条，约取10g（也可取木屑）放入漏斗中的纱布上，将纱布四角向中间折叠，盖上分离材料，然后向漏斗内注入清水至浸没，注意使水充满漏斗和下面的乳胶管，乳胶管内不得有气泡。线虫从小木条游离到水中，并通过纱布沉积到漏斗末端。在常温下，一般24h后即可打开止水夹，用小培养皿（直径6~7cm）接取底部约5mL的水样进行镜检。

分离时，室温不低于20℃。先将分离用水的温度调至20~30℃，具体水温可视分离时室温的高低而定，即室温较低时，可将水温调得较高些，但不得超过30℃。经过3~4h后，轻转打开橡皮夹，用直径60~70mm培养皿在乳管下接取分离液约10mL，置于无线WiFi解剖镜下观察；或用5mL离心沉淀管接取分离液5mL，然后经自然沉淀30min或1500r/min条件下离心2min，收集线虫供镜检。

4. 松材线虫的鉴定

（1）常镜检验

分别将各标号盛有线虫的分离液置于解剖镜下观察，先确认有无线虫。对有线虫的样品进行活体检查，观察其一般形态结构，然后选择几只成熟、特征明显的线虫，用接种针或吸管移至载玻片上的水滴中，将此载玻片在酒精灯火焰上方往返通过5~6s，或置于打开盖子的高温热水瓶口上，热杀处理30~60s至虫体死亡。加盖玻片后（临时玻片），镜检观察，根据形态特征予以初步鉴别是否为松材线虫，以判断是否进行进一步的鉴定。

（2）快速检验

当漏斗下的乳胶内出现透明度降低甚至混浊现象，表明线虫的分离量较多，即可接取分离液3~5滴，置于解剖镜下观察。如有线虫，应将盛有分离液的培养皿置于装满高温热水的瓶口上，进行30~40s的热杀处理后，放置于显微镜下，观察其特征进行鉴别。也可用显微镜直接观察线虫分离液，将漏斗胶管下放出的线虫悬浮液直接移放在光学显微镜下观察。一般在10倍的物镜下，松材线虫的基本形态特征如头部、中食道球、阴门、交合伞、尾形等都可以清晰地看到。

（3）吸虫纯化

如果分离出的线虫中杂质很多，影响观察时，则用吸管将线虫全部吸入另一个培养皿中。吸虫时要求虫多水少，尽量不要吸入杂质。

（4）消毒处理

线虫分离纯化后，为了避免受到污染，须对松材线虫进行表面消毒。消毒方法和消毒液根据工作需要选择，常用的松材线虫表面消毒液为0.002%放线菌酮和硫酸链霉素的混合液。

（5）松材线虫分离后的处理方法

染色法是鉴别线虫死活的优良方法之一，死的线虫易被染色，而活的线虫不易被染色。常用的染色剂包括甲基蓝或甲烯蓝水溶液，浓度为0.5%；龙胆紫溶液10mL与1%苯酚溶液100mL混合，在2mL线虫悬浮液中滴四滴混合液，6～14h后加水稀释至20mL并进行镜检；高锰酸钾水溶液，浓度为5%～10%，染色2～3min，用水洗净后即可镜检观测。

（6）松材线虫标本的固定方法

松材线虫标本可用TAF固定液固定，配制方法如下：将纯净的线虫置于43℃恒温箱内12min。将TAF固定液加热至43℃，倒入线虫瓶里。为了减少线虫变形，要求换一次固定液，其间隔时间为2h（即将第一次倒入的固定液吸出以后，再加入新的固定液，以此类推），之后加盖蜡封保存。

（7）松材线虫的计数

样品中松材线虫数量较少时，可以放在小培养皿或线虫计数皿中，在解剖镜下计数；线虫数量过多时，应充分搅匀并适当分析后，吸取5～10mL线虫悬浮液在计数皿中计数。

计数时线虫悬浮液和线虫要均匀。计数方法如下：将5mL或10mL的注射器去掉针头，往悬浮液中打气使线虫均匀分布，打空气后立即取出5mL悬浮液放入划有小方格的培养皿中，在显微镜下计数。根据5mL悬浮液所含的虫数，换算整个样品分离出来的线虫总数，然后计算单位重量样品中的线虫数。

5. 常见松材线虫培养方法

常见松材线虫培养方法如下：

①样品中松材线虫个体较多时，可在离心管内进行消毒。具体方法如下：通过离心线虫至离心管，用无菌管将线虫液移入另一支离心管中，加入2mL双倍浓度的消毒液，轻轻震荡搅拌均匀，处理5min后，在1500r/min条件下离心5min后，吸去上清液，重复消

毒一次，用无菌水淋洗两次，最后用无菌吸管将线虫吸入接种PDA培养基。

②样品中松材线虫个体较少时，消毒方法如下：用70%乙醇浸载玻片1min，经过火焰灭菌，冷却后置于双目解剖镜台上，将消毒液和无菌水分开滴在载玻片表面的三个点上，每点滴一滴，其中两个点为消毒液。挑线虫于其中一滴消毒液中，约1min后依次转入另一滴消毒液和无菌水滴中，最后用无菌吸管将消过毒的线虫移至PDA接种的培养基上。

通常分离到没有成虫或极少时，才需要进行培养，以获得大量成虫进行下一步鉴定。

任务实施计划制订

对任务进行实施，并填写任务实施计划表，如表9-7所示。

表9-7　任务实施计划表

班　级		指导教师	
任务名称		日　期	
组　号		组　长	
组　员			
病害地点			
病害描述			
防治方案			

任务三) 其他枝干病害调查与防治

工作任务	其他枝干病害调查与防治
实施时间	调查时间宜安排在春末夏初或秋初；防治时间一般在春季和夏季
实施地点	有枝干病害发生的林地
教学形式	演示、讨论
学生基础	具有识别苗木枝干病害的基本技能；具有一定的自学和资料收集与整理能力
学习目标	熟知苗木枝干病害的发生特点及规律；具有枝干病害的鉴别、调查与防治能力
知识点	松疱锈病、落叶松枯梢病分布与危害、症状及病原、发病规律、防治原则及措施

一、松疱锈病

1. 分布与危害

松疱锈病又称为五针松疱锈病、五针松干锈病，通常以五针松受害最为普遍且严重。从幼龄幼苗到成熟林分均可感病，但以20年生以下的中幼林感病最重。严重发病林分的发病率可达70%以上。感病红松当年松针长度减少30%，颜色变浅呈灰绿色或无光泽，绝对干重减少27%；主梢生长量减少82%～94%，树高显著降低，仅为健康树木的3/5～4/5，且逐年递减使树冠变为圆形，3～5年后干枯死亡。我国西南地区的华山松人工林感病后，轻病林分发病率一般为5%左右，中病率区常达30%以上，严重发病的林分可高达90%。

松疱锈病在我国分布于东北、西北、西南及华北等地。病原菌的性孢子和锈孢子阶段寄主有红松、华山松、新疆五针松（西伯利亚红松）、偃松、台湾五针松、乔松、海南五针松、瑞士石松、北美乔松、美国白皮松、墨西哥白松和糖松等。在自然条件下，转主寄主有东北茶藨子、黑果茶藨子、狭萼茶藨子、马先蒿、穗花马先蒿等。

2. 症状及病原

松疱锈病于春秋两季在松树上有明显的发病症状。春季在枝干皮上出现病斑并肿大裂缝，从中间向外生长出黄白色至橘黄色锈孢子器，孢囊破裂后散出锈黄色的锈孢子。老病斑无孢囊，只留下粗糙黑皮，并流出树脂。锈孢子器阶段过后，树皮龟裂下陷。秋季在枝干上出现初为白色后变为橘黄色的泪滴状蜜滴，具有甜味，是性孢子与黏液的混合物。蜜滴消失后，皮下可见血迹状斑，此时幼苗及大树松针上产生黄色至红褐色的斑点。在转主寄主上，夏季期间叶背出现带油脂光泽的黄色丘形夏孢子堆，最后在夏孢子堆或新叶组织处出现刺毛状红褐色冬孢子堆。

松疱锈病病原菌为担子菌门茶藨生柱锈菌，为我国林业检疫性有害生物之一。松疱锈病病原菌如图9-4所示。

3. 发病规律

秋季，在转主寄主叶片的冬孢子成熟后，产生担子及担孢子，经风传播，落到五针松松针上萌发产生芽管，大多由气孔侵入松针，并在其中生长菌丝，经3～7年才在小枝、侧枝、干皮上产生性孢子器，次年春季才产生锈孢子器。病树年年发病，产生性孢子和锈孢子，如果病株已濒于死亡，枝干上则不再发病。担孢子向松针侵染，不一定年年发生。锈孢子借风力传播到转主寄主上，在多湿、冷凉气候条件下产生芽管，由气孔侵入叶片，发生于松树枝干薄皮处，因而刚定植的幼苗和20年生以内的幼树及在杂草丛生的林内林缘、荒坡、沟渠旁的幼龄松树易感病。转主寄主多的林地病害较严重。

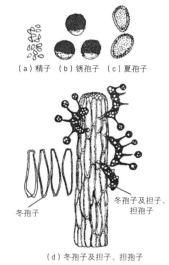

(a) 精子 (b) 锈孢子 (c) 夏孢子

(d) 冬孢子及担子、担孢子

图9-4 松疱锈病病原菌

4. 防治原则及措施

（1）植物检疫

松疱锈病病菌为我国林业检疫性有害生物，由疫区输出苗木及转主寄主等需要检疫。发现病菌应及时销毁。在病区附近不设苗圃，如建苗圃时，应在冬孢子萌发之前向苗木喷施化学药剂防治。

（2）营林措施

应从幼林开始坚持修枝，结合采伐清除病株病枝。发病率在40%以上的幼林应进行皆伐，改种其他树种。造林后抚育和苗圃周围特别是林间苗圃要铲除中间寄主。在苗圃周围500m内，用45%五氯酚钠、二甲四氯钠盐、50%莠去津可湿性粉剂于7月中旬杀灭马先蒿和茶藨子，用药量为1～5g/m²。

（3）药剂防治

对于5～13年生感病幼树，春季在锈孢子尚未飞散之前，用270℃分馏的松焦油涂抹病部消灭锈孢子；秋季产生蜜滴时，用松焦油涂干，消灭性孢子，可连续涂抹1～3年。当年采伐的小径木及带皮原木可用溴甲烷熏蒸处理，浓度为20g/m³，熏蒸48h。

二、落叶松枯梢病

1. 分布与危害

落叶松枯梢病是落叶松重要病害之一。在我国主要分布于黑龙江、吉林、辽宁、山东等地，树木受害后新梢枯萎，整个树冠呈扫帚状，连年受害，生长量逐年下降。以幼苗、幼树危害最重，对落叶松人工林造成严重威胁。

2. 症状及病原

落叶松枯梢病一般先从主梢发病，然后由树冠上部向下蔓延。起初在未木质化的新梢嫩茎部或茎轴部褪绿，由浅褐色渐变为暗褐色、黑色，微收缩变细。上部弯曲下垂呈钩状，叶枯萎，大部分脱落，只在顶部残留一丛针叶。发病部位以上的枝梢枯死。

落叶松枯梢病病原菌为子囊菌门的落叶松葡萄座腔菌，是我国林业检疫性有害生物之一。

3. 发病规律

病原菌在病枝上越冬，次年5~7月病菌落到当年新梢上，气候适宜时经过10天左右萌发侵入发病，主要危害当年新梢，由树冠逐渐向下部扩散蔓延。发病茎部逐渐褪绿，由淡褐色变为深褐色，凋萎变细，流出树脂。近7月形成分生孢子再次传染新梢，秋后在危害处形成子囊腔越冬。从幼苗到30年生大树的枝梢均能受害，尤其对6~15年生落叶松危害最重。受害新梢枯萎，树冠变形，甚至枯死。

因林分处于风口的迎风面造成的伤口多，病害发生严重。适温与高湿（最适相对湿度为100%）是子囊孢子和分生孢子萌发的必要条件，如相对湿度在92%以下，病菌孢子就不萌发。

4. 防治原则及措施

①加强立地检疫和调运检疫，在调查的基础上，确定病区和无病区，禁止病区苗木调出。

②选育抗病品种，营造落叶松与阔叶树混交林。避免在风口处造落叶松林。成林后及时修枝、间伐。伐除重病树，搞好林内卫生。苗圃中松苗应经常检查，发现病株应及时销毁。

③对罹病苗木于6月下旬至7月下旬用森保1号1000倍液、森保1号＋灭病威（1∶20，1000倍液）或森保1号＋多菌灵（1∶20，1000倍液）喷雾三次，每次间隔10天。

● 任务实施计划制订

对任务进行实施，并填写任务实施计划表，如表9-8所示。

表9-8　任务实施计划表

班　级		指导教师	
任务名称		日　期	
组　号		组　长	
组　员			
病害地点			
病害描述			
防治方案			

练习题

09 项目九 枝干
病害 练习题

项目十 苗木病害

　　苗木是造林的基础，没有健壮的苗木就不可能营造高质量的森林。在培育苗木的过程中，不仅要浇水、施肥、除草以满足苗木对水、肥、气、热的需求，同时还要对其发生的病虫害进行及时防治，才能保证苗木的健康生长。

　　苗木害虫主要包括金龟子类、蝼蛄类、地老虎类、金针虫类、象甲类等，它们在苗圃地中以植物的主根、侧根为食，有时也危害刚播下的种子以及近地面的茎和叶，造成地面缺苗断垄现象。苗木病害的病菌多为兼性寄生菌，引起根部皮层腐烂或形成瘿瘤、毛根等，常见类群有立枯病、根癌病、茎腐病、根朽病等。其中苗木立枯病和苗木茎腐病在全国各地森林苗圃中普遍发生，对其进行防治也是林业生产典型的工作任务。

任务一　苗木立枯病病害调查与防治

工作任务	苗木立枯病病害调查与防治
实施时间	调查时间为6～7月；防治时间从整地开始至苗木生长期
实施地点	有苗木病害发生的苗圃
教学形式	演示、讨论
学生基础	具有识别根茎病害的基本技能；具有一定的自学和资料收集与整理能力
学习目标	熟知苗木病害的发生规律；具有苗木根茎病害的鉴别、调查与防治能力
知识点	苗木立枯病分布与危害、发生原因、发病规律及防治措施

知识准备

一、苗木立枯病

1. 分布与危害

　　苗木立枯病又称为苗木猝倒病，是苗圃中针叶被害后死亡率较高的世界性病害。在我国辽宁抚顺地区该病害发生十分普遍。受害苗种主要有赤松、油松、樟子松、黑松、红松、落叶松属等。

2. 发生原因

引起苗木立枯病的原因有非生物性和生物性两类。非生物性病原主要由于圃地积水、覆土过厚、土壤板结、土温过高而引起种芽腐烂、苗根窒息腐烂或日灼性猝倒。生物性病原主要是半知菌门中的镰刀菌、丝核菌和卵菌门中的腐霉菌，偶尔也可由交链孢菌引起。苗木立枯病病状及病原菌如图10-1所示。

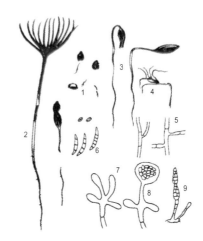

1—种芽腐烂型病状；2—茎叶腐烂型病状；
3—猝倒型病状；4—根腐型病状；5—病原菌的菌丝；
6—镰刀菌的大、小分生孢子；7—辅酶菌的游动孢子囊；
8—腐霉菌的囊泡及游动孢子；9—交链孢菌。

图10-1　苗木立枯病病状及病原菌

（1）立枯丝核菌

立枯丝核菌属半知菌门无孢菌目丝核菌属。丝核菌不产生孢子，主要以菌丝和菌核形态出现。菌丝有分隔，幼嫩菌丝无色，分枝近直角，分枝处细胞明显缢缩。老菌丝呈黄褐色，细胞稍粗。菌丝可交织成疏松的菌核，形状、大小不等，直径为1~10mm，呈深褐色。丝核菌喜含氮物质，适宜在pH4.5~6.5环境中生长，主要生活在土壤中的植物残体上，具有很强的腐生能力，多分布在10~15cm深的土层中，在温度24~28℃时，菌丝生长最快，但在18~22℃时，幼苗发病最迅速。

（2）腐皮镰刀菌

腐皮镰刀菌属半知菌门从梗孢目镰孢属。它们的菌丝多隔，无色，细长多分枝，可产生两种孢子，即小型分生孢子和大型分生孢子。小型分生孢子为卵形至肾形，单胞或双胞。大型分生孢子黏结成团，为纺锤形至镰刀形，有3~5个隔膜。在菌丝和大型分生孢子上，有时还形成厚垣孢子，厚垣孢子顶生或间生。镰刀菌分布在土壤表层，生长适温为25~30℃，土温20~28℃时苗木感病最重。

（3）瓜果腐霉菌

瓜果腐霉菌属藻菌纲霜霉目腐霉属。菌丝无隔膜，无性繁殖时产生薄壁的游动孢子囊，孢子囊为袋状，有不规则分枝，萌发泡囊，囊内产生游动孢子，游动孢子为肾形，侧生两根鞭毛。游动孢子借水游动，侵染苗木。有性繁殖时，产生壁厚、色深的卵孢子。腐霉菌喜水湿环境，生长适温为26~28℃，一般在17~22℃时发病最重。

3. 发病规律

丝核菌、镰刀菌、腐霉菌都是土壤习居菌，腐生性很强，可在病株残体和土壤中存活多年，所以土壤带菌是最重要的初侵染来源。丝核菌、镰刀菌、腐霉菌分别以菌核、厚垣孢子、卵孢子等度过不良环境，可借雨水、灌溉传播，遇到适合的寄主便侵染危害。病害发生的时期，因各地气候条件的不同而存在差异。病菌主要危害一年生幼苗，尤其是苗木出土木质化前最容易感病。一般在5~6月，幼苗出土后，种壳脱落前发病最为严重，一年中可连续多次侵染发病，造成病害流行。

苗木立枯病的发生除受温度、湿度影响外，还与下列因素关系密切：

①前作是松、杉、银杏、漆树等苗木，或是马铃薯、棉花、豆类、瓜类、烟草等感病植物，土壤中累积的病菌就多，苗木易发病。

②苗圃土壤黏重，透气性差，蓄水力小，易板结，苗木生长衰弱容易得病。再遇到雨天排水不良，积水多，有利于病菌的活动而不利于种芽和幼苗的呼吸与生长，种芽易窒息腐烂。

③圃地粗糙，苗床太低，床面不平，圃地积水，施未腐熟的有机肥料，常混有病株残体，将病菌带入苗床，均有利于病菌繁殖，不利于苗木生长，苗木易发病。

④播种过迟，幼苗出土较晚，此时遇梅雨季节，湿度大，有利于病菌生长；苗木幼嫩，抗病性差，病害容易流行。

⑤种子质量差，发芽势弱，发芽力低；幼苗出土后阴雨连绵，光照不足，木质化程度差；雨天操作，造成土壤板结；覆土太厚、揭草揭膜不及时等均有利于苗木发病。

二、苗木立枯病病害调查与防治计划制订

1. 备品准备

仪器：实体显微镜、手动喷雾器或背负式喷雾喷粉机。

用具：放大镜、镊子、铁锹、修枝剪、天平、量筒、载玻片、盖玻片、塑料桶等。

材料：本地区苗圃主要苗木病害标本及所需农药等。

2. 工作预案

根据任务单要求查阅相关资料，结合国家和地方苗木立枯病病害防治技术规程拟定工作预案。

对于苗木病害的防治，应进行苗木检疫，应注意苗木在调运过程中的传带病菌。最好选择没有发生过病害的地块作为苗圃地，对已有发病的地块应进行必要的处理。播种期和生长期防治相结合，林业技术措施与其他防治措施相结合。具体措施应从以下方面考虑：

①园地选择。选择地势平坦、排水良好、疏松肥沃的土地育苗，不用黏重土壤和前作是茄科等感病植物的土地作为苗圃。

②土壤消毒。在酸性土壤中，播种前施生石灰300～375kg/hm²，可抑制土壤中的病菌，促进植物残体腐烂。在碱性土壤中，播种前施硫酸亚铁粉225～300kg/hm²，既可防病，又能增加土壤中的铁元素并改变土壤的酸碱度，使苗木生长健壮。用75%五氯硝基苯粉剂与70%敌磺钠可湿性粉剂（比例为3：1），用20倍过筛潮土稀释，用药量为4～6g/m²，施于播种沟内进行土壤消毒。还可用30%硫酸亚铁水溶液于播种前5～7天均匀地浇洒在土壤中，药液用量为2kg/m²。

③种子处理。播种前可用0.5%高锰酸钾溶液浸泡种子2h，捞出密封0.5h，用清水冲洗后催芽播种。

④及时播种。播种不宜过早或过迟。以杉木种子为例，应在月均温达10℃之前的20～30天播种，种子发芽顺利，苗木生长健壮，抗病性强。

⑤加强苗圃管理。合理施肥，细致整地，播种前灌好底水，苗期控制灌水，加强松土除草，使之有利于苗木生长，防治病害发生。

⑥化学药剂防治。对于幼苗猝倒，因多在雨天发病，可用黑白灰（即8：2柴灰与石灰），用量1500～2250kg/hm²，或用70%敌磺钠原粉2g/m²，与细黄心土拌匀后撒于苗木根颈部，可抑制病害蔓延。对于茎、叶腐烂的，应及时揭去覆盖物，可喷0.5%等量式波尔多液，间隔15天喷一次；对于苗木立枯的，应及时松土，可用硫酸亚铁炒干研碎，与细土按2：100拌匀，用量为1500～2250kg/hm²。

三、苗木立枯病调查与防治

（一）苗木立枯病症状识别

苗木立枯病自播种至苗木木质化后都可被害，多在4～6月发生。因发病时期不同，受害状况及表现特点不同，可出现四种症状类型。

1. 种芽腐烂型

种子或幼苗在播种后至出土前被害，种芽因种子自身带菌或土壤带菌而腐烂，表现为出苗率降低、缺苗等。

2. 茎叶腐烂型

苗木出土后因过于密集、光照不足、高温雨湿天气等，嫩叶和嫩茎感病而腐烂。病部常出现白色丝状物，往往先从顶部发病，再扩展至全株，也称为首腐或顶腐型猝倒病。

3. 幼苗猝倒型

幼苗猝倒型俗称猝倒病。苗木出土后至嫩茎木质化之前被害，病菌自苗木茎部近基处侵入，出现褐色斑点，病斑扩大后呈水渍状腐烂，病部出现缢缩，地上部迅速倒伏。

4. 苗木立枯型

苗木立枯型俗称立枯病。发生于出土后且茎部木质化的苗木上，病菌从根部侵入，使根部腐烂、病苗枯死，但不倒伏。若拔出枯死苗木，根皮脱落，只能拔出木质部。

（二）苗木立枯病病情调查

苗圃病害调查的目的是研究病害发生和蔓延的条件，估计病害造成的损失，拟定病害的控制措施。苗木病害发生的季节性比较明显，应针对各种病害发生的时期及时进行调查。

1. 踏查

一般在苗木立枯病病害发生盛期或末期进行踏查。了解苗圃地基本情况和苗木病虫害发生的主要种类、危害苗木树种的大致情况；其次，进行苗木立枯病标准地（样地）调查，了解苗木立枯病病害发病率与感病指数。

踏查时，可沿苗圃地路缘进行调查。采用目测法调查所通过的苗圃地主要苗木病虫害种类、分布和危害程度，并填写苗圃苗木病虫害踏查记录表（表10-1）。

表10-1　苗圃苗木病虫害踏查记录表

局：_____　场：_____　地名：_____

调查点编号：_____　感病苗木：_____　苗岭/年：_____　苗圃总面积/hm²：_____

被害总面积/hm²：_____　前作物：_____　土壤：_____　地形地势：_____

种子来源：_____　播种日期和方法：_____　生长势：_____　发病时期：_____

卫生状况：_____　发病动态：_____　防治经过和效果：_____

树种	被害面积/hm²	病虫害种类	危害部位	危害程度			分布状况	备注
				轻(+)	中(++)	重(+++)		

2. 标准地调查

在踏查的基础上，选择标准地进行详细调查。根据松苗育苗面积，结合苗木立枯病病害调查技术规程确定样方数量。

（1）样地选定

选定样地的关键是具有代表性，一般避免在田边取样。在苗圃中调查病害发病程度，一般采用对角线式、棋盘式、抽行式、大五点式、"Z"字式等方法选定样地。

（2）样地大小和数量

在各块圃地苗床上按对角线的位置（如果是苗垄则按抽行式设置）在交叉点和各线上的等距点设置5～10个标准样地，样地离圃地边缘2～3m。样地一般为正方形或长方形。其大小因调查对象和实际情况的变化而异。通常样地内苗木不应少于100株。样地面积可进行实测或按林木株数推算。苗圃调查样地的总面积以不少于该树种苗木面积的0.1% ~ 0.5%为宜。

（3）发病程度估计

在标准地调查的基础上，计算发病率和感病指数。

先将样地内的植株按病情分为健康、轻、中、重、枯死等若干等级，并以数值Ⅰ、Ⅱ、Ⅲ、Ⅳ、Ⅴ等分别代表这些等级，统计出各等级株数后，计算出病情指数。苗木立枯病分级标准如表10-2所示。调查各级苗木病害，填写苗木病害样地调查表（表10-3）。

表10-2　苗木立枯病分级标准

病害级别	分级标准	代表数值
Ⅰ	健康	0
Ⅱ	20%（1/5）以下幼苗叶感病	1
Ⅲ	20% ~ 50%（1/5 ~ 1/2）幼苗叶、梢感病	2
Ⅳ	50% ~ 75%（1/2 ~ 3/4）幼苗叶、梢、茎感病	3
Ⅴ	75%（3/4）以上幼苗茎、叶、梢感病或死亡	4

表10-3　苗木病害样地调查表

调查日期	调查地点	样方号	树种	病害名称	面积/m²	各级病苗数量						发病率/%	死亡率/%	病情指数	备注
						Ⅰ	Ⅱ	Ⅲ	Ⅳ	Ⅴ	总计				

调查人：_____　　　　　　　调查日期：_____

3. 苗木立枯病防治作业

根据苗木立枯病调查结果和病害发生的实际情况，选择性地实施防治作业，下面介绍具体操作方法。

（1）配制杀菌药土

配制杀菌药土的方法如下：

①播种期配制杀菌药土预防苗木猝倒病。将75%五氯硝基苯与70%敌磺钠按3：1混合，用20倍过筛潮土稀释，用药量为4 ~ 6g/m²，施于播种沟内。

②发病期配制杀菌药土防治猝倒病。将70%敌磺钠原粉2g/m²与细黄心土拌匀制成杀

菌药土。将苗木根部土壤稍疏松后均匀撒于苗木根颈部。

（2）化学药剂防治法

化学药剂防治法前面已有介绍，此处不再赘述。

4. 防治效果调查

分别在最后一次喷药后的3天、5天、7天、10天、15天采用对角线法五点取样，每个样方为1m行长，分别记载各药剂种类、剂型或施药浓度在施药前后的发病率和病情指数。然后计算3天、5天、7天、10天、15天的相对防治效果。应到防治现场检查防治效果，并计算苗木立枯病病害相对防治效果，将调查结果填入苗木立枯病施药后防治效果调查表（表10-4）。

表10-4　苗木立枯病施药后防治效果调查表

防治日期	危害树种、树高/m、胸径/cm、树龄/年	防治地点	防治面积/m²	防治措施、农药名称	标准地总株数/株	健康株数/株	病害级别					防治效果	
							I	II	III	IV	V	防治前标准地病情指数（或发病率/%）	防治后标准地病情指数（或发病率/%）
未防治区													

调查人：_____　　　　　　　　调查日期：_____

● **任务实施计划制订**

对任务进行实施，并填写任务实施计划表，如表10-5所示。

表10-5　任务实施计划表

班　级		指导教师	
任务名称		日　期	
组　号		组　长	
组　员			

续表

病害地点	
病害描述	
防治方案	

任务二　苗木茎腐病病害调查与防治

工作任务	苗木茎腐病病害调查与防治
实施时间	调查时间为6~7月；防治时间从整地开始至苗木生长期
实施地点	有苗木病害发生的苗圃
教学形式	演示、讨论
学生基础	具有识别根茎病害的基本技能；具有一定的自学和资料收集与整理能力
学习目标	熟知苗木病害的发生规律；具有苗木根茎病害的鉴别、调查与防治能力
知识点	苗木茎腐病分布与危害、症状识别、病原、发病规律及防治措施

一、分布与危害

苗木茎腐病又称为颈缩病。主要分布于我国长江流域以南各省和河北、山东以及辽宁的中部、南部等地。苗木茎腐病可危害多种针阔叶树苗，其中以银杏、侧柏、杜仲、香椿等最易得病。在夏季高温炎热的地区经常发生，死亡率可达90%以上。

二、症状识别

病苗初期茎基部变为褐色，叶片失绿，稍下垂。病部包围茎基，并迅速向上扩展，引起全株枯死，叶下垂不脱落。苗木枯死3~5天后，茎上部皮层稍皱缩，内皮层腐烂呈海绵状或粉末状，为浅灰色，其中有许多黑色小菌核。病菌也入木质部和髓部，髓部变为褐色，中空，也生有小菌核。最后病菌蔓延至根部，使整个根系皮层腐烂。若拔起病苗，则根皮脱落，仅拔出木质部。二至三年生苗感病，有的地上部枯死，根部仍保持健康，当年自根颈部能发出新芽。银杏茎腐病如图10-2所示。

1—症状；2—示病部内皮组织腐烂，内生菌核；3—菌核放大。

图10-2　银杏茎腐病

三、病原

苗木茎腐病病原菌为半知菌门的菜豆球壳孢菌。病菌在银杏、松、杉等病苗上一般不产生分生孢子器，只产生小菌核。菌核呈黑褐色，表面光滑，为扁球形或椭圆形，细小如粉末状。

四、发病规律

苗木茎腐病病原菌是一种弱寄生菌，喜好高温，生长适宜温度为30～32℃。平时在土壤中营腐生生活，在适宜条件下，自伤口侵入危害。苗木受害主要由于夏季炎热，土温增高，苗茎受高温灼伤，造成病菌入侵的机会。在南京地区，苗木一般在梅雨季节结束后10～15天开始发病，以后发病率增加，到9月中旬停止。其发病程度与气温的高低及高温持续时间成正相关，气温越高，持续时间越长，则病害越重。因此，可以根据梅雨季节后气温的变化情况预测病害的流行程度。

五、防治措施

苗木茎腐病可按以下措施进行防治。

1. 合理抚育

夏季苗圃架设荫棚、行间覆草、适当灌水及间作绿肥等措施，可降低苗床温度，防止根颈灼伤，减少病害发生。

2. 施肥措施

适当增施有机肥、草木灰、饼肥，促进苗木的生长，提高抗病力。

3. 合理避害

在海拔600m以上的地域育银杏苗，可避免发生茎腐病。

任务实施计划制订

对任务进行实施，并填写任务实施计划表，如表10-6所示。

表10-6　任务实施计划表

班　级		指导教师	
任务名称		日　期	
组　号		组　长	
组　员			
病害地点			
病害描述			
防治方案			

练习题

10 项目十 苗木
病害 练习题

参考文献

[1] 关继东. 林业有害生物控制技术［M］. 2版. 北京：中国林业出版社，2014.

[2] 关继东. 森林病虫害防治［M］. 2版. 北京：高等教育出版社，2011.

[3] 国家林业和草原局. 松毛虫监测预报技术规程：LY/T 3030—2018［S］. 北京：中国标准出版社，2018.

[4] 国家林业和草原局. 杨树烂皮病防治技术规程：LY/T 3029—2018［S］. 北京：中国标准出版社，2018.

[5] 强磊. 园林植物保护［M］. 4版. 北京：中国农业出版社，2019.

[6] 武三安. 园林植物病虫害防治［M］. 3版. 北京：中国林业出版社，2015.

[7] 国家林业局森林病虫害防治总站. 林业植物检疫技术［M］. 北京：中国林业出版社，2015.

[8] 国家林业局森林病虫害防治总站. 中国林业生物灾害防治战略［M］. 北京：中国林业出版社，2009.

[9] 李成德. 森林昆虫学［M］. 2版. 北京：中国林业出版社，2022.

[10] 叶建仁，贺伟. 林木病理学［M］. 3版. 北京：中国林业出版社，2022.

[11] 印丽萍. 中国进境植物检疫性有害生物——杂草卷［M］. 北京：中国农业出版社，2019.